从长寿
到永生

【西】何塞·科尔代罗（José Cordeiro）

【英】大卫·伍德（David Wood）　　　著

刁孝力　徐尉良　冯德炜　译

人民东方出版传媒
People's Oriental Publishing & Media

东方出版社
The Oriental Press

推 荐 语

《从长寿到永生》绝对是一本创新的革命性的书，富有远见，让我们面对衰老时不再害怕。该书作者是相关话题的权威。我相信通过本书，何塞博士和大卫博士在该领域的长期坚定不移的奋斗会加快未来永生的进程。

奥布里·德格雷 (Aubrey de Grey) 博士，剑桥学者，《终结衰老》(*Ending Aging*) 作者之一，SENS 研究基金会 (SENS Research Foundation) 联合创始人

我们正在进入一场延长生命走向永生的神奇旅程，通过那些不同的桥梁。《从长寿到永生》清楚解释了我们可能很快到达人类寿命的逃逸速度，活得足够长以至永生。

雷·库兹韦尔 (Ray Kurzweil)，《活得够长活得更幸福》(*Fantastic Voyage: Live Long Enough to Live Forever*) 作者之一，未来学家，奇点大学联合创始人，谷歌工程总监，美国工程师

这本出色的图书展示了一个真正意义上前所未有的生命延长的引人入胜的案例。《从长寿到永生》让我们预见了未来战胜死亡的那一刻。

> 特里·格罗斯曼 (Terry Grossman) 博士,《活得够长活得更幸福》作者之一,长寿专家

长寿科学正在赶上大部分人类想要活得长久且健康的步伐,这将很快成为现实——《从长寿到永生》富有前瞻性地揭示了这一点。这是一本有志于恢复年轻态工程的研究人士的必读书。

> 吉姆·梅隆（Jim Mellon）,《恢复年轻态工程》（*Rejuvenescence*）作者之一,永生研究投资人

《从长寿到永生》展示了近期对使用科技来减少疾病和死亡的清晰且完整的描述。我希望《从长寿到永生》能帮助大众深度理解科技将会怎样减少死亡。

> 本·戈策尔（Ben Goertzel）,世界超人协会（Humanity+）主席,人工智能公司奇点网络（SingularityNET）首席执行官

《从长寿到永生》向人们展示了关于衰老研究的美好愿景。

> 若昂·佩德罗·德·马加良斯 (João Pedro de Magalhoães) 博士,利物浦大学教授

《从长寿到永生》将一些重要的研究以及对未来人类将活得更长久的洞见整合在了一起。

杰罗姆·格伦 (Jerome Glenn)，联合国千年项目主任

《从长寿到永生》讨论了一件如今在道德上有优先权的话题：延缓和停止衰老与死亡。当永生科学的可行性更加明了的时候，解释和理解其应用的重要性便凸显出来。本书正填补了这一空缺。

安德斯·桑德柏格 (Anders Sandberg)，牛津大学人类未来研究所教授

《从长寿到永生》是真正意义上的一本大家都该阅读的好书。尤其适合年轻人，因为他们已经享受到近期科研发展带来的福利，对此《从长寿到永生》已经做出了美妙的解释。虽然已经上了年纪，我还是很开心去了解到这些发展，因为我的子孙后代会有更多的机会享受到更长久的寿命——如果他们愿意的话。

海特·古尔故里诺·德·苏扎〔Heitor Gurgulino de Souza〕，世界艺术与科学学会主席

我将会死，并且我认为大家都会和我一样。然而，这并不意味着《从长寿到永生》是一本异想天开的书，因为下一代人很可能会活得比他们设想的更久。科技的飞速进步，以及对越来越长久的人生的安排讨论变得越发重要。请阅读本书并思考……

胡安·恩里克斯 (Juan Enriquez)，《新财富宣言——基因改写未来》(*As the Future Catches you*) 作者

本书的两位作者是世界未来学主要先锋。《从长寿到永生》考虑了科技与道德的问题，这会成为教育学家以及政治家研究人类长生的参考。

玛蒂娜·罗斯布拉特（Martine Rothblatt），美国著名生物医药公司联合治疗公司（United Thera-peutics）创始人兼首席执行官，《虚拟人》（*Virtually Human*）作者

我们将攻克的最后一个堡垒就是死亡。《从长寿到永生》从内部和外部解释了这场战争以及取胜的机会。当我刚开始读这本书的时候，我是抱怀疑态度的，但是随着对这些观念和信息的学习，我变得乐观起来。如今我认为很有可能这一代人将会见证《从长寿到永生》的预见。

卡洛斯·阿尔贝托·蒙塔纳（Carlos Alberto Montaner），国际政策专家，《完美拉丁美洲白痴指南》（*Guide to the Perfect Latin American Idiot*）作者之一

我没有能力去辨别《从长寿到永生》所解释观点的可靠性，但是我知道我们将会很难找到比这些作者更杰出的梦想家。这是一本很出色的书，用简单的方式解释了复杂的问题，这是最好的证明。

阿尔瓦罗·巴尔加斯·略萨（Álvaro Vargas Llosa），国际政策专家，《完美拉丁美洲白痴指南》作者之一

我们今年已经见证了衰老研究异常出色的进步。未来的几年我们将会见到什么？我们会克服衰老吗？如果可以，将会是什么时候？如果你想知道，《从长寿到永生》将会是那本书。

佐尔坦·伊斯特凡（Zoltan Istvan），美国前总统竞选人，畅销书《超人类主义赌注》（*The Transhumanist Wager*）作者

阅读本书是开启新的充满生机与机遇的一天的最好方式。如果恢复年轻态工程将会在近期实现，我们将开始考虑《从长寿到永生》书中作者对生命的拓展的理解。

迭戈·阿里亚 (Diego Arria)，联合国安理会前主席

我向我的关注者，以及那些没有意识到永生已经离我们很近的怀疑者，强烈推荐这本书。

威廉·法隆（William Faloon），阿尔科生命延续基金（Alcor Life Extension Foundation）联合创始人，《制药业》（*Pharmocracy*）作者之一

延长染色体终端可能是治愈衰老以及停止衰老对健康损害的关键点。阅读《从长寿到永生》，一起发现我们是怎样停止和反转衰老的。

比尔·安德鲁斯 (Bill Andrews) 博士，抗衰老公司 Sierra Science 创始人，《治愈衰老》（*Curing Aging*）作者之一

伴随医学发展为某种程度的信息科学，基因和细胞疗法使我们能更精准地操控细胞。由于这些能力的指数级加速进展，衰老和死亡将被消除。《从长寿到永生》详细地描述了这场运动，解释了人类将如何实现永生。

> 伊丽莎白·帕丽斯（Elizabeth Parrish），生物技术公司 BioViva 创立人，端粒酶治疗"零号病人"

衰老是引起大多数疾病和死亡的主要原因，所以加快对永生生物科技的研究是对人类最无私的贡献。我们正活在人类历史上最激动人心的时刻，因为我们可以持续延长我们长生的步伐。《从长寿到永生》展示了许多消除死亡的道德和经济学观点，以及近期可以让我们更容易实现这个目标的趋势分析。阅读本书，加入对抗衰老的革命，克服各种疾病。

> 亚历克斯·扎沃洛科夫 (Alex Zhavoronkov)，英矽智能（Insilico）创始人，老年生物学研究基金会顾问

《从长寿到永生》是行动的号召。如果新的永生技术能被更快发展出来，更多的生命会被拯救。这是一个重要且人道的信息，大家都应该听取。

> 索妮娅·阿里森（Sonia Arrison），奇点大学（Singularity University）联合创立人，《活过百岁》（100 Plus）作者

"青春之泉"是一个不可能的梦想吗？今天，随着指数级增长的科技发展，这只是时间问题。《从长寿到永生》展示了怎样以及为何去享受无尽的青春。

戴维·凯克奇（David Kekich），Maximum Life Foundation 主席，《延寿特快》（*Life Extension Express*）作者

《从长寿到永生》是一部远见卓识之作。每一场面对死亡的战争都需要一个意义、一个理由，这对于我们战胜死亡来说很重要，这本书给了我们灵感。

杰森·席尔瓦（Jason Silva），未来主义者，国家地理频道热播节目《脑力大挑战》主持人

《从长寿到永生》给人们展示了一个关于消除死亡的颠覆性的建议，其中包括了对更前卫的衰老研究领域科技进步的参考，展现了人类生活在长期寿命下的新观念。

伊斯梅尔·卡拉（Ismael Cala），Cala Enterprises 创始人，共同快乐理念开创者

《从长寿到永生》是一本令人羡慕的书，它预见了人类种族的新范式。新范式将会进入由颠覆性科技以及人工智能创建的完全共生互利，会使人们获得长生。

曼努埃尔·德·拉佩纳（Manuel De La Pena），欧洲健康和社会福利研究所（European Institute of Health and Social Welfare）主席

我们正走向一个可以对死亡说不的未来。世界上几乎没有人意识到这一点，但是作者深刻地理解了。在他们的《从长寿到永生》书中，作者带领我们领略了科技的进步。

> 雷蒙德·麦考利 (Raymond McCauley)，科学家，企业家，奇点大学（Singularity University）创始成员

何塞博士和大卫博士用他们深邃的知识带来了对人类永生领域的一场激情洗礼，这将是根本上改造未来文明的特色之一。如果你正在计划着生活在未来，你应该，且你必须要读这本书。

> 大卫·奥本（David Orban），早期风投公司 Network Society Ventures 创始人，投资人

永生是人类与生俱来的梦想。现代科学使寻找长生的方法和药物成为了可能。此书作为一本入门读物，为读者提供了人类追求永生的简明历史和将来研究方向，值得学习和思考。

> 邬征，爱科百发生物医药公司创始人和首席执行官，美国布朗大学博士，哈佛医学院博士后

人类对于生命永恒的追求亘古未变。《从长寿到永生》正是从该角度切入，全面而详尽地梳理了与抗衰老有关的医学和生物技术，描绘出超级长寿社会即将到来的壮丽愿景。这也是迄今为止我读过的，描述"永生可能性"最为激进的一部作品，相信也会引发广泛的争论和思考。我本人对肉体永生始终持反对意见，我相信如果没有死亡，则每一个出生都会是一个悲剧。归根结底，人类是

靠群体而非个体，靠文脉而非血脉的传承而持续实现了科技升级、社会进步和文明演进。

尹烨博士，华大集团 CEO

《从长寿到永生》启发读者更加深刻地思考生命的长度（寿命）与生命的质量。尤其是在当今飞速发展的医药与科技大环境下，或许对于寿命的延长与身心健康水平的提高，我们可以期待更多的可能。开发和身体永生相关的技术，如果最终成功的话，必然会在伦理上给社会各方面带来深层次的挑战。对这个前所未有的问题，作者也从道德的角度进行了探讨。

冯雪博士，叶涛博士，波士顿华人投资协会（BCIC）顾问

所幸的是，《从长寿到永生》这本书的作者很好地把握住了各方面的平衡。从单纯了解前沿科学的角度来说，书中囊括了很多会让人十分好奇的领域，比如说冷冻技术、基因技术、抗衰老药物等等。除此之外，书中的其他内容也包罗万象，既有对于各种防止衰老理念的阐述，也聊到了正在开发的各种前沿疗法的优缺点，介绍了整个领域的历史，以及不可避免地从政治学、经济学、社会学甚至心理学上来探讨永生这个概念是否能被接受，各方面的阻力来自于哪里，我们离实现到底还有多远等重要问题。

顾及，真格学院院长

序 一
中国文化视域下"永生"的时代价值

  永生，是古今中外人类对自身生命体存在方式与状态的美好追求，主要包括生命存在的长度即寿命，和存在的质量即健康。在中国文化中，表述这种状态的概念很多，譬如长寿、长生、长命、万寿、天年等等，出现在几乎所有涉及人的生命智慧的书籍中，构成了中国文化特别是哲学中独有的知识体系和思维逻辑。

  在数千年来不可胜数的著名作品里，有许多内容深刻又生动地触及长生命题。其中写得最引人入胜的，可数明朝吴承恩的《西游记》。《西游记》第一回就写到"四大部洲"。据说东胜神洲，人寿二百五十岁；西牛贺洲，人寿五百岁；北俱芦洲，人寿一千岁；南赡部洲，主要居住人类，人寿百岁。把人的长生状态作为划分地域的重要标志，是《西游记》的首创，可称为当时的"地缘政治"，并对后世产生了重要影响。建于清朝末期的颐和园，居然在万寿山的后山完整建起了一片宏大、精致的"四大部洲"聚落，使时至今日的登临者们仍有心灵震撼之感。今年五月，笔者与《从长寿到永生》中文版编者在大雨中游"四大部洲"，留下了深刻印象。

  在《西游记》第二回中，作者吴承恩又进一步通过孙悟空与菩提祖师求学问道的一番对话，把"永生"摆到了世间最有价值、最管用的学问和道行之列。书中写道，孙悟空来到"灵台方寸山，斜月三星洞"，向菩提祖师问求仙道。菩提向他提出，有"术"字门中之道、"流"字门中之道、"静"字门中之道、"动"字门中之道，问他学哪一门。悟空回问："以这般可得长生么？"祖师皆答"不能"，悟空即回应"不学"。菩提遂于三更密传悟空长生之妙道。师徒答问之间，孙悟空始终把"是否可得长生"这一项作为是否可学的标准拿捏得死死的，这充分说明了那时的人们也包括"仙界"，都把"长生"也就是永生当作了最高的追求。

在中国人的理念中，热爱生命、享受人生、追求长寿，是人类天性。性命之学是天底下最大的学问。丹经《性命圭旨》说："夫学之大，莫大于性命。"从上古时代起，我们的祖先就有了追求长寿的意念。《尚书·洪范》所提的"五福"，第一福是"寿"；所提的"六极"，第一极是"凶短折"。据《辉煌古中华·颐寿》统计，《诗经》里三十处用到"寿"字；而"万寿无疆"一词，则出现过六次。就连英国著名学者李约瑟博士都感叹，中国的"长生不老""长生不死"思想，对科学界具有难以估计的重要性。

生老病死，是人类生命的客观现象和自然规律。人的生命终归有一定的期限，古人称之为"天年"，即人的自然寿命可以活到的年龄。《黄帝内经·灵枢》说："人年五十以上为老"；《千金方》规定"五十以上为老"；《说文解字》则称：七十曰老，八十曰耄，九十曰耄。享尽天年而终的，古人的专用词汇为"百年""百岁"。古代文献中，多以一百二十岁为人寿命的限度。明代养生学名著《三元参赞延寿书》中的限度最高，为一百八十岁，认为人的寿限来自天地人三元，"每元六十年，三六百八十年，此寿得于天"。天年的认知，显然来源于天命的理念。在一些古人特别是儒者看来，所谓天命，是指人的智慧和力量对之无可奈何的某种先天的必然性，人生的种种遭遇包括生命的际遇都是由命预先安排好的，非人力所能改变。

中国文化的伟大之处就在于，整个民族的精神和力量，并没有被这种命定论所束缚和绑定。两千多年前的大诗人屈原，因为痛感人生之无常、死生之无据，愤而向主宰人类生死的神祇——"大司命"发出灵魂拷问："何寿夭兮在于天？"这一问，问到了永生问题的最根本之处，就是人的生死、寿命凭什么要由天包括你这个"大司命"来管？这不仅凸显了当时人们在寿命问题上的惶惑，而且透示出华夏古人开始信奉这样的理念：我命在我不在天。这是对自身命运的勇敢、积极的把握。

经过数千年艰难而智慧的探索实践，中国人形成了在整个人类文化、科技之林中独树一帜的中华养生学和养生术这两大瑰宝。其对人类探索永生的贡献，集中表现在两个方面。一是至今令人叹为观止的长生、永生的辩证思想。以两千年前曹操的《龟虽寿》为例："神龟虽寿，犹有竟时。腾蛇乘雾，终为土灰。老骥伏枥，志在千里。烈士暮年，壮心不已。盈缩之期，不但在天。养怡之福，可得永年。"对长生、永生的问题表述之精彩，见解之深刻，寓意之宏远，置词之简朴，为千古绝唱，无人比肩。《古诗源》作者沈德潜称之为"于三百篇外自开奇响"，并受到了毛泽东主席的重视和喜爱。二是由古代沿用、发展至今中医养生、治疗的宝贵成果。数不胜数的中医典籍、医药金方、技术手段，构成了具有神奇、独特、实用色彩的中华养生学、养生术体系，不仅成为当时世界的优秀代表，而且为人类健康领域迈入新世代作了准备。

对中国人和全人类而言，进入新世代，是生存生活条件发生天翻地覆变化的历史时期。仓廪实而思健康、思长寿，成为必然选择。随着信息网络、人工智能、生命科学、纳米技术等领域持续发生的惊天变化与革命，人们对自身长生、长寿乃至永生的期盼和追求，出现了突破性发展的动向和景象。人类在永生的探索上，登上了新的高度。以美国未来学家雷·库兹韦尔为代表的科学家们取得了一系列成果。何塞·科尔代罗博士和大卫·伍德博士的《从长寿到永生》揭示了身体永生的科学可能性及其道德辩护。

　　科学界最新发布了一项惊人的预测，即随着基因技术、机器人技术和纳米技术的不断发展，人类可能在未来 10 到 15 年内实现永生。还预测，在不久的将来，我们的血液中将会有纳米机器人，这些微型机器人可以在细胞水平上修复身体，使人类免于疾病和衰老，最终也免于死亡。这一预测引起了人们广泛的关注和讨论，特别是对未来医疗技术的想象和展望。这一波热议和震动，集中发生于人类艰难战胜新冠疫情的大背景下，更是体现了人类对自身健康、长寿乃至永生的热切期盼与追求。

　　国际科学界对这一惊人预测的普遍看法是，《从长寿到永生》以科学的视野，从科普的角度，带领我们进入一场对生命延长的奇异旅程，带领我们去向通往永生的不同的桥梁。《从长寿到永生》绝对是一本创新的革命性的书籍，使我们面对衰老时不再害怕。它的突出特点是，开篇即集中呈现了国际这一领域 30 位重量级科学家（包括来自中国的未来学家）的评价与推荐。

　　全世界的科学界特别是未来科学界和生命科学界，如此密集地关注和讨论人类自身生命体的永生问题，是从未有过的事情。它充分说明，这将是根本上改造和塑造未来文明的特征之一。它预示着从现在起，人类计划未来生活，将不可或缺地包含思考、筹划和安排与永生有关的内容。作为当代中国人，进入这个领域，根本的和首要的，是要善于在中国文化视域下，透彻把握永生的基本内涵和时代价值。我们所讨论的永生，究竟指的是什么，它是宗教教义、世俗解读还是科学认知，永生话题究竟能给我们带来什么，等等。本书和其他重要书籍，可以给我们深刻的启发。根据永生学者的看法，应重视以下几点。

　　第一，永生本质上不是指一种永续的存在，而是在生死问题上一种深切的关系。人们通常将永生理解为长生不死，而这个"死"又是以肉体的死亡为标识和参照。因为这样的误解，便看到永生不死的梦想与世人皆死的现实构成不可调和的矛盾。现在永生的概念，已不再是指对生死问题的泛泛了解，而是建立在对生与死紧密关系的更深刻理解上。永生不仅是永远的存在，死亡也不仅是指肉体的消失。

第二，永生是科学技术发展带来的长生、长寿概念的延伸，而不是宗教教义中生死不灭的境界。有宗教教义认为，人世的生命是短暂的，而得到宗教拯救的灵魂，才能得到真正超越时间和空间的永恒生命。现在的永生已不是从宗教信仰来论证，只能从医学科学的发展来说明。科学技术的发展使人类得以战胜疾病，延缓衰老，从而更加健康长寿。

第三，永生的概念中存在着生命个体长寿与种群永续发展的固有矛盾，个体的永生等于整个群体的灭亡。永生意味着种群的生命个体拥有无限的寿命，而种群规模会因此持续爆炸式的增长，终有一天，它们所需要的资源会被消耗殆尽，整个种群将不可避免地走向灭绝。对生命而言，永生更像是一个"诅咒"：如果某一个生命种群拥有了永生的能力，那它们迟早会在地球上灭绝。生命没有选择永生，是基因调控的结果，是基因在过去数十亿年以来演化出的最佳生存策略，即使对于人类，也同样适用。

第四，永生的追求不仅在于通过科学的医疗手段治愈疾病、挽救生命，更在于通过科学的养生手段培植人体内的长生机理和元素。长生更依赖于长期的养护，长寿更得益于人生整体环境的改善和优化。

第五，永生的目标更加倾向于精神、灵魂的升华与加持，永生在精神世界中得以实现。中国文化历来重视精神境界提升对长寿、永生的积极作用，强调"大德必得其寿。"对于二者关系，春秋时期的医者早有论述，最早提出"施善则神安，神安则寿延；行恶则心恐，心恐则寿损"的观点。孔子明确指出"仁者寿""德润身"，只有讲道德的人，才能得以高寿。诸子百家，几乎人人提出为求长寿而注重道德修养的观点。《黄帝内经》专门分析百岁老人长寿诀窍。大医者孙思邈留下名言："百行周备，虽绝药饵，足以遐年。德行不克，纵服玉液金丹，未能延寿。"大学问家嵇康更进一步论述"养生有五难"，只有去除名利、喜怒、声色、滋味、神虑精散，才能不祈喜而有福，不求寿而自延，此养生大理之所效也。现代生活中，这样的人生和言论引人尊敬。毛泽东的著名诗篇《答李淑一》，把革命的至高境界与仙界的浪漫情怀融为一体，令人感泣。

《从长寿到永生》的出版，使我们得以从多个不同的视角审视人生。不仅得到更多过去没有接触过或接触较少的当代科学技术的浸润，而且更能从过去封闭和禁锢的思想模式中解脱出来，以更强的愿望和动力，探索新世代新的人生。实乃善莫大焉！

是为序。

海　涵

2024 年 9 月

序　二

衰老就和天气一样，没有国家或种族的界限，它相对公平地影响着不同地域不同民族的人们。现在有很多关于不同民族寿命悬殊差距的探讨，比如说，美国虽然是人均健康支出最高的国家，但它甚至不在预期寿命最高的国家之列。然而，我们不应该被这些数据误导，因为这些差距在数值上是微小的：美国寿命预期值指标只比日本少五年。更重要的是，这些国家在战胜衰老方面投入的长期努力是巨大的。整个世界都应该联合起来一起努力解决这个问题，因为这是人类面临的主要挑战。

衰老比其他疾病或事故带走了更多人的生命。衰老导致的死亡占总体死亡数的 70%，而且对年老的人和他们的家人们来说，这类死亡大部分都伴随着无法言说的煎熬。但不幸的是，对抗衰老的意识仍旧没有被唤起。在英语世界国家里，抗衰老技术获得了巨大的关注度，其最大的科研中心坐落于硅谷，同时还分布于除硅谷以外的美国其他地方，英国、加拿大和澳大利亚的科研中心也在发展中。德国也开始崭露头角，同时俄罗斯、新加坡、韩国和以色列也是如此。然而，世界其他地区在该领域的发展较为缓慢。亚洲尤其令人担忧，因为那些人口众多的国家似乎更难理解衰老是一个医学问题，甚至是一个可以解决的问题。

　　《从长寿到永生》是一本有预见性的书。它让我们直面衰老这个可怕的现实，其作者更是这方面的权威专家。近年来，何塞博士已经帮助世界多个地区促进了抗衰老事业的发展，但是他的主要关注地区，在相当程度上集中在西班牙语和葡萄牙语国家。这不仅因为他既是西班牙人又是拉丁美洲人（出生在委内瑞拉，父母为西班牙人），而且据我所知，在西班牙和拉丁美洲，人们对抗衰老科技的兴趣越来越大。

　　这本书的另一位作者是英国科学家大卫·伍德博士，也是著名的抗衰老技术方面的专家，他展示给人们一个不同且互补的观点。作为伦敦多个相关组织的负责人，大卫博士用他的工作改变了英国对预见性技术的看法。何塞博士和大卫博士高效的合作关系，使得该书对于衰老与抗衰老（希望是即将发生的）领域是最具权威参考价值的。

　　考虑到他们丰富的国际活动经验，没有更好的人选能像何塞博士和大卫博士一样促进全世界对永生的研究。他们已经在永生科技行业实践多年，所以他们在该领域是相当杰出且有经验的，不管是对于抗衰老科技的最新研究进展，还是对于该领域常见的非理性的担忧和批判，何塞博士和大卫博士知道如何用最好的答案来论证或反驳，并说服更多人相信彻底延长寿命——永生的好处。

　　这本书第一个版本是西班牙语（*La Muerte de la Muerte*，Editorial Planeta，2018），出版后很快就成为了最畅销的书籍，先是在西班牙，然后是在其他几个拉丁美洲国家。第二个版本是葡萄牙语（*A Morte da Morte*，LVM Editora，2019），它也先后成为了巴西和葡萄牙的畅销书。现在，《从长寿到永生》以更多种不同的语言（英语、韩语、俄罗斯语）发行了。根据其之前的成功，这本书肯定会持续刷新人们的认知。

　　我相信这本书在接下来数十年里对抗衰老方面的研究都会起到非常重要的作用。我也相信这本书中何塞博士和大卫博士提供的抗衰老方面的权威知识以及他们的长期努力会加速这一进程。前进！

剑桥学者奥布里·德格雷（Aubrey de Grey）博士，
《终结衰老》（*Ending Aging*）作者之一，SENS
研究基金会联合创始人

中文版特别致辞

学而时习之，不亦说乎？有朋自远方来，不亦乐乎？人不知而不愠，不亦君子乎？

孔子，约公元前 5 世纪

千里之行，始于足下。

老子，约公元前 550 年

在西方国家，有些人根据汉语中"危机"一词的含义以及两个字各自的含义进行类比。第一个字（危）表示危险，第二个字（机）可解释为机会、时间、时刻。尽管汉字的含义会根据上下文的不同而发生变化，但将危机理解为危险加上机遇，可以帮助我们分析地球的现状。

长久以来，长寿一直被认为是生命中的一大幸事，现在我们有了历史上第一次战胜衰老和死亡的可能性。实际上，在一些国家，人们已经开始讨论衰老是否最终可以被认为是一种疾病，而且是一种可以治愈的疾病。长寿倡导者已经开始在澳大利亚、比利时、巴西、德国、以色列、俄罗斯、新加坡、西班牙、英国和美国等几个国家积极开展活动。中国能否成为第一个正式宣布将衰老作为一种疾病的国家？自 2018 年以来，世界卫生组织已开始承认与老龄化有关的疾病，但并没有将衰老本身视为一种疾病。中国现在能不能开创性地把老龄化作为一种可以治愈的疾病对待呢？

治疗衰老不仅仅是道德和伦理上的当务之急，而且还将是未来几年最大的商机。抗衰老工程和恢复年轻态的相关产业才刚刚起步，而我们老龄化社会的医疗费用却在不断攀升，有巨大的空缺需要借助商业的力量来填补。一些研究表明，到2050年，医疗保健支出将翻一番，这主要是由于老年人数量的增加。这一点在中国尤为明显，因为中国人口不仅迅速老龄化，而且由于先前的"独生子女政策"，每年出生人口将少于死亡人口，人口将开始下降。从经济上讲，这将是一个非常严重的问题，因为将有越来越少的年轻人来赡养越来越多的老年人。

在全球范围内，年龄在65岁以上的人口已经超过5岁以下的儿童，而且这一趋势还将继续。此外，在更多国家，人口将开始减少，就像日本和俄罗斯已经发生的那样。根据英国著名医学期刊《柳叶刀》上发表的一项新研究，到2100年，中国的人口可能减少一半，降至7.32亿左右。此外，虽然许多富裕国家先富后老，但中国是先老后富。除非中国能为当今人口的下降和老龄化采取积极行动，否则后果将是难以承受的。

据美国著名期刊《科学》最近的一项研究估计，通过每年260亿美元的投资，未来10年可以避免类似新冠疫情的大流行病。世界各地的医疗费用已占全球GDP的10%左右，而且还在快速增长，部分原因是社会老龄化。现在，让我们想一想老龄化会给社会带来多少成本，以及通过防止老龄化我们可以节省多少钱。这些是"长寿红利"倡议背后的一些想法，在本书中也作了解释。因此，我们不仅将节省治疗衰老的数万亿美元资金，而且还可以避免给老年人自己、他们的家庭和他们的社会带来痛苦。

新冠疫情也许可以帮助我们认识到，没有什么比健康更重要。生命权是最重要的人权。希望这是一个开始，使我们终于开始投入更多资源来治愈疾病之母：衰老。在新冠疫情危机期间，中国为世界树立了榜样，开发并与世界各国分享了自己的疫苗，中国现在能对所有疾病中最严重的疾病——衰老——采取同样的措施吗？中国能否实现这一人类的长期梦想？

这是最好的行动机会，现在就是行动的时间，这里就是行动的地点，中国一定可以找到一种方法：寿山福海！

何塞·科尔代罗（José Cordeiro）博士

大卫·伍德（David Wood）博士

目　录

开篇　人类最伟大的梦想

从长寿到永生

结 语

开篇　人类最伟大的梦想

导　言

万事开头难。

中国谚语

科学没有意识到想象力对它有多重要。

拉尔夫·沃尔多·爱默生（Ralph Waldo Emerson），1876 年

这本书写给第一代永生的人类。到目前为止，人类注定要死亡。现在，由于未来几十年将出现的巨大技术进步，我们能够站在最后一代凡人和第一代永生人之间的门槛上。

多亏了我们的祖先，我们才来到这里，我们的后代很快就能享受寿命的延长，这是前所未有的。我们将生活在一个永生的、永远年轻的、更加美好的世界中，不会被判处非自愿死亡，也不会持续变老。此外，通过增加我们在这个小星球上的能力和可能性，我们将从寿命的延长过渡到生命本身的扩展。

这本书献给年轻人和老年人，女人和男人，相信和怀疑的人，富人和穷人，献给世界各地为使我们能够最终实现人类最古老的梦想"永生"而

努力的人们。控制人类衰老和恢复年轻态将很快成为现实。尽快实现这一崇高目标是我们的道德义务。

生命权是所有人权中最重要的。没有生命，就没有其他权利。现在，每天有超过 10 万人死于与衰老有关的疾病。不论种族、性别、国籍、文化、宗教、地理或历史如何，对所有人而言，衰老都是对全人类的最大罪行。我们必须阻止这场巨大的人类悲剧。我们现在可以预防它，现在必须预防它。这是我们的义务，我们的责任，我们的历史承诺。我们必须守护住生命，以避免进一步的苦难，消除衰老，免除死亡。

今天的问题不再是能否治愈衰老，而是何时可以治愈衰老。越快越好。我们正在与时间赛跑，我们共同的致命敌人是衰老和死亡。这本《从长寿到永生》献给第一代打败死亡的"永生人"。

死亡一定是邪恶的，众神也这么认为；要不然为什么他们永远活
着呢？

> 古希腊著名女抒情诗人萨福（*Sappho*），约公元
> 前600年

千里之行，始于足下。

> 老子，约公元前550年

生存还是毁灭，这是个值得考虑的问题。

> 威廉·莎士比亚（*William Shakespeare*），1600年

　　自史前时代以来，永生一直是人类最伟大的梦想。有别于多数其他生
物，人类拥有生命的意识，因此也拥有死亡的意识。自智人在非洲出现
时，我们的祖先就创造了各种与生死有关的仪式。其后，人类在成千上万
年里走向全球的迁徙过程中，我们的祖先不断重复着这些仪式，并创造
了众多其他的仪式。古代世界的各大文明都创造了复杂的仪式来悼念逝
者，在许多情况下，这些仪式都是生者生命中最重要的组成部分。直至今
日，在不同的社会当中，也都存在着严格的会贯穿生者终身的悼念与追思
过程。

对永生的追求

　　剑桥大学的英国哲学家斯蒂芬·凯夫（Stephen Cave）在他的畅销
书《永生——寻求长生不老及其如何推动文明》（*Immortality: The Quest to
Live Forever and How It Drives Civilization*）中写道：

　　　　所有的生物都追求将自己的生命延续至未来，但唯有人类是在追

求将自己的生命延续于永远。这种追求——永生的愿望——是人类取得成就的基础；它是宗教的源泉，是哲学的缪斯，是我们城市文明的建造者，是艺术背后的推动力。它根植于我们的本性之中，其成果就是我们所知的文明。

埃及的葬礼仪式非常复杂。最重要的部分包括唯有法老方能享用的巨大的金字塔和石棺。最古老的金字塔铭文是刻在古代王国金字塔的通道、前厅和墓室中的咒语和祈祷文，目的是在冥界为法老提供帮助，确保他们的复活和永生。它们是非常古老的宗教和宇宙信仰的文本汇编，用象形文字写在墓室的墙上，从公元前 2400 年开始便用于葬礼仪式。

几个世纪后，古埃及人汇编了用于陪葬的著名文献，今人称为《死亡之书》(*Book of the Dead*)，从大约公元前 1550 年的新王国到公元前 50 年一直在使用。这一文本并不是法老们独有的，它是一系列神奇的咒语，旨在帮助死者通过古埃及执掌死亡与重生的神——冥王奥西里斯（Osiris）的裁决，帮助他们完成冥界之旅，走向重生。尽管今天的人们说这一切只是神话和宗教，但古埃及人这种确保永生的做法却持续了近 3000 年，比基督教和伊斯兰教迄今为止的历史都要长出若干个世纪。

在美索不达米亚还有更古老的文本，用楔形文字刻在泥版上。《吉尔伽美什史诗》(*Epic of Gilgamesh*) 是苏美尔人关于乌鲁克 (Uruk) 国王吉尔伽美什 (Gilgamesh) 冒险的叙事诗，也是人类历史上已知的最古老的史诗作品。在吉尔伽美什国王哀悼恩奇杜 (Enkidu)，这位敌人化为的挚友的死亡的篇章当中，蕴含了史诗的哲学核心。这篇史诗被认为是第一部不再歌颂神的永生，而是凸显人类终有一死的文学作品。这首诗包含了一个关于洪水的美索不达米亚神话，这个神话后来出现在许多其他文化和宗教中。

在中国，历代帝王们似乎也痴迷于永生。公元前 221 年，秦始皇成为了统治整个中国的第一个皇帝，这是史无前例的。为了表明自己不再是一个简单的国王，他创造了"皇帝"这一头衔，表达想要统一中国的无限疆土的愿望，实际上是统一整个世界（古代的中国人和古罗马人一样，认为他们的帝国就是整个世界）。

秦始皇拒绝谈论死亡，也从未写过遗嘱，并在公元前212年将自己称为"真人"（意谓神仙）。由于对永生的痴迷，他派出了一支探险队到东部岛屿（可能是现在的日本）寻找长生不老药。这支探险队再也没有回来，估计是因为他们没有找到长生不老药，害怕被这位"真人皇帝"惩罚。据说秦始皇是在喝了水银后死去的，他希望水银能使他长生不老。他和著名的兵马俑——8000多名士兵陶俑和520匹陶马一起被埋葬在一个大型陵墓里。陵墓位于现在的西安附近，于1974年被发现，只是墓室至今仍然是关闭的。

长生不老药，传说中一种能保证永生的传奇药剂，是许多文化中反复出现的主题。它也是许多炼金术士追求的目标之一，能治愈所有疾病（万能的灵丹妙药）和永久地延长生命。他们中的一些人，如瑞士医生、占星家帕拉塞尔苏斯（Paracelsus），由于这一探索在制药领域取得了巨大的进步。神奇的长生不老药与"贤者之石"有关，这是一种神话中的石头，可以把其他东西变成金子，大概也可以创造出长生不老药。

不仅古埃及人和中国人考虑过长生不老药存在的可能性，几乎每一种文明都曾经从外部获知，或者从内部产生出这样的理念。例如，印度的吠陀教派相信永恒的生命和黄金之间存在某种联系，他们可能是在公元前325年亚历山大大帝（Alexander the Great）入侵印度之后，从希腊人那里获得了这种想法。这些想法可能是从印度传入中国的，或者相反是由中国传到印度的。然而，长生不老药的观念在印度不再有如此大的影响，因为印度最主要的宗教——印度教，提出了其他关于永生的信仰。

青春之泉（The Fountain of Youth）是另一个表达了人们对永恒的渴

望的传说。这个传说中的喷泉是永生和长寿的象征,据说喝过泉水或在里面洗过澡的人能恢复青春。青春之泉第一次见于记载,是在公元前 4 世纪古希腊作家、历史学家希罗多德(Herodotus)所著的《历史》(*The Histories*)第三卷中。

美洲原住民关于治疗源(The Healing Source)的故事与神话中的比米尼岛(Island of Bimini)有关,这是一个位于北部某处的富裕国家,可能位于现在的巴哈马群岛。根据传说,西班牙人是从海地岛、古巴岛和波多黎各岛的阿拉瓦克人那里听说到比米尼的。在加勒比地区,比米尼和它的治疗源因此成为了当时非常流行的话题。西班牙探险家胡安·庞塞·德莱昂(Juan Ponce de Leon)在征服波多黎各岛时,从当地居民那里听说了这座不老泉——治疗源。因为不满足于自己的物质财富,他于 1513 年进行了一次探险,以确定它的位置。他发现了现在的佛罗里达州,但从未找到传说中能使人永葆青春的治疗源。

在当今所谓的西方宗教亚伯拉罕一神诸教,如犹太教、基督教、伊斯兰教和巴哈伊教当中,通往永生的道路主要是通过复活来实现的。而另一方面,在当今所谓的东方宗教基于印度吠陀传统的印度教、佛教和耆那教当中,永生的途径是通过转世。传统上,在西方宗教中,身体要被埋葬才能复活,而在东方宗教中,身体要被焚烧才能转世。但是,无论是复活还是转世都没有得到科学的证实,它们显然只是前科学时代古老神话信仰的一部分。

耶路撒冷希伯来大学的以色列历史学家尤瓦尔·诺亚·赫拉利(Yuval Noah Harari)也在他的两部主要著作中深入研究了永生这一主题:出版于 2011 年的《人类简史》(*A Brief History of Humankind*)和出版于 2016 年的《未来简史》(*A Brief History of Tomorrow*)。第一本书讲述了人类从智人进化开始到 21 世纪的诸多政治革命的历史。宗教和死亡是所有这些重大历史事件的基本要素。在第二本书中，赫拉利探讨的是未来的岁月中，世界会是什么样子。我们将面临一系列新的挑战，他试图分析由于科学和技术的巨大进步，我们将如何面对这些挑战。从战胜死亡到人工智能的创造，赫拉利探索了将塑造 21 世纪的"美梦"项目和"噩梦"项目。就肉体永生的主题，赫拉利在"死亡的末日"一节中专门评论道：

　　21 世纪，人类很可能真要转向长生不老的目标。在对抗了饥荒和疾病之后，对抗衰老和死亡不过是这场战役的延续，更体现了当代文化最看重的价值：人的生命。不断有人提醒我们，在宇宙中，人的生命是神圣无比的。不论是学校里的老师、议会里的政客、法庭上的律师，还是舞台上的演员，都是如此异口同声。联合国在第二次世界大战后通过了《世界人权宣言》，这或许是我们最接近全球宪法的一份文件，其中就明确指出"有权享有生命"是人类最基本的价值。死亡显然违反了这项权利，因此变成了危害人类的罪行，而我们应该对它全面开战。

　　纵观历史，宗教和意识形态并不会神化生命本身，而是神化某些超越生命乃至超越真实存在层面的东西，因此对死亡的态度颇为宽容。事实上，甚至还有些宗教和意识形态是欢迎死亡的。在基督教、伊斯兰教和印度教看来，存在的意义由死后的命运决定，因此，他们认为死亡是这个世界上重要和积极的一个组成部分。人类之所以会死，是因为神的旨意，而死亡的那一刻是一种神圣的、形而上学的体验，充满意义。人将咽气时，应该赶快找来牧师、拉比或萨满，把生命的账户结清，拥抱一个人在宇宙中的真实角色。试想一下，如果没有死亡，世界就会变得没有天堂没有地狱，也没有轮回，那么基督教、伊斯兰教或印度教该如何自处？

　　对于生命与死亡，现代科学和文化的观点与宗教的完全不同，并不认为死亡具有某种形而上学的神秘性，也不认为死亡是生命意义的来源。相反，对现代人来说，死亡是一个我们能够也应该解决的技术问题。

从神话到科学

在过去的几十年里，包括生物学和医学在内的所有领域都取得了令人印象深刻的科学进步。1953 年，DNA 的结构被发现，这是生物学上最重要的进展之一。后来胚胎干细胞和端粒等的重大发现也加速了生物学的发展。在医学方面，第一次心脏移植在 1967 年成功进行，天花则在 1980 年被完全根除，而现在，再生医学、基因疗法（如基因编辑，CRISPR）、治疗性克隆技术和器官打印等医学领域都取得了巨大进展。

在未来的几年里，这些领域将见证更大、更快的进步，这也归功于新传感器的广泛使用、海量数据集的分析（大数据）以及人工智能对医疗分析和解析结果的改进。这些进步不是线性的，而是指数级的。人类基因组测序的速度就是指数级发展趋势的一个最明显的例子。

人类基因组计划始于 1990 年，而截至 1997 年也只有 1% 的基因组被测序。7 年间缓慢的进展也让一些"专家"认为我们需要几个世纪才能对剩下的 99% 的人类基因组进行测序。幸运的是，得益于指数级发展的技术，该项计划已经在 2003 年顺利完成。正如美国未来学家雷·库兹韦尔（Ray Kurzweil）所解释的那样，自 1997 年以来，基因组测试序列百分比每年都大约翻两倍，即 1998 年为 2%，1999 年为 4%，2000 年为 8%，2001 年为 16%，2002 年为 32%，2003 年为 64%。

生物学和医学正在迅速数字化，这将使未来几年的发展呈指数级增长。人工智能将提供越来越多的帮助，这将为包括生物学和医学在内的所有领域的进一步发展提供持续的积极反馈。另一方面，各种延长寿命或者恢复年轻态的实验，也已经在酵母菌、蠕虫、蚊子和老鼠等样本动物身上开展起来。

世界各地的科学家已经开始研究衰老的原理以及如何逆转衰老。从美国到日本，从中国到印度，从德国到俄罗斯，大批研究人员正在就此开展研究。比如在西班牙国家癌症研究中心主任、西班牙生物学家玛丽亚·布拉斯科（María Blasco）的指导下，一组科学家创造了所谓的"三重老鼠"（Tirple Mice），成功地将老鼠的寿命延长了约40%。比如加利福尼亚州拉荷拉市索尔克生物研究所的一位专家西班牙人胡安·卡洛斯·伊兹皮萨（Juan Carlos Izpisúa）采用了一种完全不同的技术，也使老鼠恢复年轻态40%。类似的实验仍在继续进行，很可能我们会在未来几年里继续延长老鼠的寿命，以及让其进一步恢复年轻态。

来自世界各地的许多其他科学家，包括剑桥大学、哈佛大学、麻省理工学院、牛津大学和斯坦福大学等几所全球顶尖大学的研究人员，都有意愿角逐由美国玛士撒拉基金会（Methuselah Foundation）赞助创立的"玛士撒拉老鼠奖"（Methuselah Mouse Award）。该奖项已经颁发给那些成功把老鼠的寿命延长到相当于人类的180岁的科学家们，但其最终的目标是达到几乎相当于1000岁人类寿命，就像《圣经》中的传奇玛士撒拉一样。

用老鼠做实验有很多优点，首先是因为老鼠的寿命相对较短（自然条件下为一年左右，而在实验室条件下为两到三年），而且它们的基因组与人类基因组颇多相似之处。科学家们已经试验了不同类型的治疗方法，目前包括饮食热量限制、端粒酶注射、干细胞治疗、基因疗法等，我们将在未来的几年里继续有更多该领域的发现。从事这项研究并不是因为我们喜欢老鼠，或者想要更年轻、寿命更长的老鼠。尽管研究人员可能不会公开这么说，但是他们希望在人类身上运用类似技术以实现类似进步，让人类活得更长寿、更年轻。像许多其他人一样，有时科学家因为害怕失去研究赞助资金或其他原因而无法说出他们的真实想法，但这项研究未来的应用是显而易见的。

有许多科学家正在使用不同类型的模式动物来进行阻止和逆转衰老的研究。另外两个例子是北美著名科学家：加州大学欧文分校的迈克尔·罗斯（Michael Rose）和阿肯色大学医学院的罗伯特·J.S. 赖斯（Robert J.S. Reis）。罗斯将黑腹果蝇的预期寿命提高了四倍，而赖斯将秀丽隐杆线虫（Caenorhabditis elegans，C. elegans）的寿命延长了十倍。同样，科学家的目标不是获得寿命更长的苍蝇和蠕虫，而是在适当的时候将这些发现应用于人类。

由于近年来重要的科学进步，许多大大小小的公司在逆转人类衰老的科技上押下了数亿美元的赌注。人们开始逐渐意识到，逆转人类衰老的科技完全有可能实现，而且很有可能就在不久的未来。现在，问题不在于是否可能，而是何时可能。因此，诸如亚马逊的杰夫·贝佐斯（Jeff Bezos）、谷歌的谢尔盖·布林（Sergey Brin）和拉里·佩奇（Larry Page），Meta 的马克·扎克伯格（Mark Zuckerberg），甲骨文的拉里·埃里森（Larry Ellison）等亿万富豪，以及越来越多的其他人，都在投资于旨在逆转衰老进程的抗衰老生物技术。谷歌在 2013 年创建了加州生命公司（Calico）来"解决死亡的问题"；微软在 2016 年宣布将在 10 年内治愈癌症；马克·扎克伯格和他的妻子普莉希拉·陈（Priscilla Chan）表示，他们将捐出几乎所有的财富，以期在一代人的时间内治愈和预防所有疾病。贝佐斯于 2021 年与其他几位亿万富翁联手创建了抗衰老公司阿尔托斯实验室（Altos Labs），以推动细胞重编程技术的发展，为恢复年轻态疗法提供支持。该公司背后的最主要推手其实是俄罗斯裔亿万富翁尤里·米尔纳（Yuri Milner），该项目已经得到了数以百万美元计的投资，主要来自欧洲和富裕的阿拉伯国家，东亚投资人近期也开始入场。2022年，沙特阿拉伯宣布建立"健康进化"抗衰老基金会（Hevolution Foundation），基金会的英文名称由"健康"（Health）和"进化"（Evolution）组合而成，计划在未来20年间每年融资至少10亿美元投入长寿研究，而阿拉伯联合酋长国也在考虑采取类似的行动。像这样的例子还将不断增加，因为每天都有更多的人加入进来，这一发展已经是大势所趋。

世界上一些最优秀的科学家正在公开地研究恢复年轻态技术。举个众所周知的例子，美国遗传学家、分子工程学家和化学家乔治·丘奇（George Church），他同时也是哈佛医学院遗传学教授、哈佛-麻省理工医疗科技学院教授，此外，为了将相关技术和想法从学术界带到工业界，他还拥有无论是学术上还是商业上的许多其他职位和头衔。丘奇是研究人类基因组序列的先驱之一，被认为是个人基因组学和合成生物学的开拓者，他在最近提到：

> 也许我们会在接下来的一两年里看到第一批将恢复年轻态技术运用在狗身上的临床试验。如果成功的话，大概还有两年就可以进行人体临床试验，并最终在八年后完成。一旦我们开始获得了一点进展和成功，就会形成一个良性循环。

事实上，没有任何科学原理否定恢复年轻态的可能性，也没有任何科学原理强调死亡的必要性，在生物学、化学、物理学界都没有。因此，诺贝尔物理学奖获得者、杰出的美国物理学家理查德·费曼（Richard Feynman）在1964年发表题为《科学文化在现代社会中的作用》（*The Role of Scientific Culture in Modern Society*）的演讲中解释道：

> 在所有的生物科学中，没有关于死亡必然性的线索，这是最值得注意的事情之一。如果你想制造永动机，那么我们物理研究中已经发

现了足够多的定律，除非这些定律本身是错的，不然永动机就是绝对不可能的。但是，在生物学上还没有发现任何定律显示死亡是必然的。在我看来，这就意味着死亡不是不可避免的，只要假以时日，生物学家终将发现问题到底出在哪里，各种可怕的疾病终将得到治愈，人体只能短暂存在的现状终将成为历史。

近年来，在恢复年轻态和抗衰老等全新领域，诞生了一系列科学出版物。其中之一是《衰老》（*Aging*），于2009年出版了第一期，当时该期刊的三位编辑——俄裔美国科学家米哈伊尔·V. 布拉戈斯克龙（Mikhail V. Blagosklonn）、美国人朱迪思·坎皮西（Judith Campisi）和澳大利亚人大卫·A. 辛克莱（David A. Sinclair）撰写了题为《衰老——过去、现在和未来》（*Aging: Past, Present and Future*）的创刊文章：

艾萨克·阿西莫夫（Isaac Asimov）在20世纪50年代出版的《基地》(*Foundation*) 系列中，虚构了一个能够殖民整个宇宙的人类文明。这当然是一个现实中不太可能发生的故事。令人吃惊的是，在这个故事中，阿西莫夫把一个70岁的老人称为不太可能活得更长的老人。换言之，在最大胆的文学幻想中，衰老的步伐仍然是无法减缓的。然而，考虑到抗衰老领域目前的发展速度，减缓衰老这一壮举完全可能在我们的有生之年成为现实，科学将超越科幻小说里的剧情。

过　去

自从奥古斯特·魏斯曼（August Weismann）将生命划分为寿命短暂的体细胞和永生的生殖细胞系之后，肉体便开始逐渐被视为一次性的。正如魏斯曼在1889年所写的那样："体细胞寿命短暂且脆弱的本质，正是大自然没有试图赋予这一个体无限长生命的原因。"

现　在

　　人类对延缓衰老基因的第一次成功筛选开始于 20 世纪 80 年代中期。尽管人们普遍认为控制衰老的基因不大可能存在，迈克尔·克拉斯（Michael Klass）还是对长寿的秀丽隐杆线虫突变体进行了基因突变筛选，并找到了候选基因。其中的 age-1 基因，由托马斯·约翰逊（Thomas Johnson）和其同事们共同鉴定发现。1993 年，辛西亚·肯扬（Cynthia Kenyon）和她的同事们也对长寿的秀丽隐杆线虫进行了基因筛选，并发现 daf-2 基因的突变使雌雄同体线虫的寿命比野生线虫延长了两倍多。在拥挤和饥饿导致幼虫形态发育停滞时，线虫就会进入一种耐压的生存形态 dauer（耐久型），而 daf-2 基因对该生存形态的形成具有调节作用。肯扬等人认为，耐久型幼虫的寿命是由一种可调节的寿命延长机制所决定的。这一发现为理解如何延长寿命提供了全新的切入点。

　　回顾了衰老研究的早期研究方法，编辑们阐述了从科学的开端——19 世纪末到整个 20 世纪，再到最近，特别是近 20 年来的重大进展。事实上，直到 20 世纪 80 年代，人们才在一种名为秀丽隐杆线虫的小型线虫体内发现了与细胞衰老直接相关的基因。从那时起，人们对衰老的过程、衰老发生的原因，以及如何逆转衰老有了更深入的理解。

　　然而，我们已经找到根据来证明这个概念，并不意味着我们就知道了如何去做。事实上，我们还并不知道如何去做。这也是为什么人们正在用不同的治疗方法，在不同类型的有机体上进行大量实验的原因，试图找出什么是有效的以及它为什么有效。这一点并不容易，但我们知道这是可能的。事实上，现在的问题不再在于我们是否可能，而是在于我们何时可能开发出第一批使人类恢复年轻态的科学疗法并实现商业化。我们不是蠕虫，也不是老鼠，所以目前在蠕虫或老鼠身上发现的许多成果可能不能直接用在人体上。然而，得益于大数据和人工智能技术进步等有利因素，这些成果将指出几种可能性，帮助我们更快地找到可能应用于人类的疗法。

布拉戈斯克龙、坎皮西和辛克莱进行了从过去到现在的梳理，并指出了未来可能的发展，以及提到了衰老和年龄相关疾病的一些可能的治疗方法。就目前而言，在这本面向普通读者的科普书籍中，大家没有必要深入了解很多细节，比如像 DNA（脱氧核糖核酸）、AMPK（单磷酸腺苷激活的蛋白激酶）、RNA（核糖核酸）、FOXO（转录因子）、IGF（胰岛素样生长因子）、mTOR（哺乳动物雷帕霉素靶蛋白）、NAD（烟酰胺腺嘌呤二核苷酸）、PI-3K（磷脂酰肌醇 -3 激酶）、CR（肌酐）、TOR（雷帕霉素靶蛋白）和许多其他更复杂的缩略词。不过，我们在这里还是要提到一笔，作为对当今和未来的重大发现的概括。

未　来

令人非常感兴趣和兴奋的是，衰老在现在看来，至少在一定程度上是由信号传导途径调节的，而后者又是可以通过药理学人为操纵的。目前已有可用于治疗与衰老相关的疾病并被预测能减缓衰老进程的抗衰老原型药物。可以模拟卡路里限制并缓解某些与年龄相关的疾病的去乙酰化酶调节剂已经被发现。TOR 信号传导通路是另一个目标。具有讽刺意味的是，TOR 本身是作为酵母（西罗莫司或雷帕霉素）

中雷帕霉素的靶点被发现的，这是一种可以用于临床的药物，即使连续几年大剂量服用也可耐受。雷帕霉素具有治疗许多与年龄有关的疾病的潜力，而作为抗糖尿病药物和 AMPK 激活剂的二甲双胍，可以通过在 TOR 信号传导通路中产生反应来延缓衰老和延长寿命。

因此，近年来的衰老研究范式的转变将信号通路（促生长途径、DNA 损伤反应、去乙酰化酶）的研究推向了前沿，已经确定衰老可以通过药理手段进行调节和抑制。

在这个合适的时机，《衰老》被推出。这本期刊包含了新的老年医学研究。近年来老年医学上所取得的突破是通过不同学科的融合，如模式生物的遗传学与发育、信号传导与细胞周期控制、癌细胞生物学与 DNA 损伤反应、药理学与许多年龄相关疾病的发病机制。该期刊将重点关注健康和疾病中的信号传导途径（IGF- 和胰岛素激活、丝裂原激活和应激激活途径、DNA 损伤反应、FOXO、去乙酰化酶、PI-3K、AMPK、mTOR）。主题包含细胞和分子生物学、细胞代谢、细胞衰老、自噬、致癌基因和抑癌基因、致癌作用、干细胞、药理学和抗衰老剂、模式动物，当然也包括与年龄相关的疾病，如癌症、帕金森氏症、II 类糖尿病、动脉粥样硬化、黄斑变性等一些衰老的致命临床表现。这一期刊还将收录一些探讨衰老这门新科学的可能性和局限性的文章。当然，老年疾病可以通过影响整个衰老过程的药物来延缓或治疗，从而潜在地延长健康寿命，是人类长久以来的梦想。

当这篇极具前瞻性的文章在 2009 年发表时，人们对现今最强大的基因技术之一——著名的 CRISPR（成簇的规则间隔的短回文重复序列，发现于 20 世纪 80 年代末，其最初的应用研发却在 21 世纪第二个 10 年初才开始）几乎一无所知。人类基因组序列于 2003 年正式完成。第一批诱导多能干细胞（通常简称 iPS 细胞）是在 2006 年获得的，但直到 21 世纪第二个 10 年才将其首次用于治疗。《衰老》自 2009 年创刊以来，在不到 10 年的时间里见证了巨大的变革，而且还将在接下来的 10 年里见证更多的变化。为了跟上这疯狂的进展速度，必须把所有这些成果都纳入视野中，因为今后十年，或许仅仅四五年内，由于所取得的进展速度进一步加快，同样的变化也将发生。我们确信在两三年内，将看到令人印象深刻的进展，以至于我们将不得不重写这本书的几个部分。

关于这些主题的另一本优秀期刊是 1998 年开始发行，后来由英国衰老生物学家奥布里·德格雷任主编的《恢复年轻态研究》（*Rejuvenation Research*）。创刊 20 年以来，这一期刊见证了媒体争相报道过的巨大进展，我们希望这些进展在未来几年将继续呈指数级增长。

这本书的附录展示了一个详尽的能使我们将迅猛的发展和自己对地球上生命的理解相结合的年表。此外，基于正在到来的指数级发展变革，这个年表试图预测在我们看来极有可能在未来几十年里发生的一些令人神往的事情。附录还包含来自于前文提到的雷·库兹韦尔等专家提及的进一步的参考资料。

从科学到伦理学

我们已经讨论过如何成功地延长线虫和老鼠以及其他动物的寿命。我们为什么要用它们做实验？科学家们在寻找更年轻、寿命更长的线虫和老鼠吗？当然不是。正如我们前文已经提到，并且后文还将反复提及的，我们的目标之一是想了解衰老和恢复年轻态的机理，以便在未来的某个时候开始在人类身上进行临床试验。

如果我们现在承认，基于未来的科学进步，延长人类寿命是可能的，那么我们就必须讨论这是否也符合伦理。我们的回答是，这不仅是符合伦理的，也是我们的道德责任。然而，仍然有一些非常有影响力的人（所谓的"意见领袖"），比如美国企业家和慈善家比尔·盖茨（Bill Gates），他似乎并不认为治疗衰老应被置于优先地位。在一次公开活动上，当被问及他对延长生命和长生不老研究的看法时，盖茨回答：

> 在世界上仍然有疟疾和肺结核肆虐之际，有钱人去资助一些能够让他们更长寿的研究，看上去未免太自私自利——尽管我也承认，长寿是件好事。

然而，同样的批评其实也完全适用于其他一些医学研究项目，比如正在进行的治疗癌症或心脏病的项目。治疗这些疾病也将延长寿命。可是，当人们仍然在死于疟疾和肺结核等治疗成本较低的疾病时，优先投入大量资源寻找癌症和心脏病的治愈方法似乎就有些不合时宜了。关键在于，如果唯一合理的标准真的只有以特定额度的金钱来拯救尽可能多的生命，那么我们确实有必要扪心自问：取消所有癌症研究计划，转而购买更多的蚊帐并确保分发到所有仍在遭受疟疾的地区，这样难道不是更好吗？然而，该前提显然并不成立，这正说明事情绝不是非黑即白。

事实上，在这个星球上，人类死亡的主要原因既不是疟疾也不是肺结核，而是衰老。因此，一个成功的恢复年轻态项目将满足上述所有要求。追求这个目标绝非出于以自我为中心或自恋。受益者绝不仅仅只有研究人员（和他们的亲人），而是将遍布整个地球，其中也包括仍在遭受疟疾和肺结核之苦的最贫穷群体。毕竟，他们也在遭受衰老的侵扰。

世界上最大的痛苦源头是衰老和与衰老有关的致死疾病。今天，全世界每天约有 15 万人死亡，其中 2/3 是死于与年龄有关的疾病。在更发达的国家，这一比例还要高得多，近 90% 的人死于衰老和相关的重大疾病，如神经退行性疾病、心血管疾病或癌症。

衰老是一场莫大的悲剧，没有其他任何悲剧可以与之相比。世界上每天因衰老而死亡的人，比其他所有原因致死者的总和还要多。更确切地说，死于衰老的人数是死于其他所有原因（包括疟疾、艾滋病、肺结核、交通事故、战争、恐怖主义、饥荒等）的人数的两倍多。奥布里·德格雷非常直接地解释了这一点：

> 衰老是野蛮而残忍的。我不需要进行伦理上的争论，甚至不需要进行任何争论，因为这是每个人内心不言自明的，坐视人死去是不对的。我致力于治愈衰老，并且我认为你也应该如此，因为我觉得无论对于任何人而言，最值得投入时间去做的，最有价值的事情，都莫过于拯救生命。现实就是，这个世界上每天都有超过10万人死于各种对年轻人而言本非致命的疾病，我们通过帮助治愈衰老所能够挽救的生命数量将是任何其他方式都难以比拟的。

衰老导致的死亡是人类的大敌。死亡一直是我们最可怕的敌人。幸运的是，死于战争和饥荒的人数，以及死于小儿麻痹和天花等曾经的大规模传染病的人数，今天都已大大减少。全人类的主要共同敌人并不是不同宗教、族群和文化之间的冲突，不是战争和恐怖主义，不是生态问题、环境污染，不是地震等自然灾害，也不是水或食物的分配，等等。上述这些问题诚然都可能造成痛苦，但迄今为止，在我们这个时代，人类最大的敌人依然是衰老——以及与衰老有关的疾病。

衰老给每个人和他们的家庭，以及整个社会所带来的痛苦难以量化，但我们要强调的是，它肯定要远远超过任何其他悲剧的结果。生命被大多数宗教视为"神圣不可侵犯的"，它是人们的首要权利，因为没有生命，其他权利和义务也就失去了存在的基础。生命权是赋予所有人的，确保他们的生命不被他人剥夺的权利。这项权利由"活着"这一简单事实为其被广泛承认的基础，被认为是每个人的基本权利，不仅列入《世界人权宣言》，而且明确列入绝大多数先进立法。

从法律上讲，在人的权利中，最重要的无疑也是生命权，因为它是其他东西存在的理由。如果被给予生命权的主体已经死亡，那么保障财产、宗教或文化就没有意义了。它属于公民权利和第一代权利的范畴，并在许多国际条约中得到承认，例如，《公民权利和政治权利国际公约》《儿童权利公约》《防止及惩治灭绝种族罪公约》《消除一切形式种族歧视国际公约》和《禁止酷刑和其他残忍、不人道或有辱人格的待遇或处罚公约》等。《世界人权宣言》第三条明确规定了生命的权利：

人人有权享有生命、自由和人身安全。

在一篇引人注目的文章《恶龙暴政传说》（*The Fable of the Dragon Tyrant*）中，作者将人类的衰老比作一条每天吞噬成千上万条生命的暴龙。通过投入大量的资金，并使我们的心理接纳和适应了这场巨大的悲剧，我们的社会体系已经接受了这种宿命。该文 2005 年诞生于牛津大学哲学系未来人类研究所主任、世界超人类主义协会（World Transhumanist Association，现名 Humanity+）联合创始人哲学家尼克·博斯特罗姆（Nick Bostrom）笔下，2018 年又由 YouTube 作者 CGP·格雷（CGP Grey）改编成了一段脍炙人口的短视频。

每个人的革命：从儿童到老人

正如我们已经提出并将在下一章讨论的那样，肉体永生的科学可能性及其道德辩护，实际上是人类面对的最大的挑战。自从第一个智人出现以来，这就一直是人们最渴望的梦想，但直到今天，我们还没有技术来实现永生的梦想。

即使是孩子也明白衰老是不好的，以及死亡对于一个人和他们的家庭来说是最可怕的损失。美国超人类主义党（Transhumanist Party）领袖、白俄罗斯裔作家根纳迪·斯托利亚罗夫二世（Gennady Stolyarov II）在2013年写了一本儿童读物《死亡是错误的》（*Death is Wrong*），他在书中解释道：

> 这是我小时候想要的书，但我没有。现在你有了它，你就可以在不到一个小时的时间里发现我花了好多年才一点一滴学到的东西。相反，你可以利用节省下来的这些年时间来对抗我们所有人最大的敌人：死亡。

斯托利亚罗夫继续写到他小时候与母亲的对话，母亲向他解释人们最终会"死亡"。当时还是小男孩的他惊讶地问妈妈：

> "死？那是什么意思？"我问。
>
> "这意味着他们不在了。他们就是消失了。"她回答。
>
> "但是他们为什么会死？他们做了什么坏事而罪有应得吗？"我质疑道。
>
> "不，每个人都会如此。人会变老然后死去。"她说。
>
> "这是错误的！"我惊呼道，"人不应该死！"

好在，现在这一代的孩子可能属于第一代永生人类。如果我们继续以指数级的速度前进，我们可能很快就会有人类恢复年轻态的第一批治疗方法，这当然是越快越好。正如美国女演员、歌手、喜剧演员、编剧和剧作家梅·韦斯特（Mae West）所说："重获青春，任何时候都来得及！"

我们必须意识到，我们恰好是生活在最后的"终有一死世代"和最初的"永生世代"之间：你想把自己定位在哪里？不管你现在多大年纪，我们建议你加入这场反抗衰老和死亡的革命。

从长寿到永生

第一章　生命就是活着

求知是人类的本性。

亚里士多德（Aristotle），约公元前 350 年

你的生命是个奇迹。

威廉·莎士比亚，1608 年

真理一旦被发现就很容易理解，关键是要发现它们。

伽利略·伽利雷（Galileo Galilei），1632 年

自从有关创造宇宙的第一批历史叙述被早期人类文明提出以来，世界已经走了很长一段路。不过，生命的起源仍然是个谜，我们希望最终能对它有更好的理解。

1924 年，苏联科学家亚历山大·奥巴林（Aleksandr Oparin）在他的作品《地球上生命的起源》（*The Origin of Life on Earth*）中提出了他最初的理念。奥巴林是一位坚定不移的进化论者，他概述了第一类有机化合物如何经过长期的自然进化，在地球原始海洋中逐渐演化形成了有机生命体。

多年后的 1952 年，年轻的芝加哥大学化学系学生斯坦利·米勒

（Stanley Miller）与他的教授哈罗德·尤里（Harold Urey）一道，试图用一种混合着水蒸气、甲烷、氨和氢的简单装置来测试这一理论。这些气体被认为是当时地球大气的成分。他们还用电极来模拟原始风暴的电流（能量输入）。在该实验中，他们模拟了生命起源前的条件，拜电极提供的能量所赐，他们获得了氨基酸、糖和核酸，但他们从未获得生命物质，只得到了它的一些组成成分。

1953 年，英国科学家弗朗西斯·克里克（Francis Crick）、罗莎琳·富兰克林（Rosalind Franklin）以及美国科学家詹姆斯·沃森（James Watson）发现了 DNA 的结构。这一发现将永远指引之后所有关于生命起源的著作和理论。随后，西班牙科学家琼·奥罗（Joan Oro）在他的同胞塞韦罗·奥乔亚（Severo Ochoa）1955 年的研究进展基础上，试图将化学的进步与日益重要的 DNA 研究结合起来。1959 年，在模拟的原始地球环境中，他成功地人工合成了腺嘌呤（DNA 和 RNA 的主要成分之一）。在他的《生命的起源》（*The Origin of Life*）一书中，奥罗写道：

> 一些前生命起源进程在实验室中可广泛地重现，水性或液态介质已被发现最适合于它们的发展。因此，几乎可以断定，生命来自所谓的原始海洋。

细菌殖民世界

不管生命是如何在地球上起源的——也许我们永远都不会知道——事实就是，最早的生物一定是非常小的且具有繁殖能力的简单细胞。这些原始微生物很可能是细菌，或者类似于我们今天所知道的最简单的细菌。细菌是地球上最普遍的生物。它们无所不在，存在于所有陆地和水域环境中，它们甚至可以在最极端的环境中生长，比如在高温和酸性的泉水中，在放射性废弃物中，以及在海洋和地壳的深处。欧洲航天局和美国国家航空航天局的科学家已经证实，某些细菌甚至可以在外层空间的极端条件下生存。

细菌的数量是如此惊人，据估计，每一克土壤中大约有 4000 万个细菌细胞，每一毫升淡水中大约有 100 万个细菌细胞。全世界总共大约有 5×10^{30} 个细菌，这个令人印象深刻的数字表明，细菌已经成功地在我们的星球上殖民了数十亿年。然而，已知细菌种类中，只有不到一半能在实验室进行培养。此外，据估计，大部分现存的细菌中还没有被科学描述过的占比可能高达 90%。

在人体中，细菌细胞大约是人类自身细胞的 10 倍，特别是在皮肤和消化道中。虽然人类细胞要大得多，但细菌细胞的种类要丰富得多。幸运的是，人体中存在的大多数细菌是无害的或有益的（尽管某些病原细菌会引起传染性疾病，例如霍乱、白喉、麻风、梅毒或结核病）。

细菌是非常简单的微生物，没有细胞核，因此被称为原核生物。细菌通常只有一个环状染色体，因此没有单独的核。环形染色体既没有头也没有尾，这就是为什么它也没有端粒的原因。与此不同的是，真核细胞具有"末端"或端粒，因为它们的染色体不是圆形的。细菌（Bacteria）一词是由德国科学家克里斯汀·埃伦伯格（Christian Ehrenberg）于 1828 年创造的，而法国生物学家爱德华·查顿（Edouard Chatton）在 1925 年创造了"原核生物"（Prokaryote）和"真核生物"（Eukaryote）这两个词，以将细菌等没有真正细胞核的生物和动植物等其他生物区别开来。

细菌在进化上的成功使它们得以在地球的所有区域繁衍生息，并产生出无数种类，其中许多还不为人所知。事实上，这些生物的进化与所有其他生命形式的进化一样，仍在继续。起初人们认为细菌只有一个环形染色体，但是后来发现细菌具有更多的染色体，包括线性染色体以及环形和线性染色体的组合。看到生命是如何不断地尝试多种可能性，这真是令人着迷。

从进化上讲，原核细胞（无核）先于真核细胞（有核）出现。还有另外一种没有核的微生物被称为古生菌，数量较少，可能晚于细菌的出现，并与它们一起形成原核生物。在进化层面上，据估计，存在一个所谓"最后共同祖先"（Last Universal Common Ancestor，LUCA）。该祖先应该是存在于至少40亿年前，而当前所有的生命形式均源自于它，首先演化出原核生物（细菌和古生菌），然后是真核生物（包括目前的动物和植物）。所有生物都有来自LUCA的DNA的基本遗传物质，这些由腺嘌呤（A），胞嘧啶（C），鸟嘌呤（G）和胸腺嘧啶（T）组成的原始基因至少有355个。

图1-1就是所谓的生命系统发生树，这样两个大的类型（有时称为"域""门"或"界"）——原核生物（主要是单细胞生物：细菌和古生菌）和真核生物（主要是多细胞生物：真菌、动物和植物）都可以被清楚地观

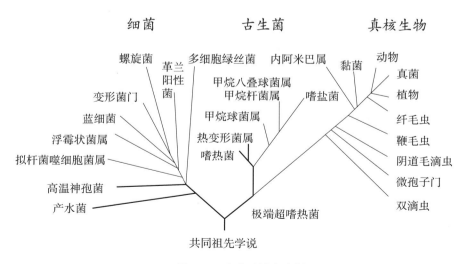

图1-1　生命系统发生树

察到。生物学是非常复杂的，进化需要花费数百万年的时间才能完成，因此应该注意的是，不仅存在多细胞原核生物，也存在单细胞真核生物。然而，在系统发育的生命之树中，大多数大型真核生物是多细胞的，并且包含线性染色体，且染色体末端有端粒，并共同起源于LUCA。

在生殖层面，细菌在理想的生长条件下可被视为是生物学上"永生的"。在最佳条件下，当一个细胞对称分裂时，它会产生两个子细胞，并且这种细胞分裂过程会将每个子细胞恢复到年轻状态。这也就意味着，在这种对称的无性繁殖中，每个后代细胞都等于其亲代细胞（除了细胞分裂中的某些可能突变），但处于年轻状态。换言之，以这种方式繁殖的细菌在生物学上可以被认为是永生的。同样，多细胞生物的干细胞和生殖细胞也可以被认为是"永生的"，这一点稍后将提及。

巴塞罗那大学的西班牙微生物学家里卡多·格雷罗（Ricardo Guer-rero）和梅赛德斯·贝兰加（Mercedes Berlanga）解释了原核生物的"永生"：

说来也怪，虽然人类已经将衰老和死亡视为命中注定，但是它们在生命起源的最初，甚至在此后的数亿年里都是不必要的。对于一个生物的经典定义是，它会"出生、生长、繁殖和死亡"，这适用于真核生物，但并不适用于原核生物。

在分裂的原核细胞中，DNA在生长过程中被附着的细胞膜带走，直到细胞分裂形成与亲代细胞相同的两个细胞。只要环境允许，原核生物可以持续生长和分裂而不会衰老。尽管与一般模式有所不同，但是细菌的典型细胞分裂是通过"二分裂"发生的，其结果是得到两个等效的细胞。

然而，并不是所有细菌都是通过所谓"居间态"（Intercalary）的形式对称分裂，并形成不会衰老的子细胞的。格雷罗和贝兰加也澄清道：

以居间态的形式裂变，理论上细胞不会死亡。可是显而易见，像所有生命形式一样，细菌也会因饥饿（缺乏营养）、炎热（高温）、高浓盐度、干燥或脱水等原因而"死亡"。

需要指出的是，并非所有细菌都是以这种方式分裂的。有些细菌是通过"极性"不对称分裂的分化产生的后代细菌；这类细菌最终会衰老并死亡。

尽管我们对生命起源和进化的细节了解不多，但从某种角度来看，我们可以说：生命的产生是为了生存，而不是为了死亡。至少在理想条件下对称分裂繁殖的细菌是不会衰老的，而不对称分裂繁殖的细菌则是会衰老的。

显然，死亡一直存在，但最初的生命形式是为了生存而进化的，也许还是为了在理想的条件下永远年轻。然而，生命的严峻现实，例如食物的缺乏或疾病，最终导致了衰老和非衰老生物的死亡。

从单细胞原核生物到多细胞真核生物

科学家们估计，大约 20 亿年前出现了第一个具有真正细胞核的生物，即真核生物，它也是共同祖先 LUCA 的后代，与地球上所有后续生命形式拥有相同的 DNA 类型。最初的真核生物也是单细胞的，其中包括真菌，特别是最初的酵母，也被认为在生物学上是"永生的"。2013 年发表在科学期刊《细胞》上的一项研究中，美国和英国的一组研究人员根据他们关于裂殖酵母（Fission Yeast）繁殖的实验，报告了以下实验结果：

许多单细胞生物会衰老，随着时间的推移，它们分裂的速度变慢直至死亡。在出芽的酵母中，细胞损伤的不对称分离导致了母细胞衰老和子细胞恢复年轻态的结果。我们假设，那些不具备这种不对称性，或者不对称性可以调节的生物体可能不会衰老。

寿命延长也发生在压力相关损伤应对能力增强的突变体，以及获得更有效的抗压力机制的物种中。在不存在衰老的生物中，压力可能会通过损伤产生率的提高或损害分离方式的改变触发衰老。

当前的衰老研究范式认为所有生物都会衰老。我们对这种观点提出了挑战，因为我们未能检测到在有利条件下生长的粟酒裂殖酵母（Schizosaccharomyces Pombe）细胞的衰老。我们的实验已经表明，由于大量损伤的不对称分离，粟酒裂殖酵母经历了非衰老和衰老之间的过渡。进一步的研究将阐明向衰老过渡的基础机制及其对环境成分的依赖性。

人类体细胞会衰老，在体外只能分裂有限的次数，然而，癌细胞、生殖细胞和自我更新的干细胞则被认为具有无限的分裂能力……对单细胞物种的衰老和永生方式进行比较研究将有助于阐明是什么决定了高等真核生物中细胞的复制潜力和衰老。

该研究的作者强调了以下发现：

1. 裂殖酵母细胞在有利的生长条件下不会衰老；

2. 衰老的消失与分裂的对称性无关；

3. 衰老发生在生存压力诱导的不对称损伤之后；

4. 压力条件下，聚集体的遗传与衰老和死亡有关。

单细胞酵母属于最早的真核生物之一，保留了在理想条件下分裂而不衰老的可能性。随着进化的继续，大约在15亿年前，出现了第一批多细胞真核生物。后来，在大约12亿年前，有性繁殖与多细胞真核生物中的生殖细胞和体细胞一起出现（与生物学中的几乎所有事物一样，总是有例外：并非所有的多细胞真核生物都是有性繁殖的）。

在19世纪末，科学家开始研究生殖细胞（Germ Cells），发现它们与其余的体细胞（Somatic Cells）完全不同。从根本上说，多细胞生物由许多体细胞组成，但是少数生殖细胞是该物种延续和生存的基础。生殖细胞产生配子（卵子和精子）以进行有性繁殖。此外，生殖细胞在生物学上是永生的，这意味着它们不会像体细胞那样衰老。只是，生殖细胞在人体其余部分死亡时也会死亡，因为人体主要由会衰老的体细胞组成。

通常，体细胞是通过"有丝分裂"（具有相似的遗传物质分布）的方式进行分裂的，造就了人体的大部分细胞。生殖细胞通过"减数分裂"进行分裂（在有性繁殖的生物体中，减数分裂产生具有一半遗传物质的卵子或精子，然后在配子之间受精时结合）。

有性生殖具有许多优点，如允许更快的进化；但也有许多缺点，如仅要求生殖细胞具有生物永生性。从生物学的角度来看，有性生殖之下，体细胞是一次性的，而生殖细胞不仅是永生的（即它们不会在自己的世代中衰老），而且还通过有性生殖将其遗传物质一代又一代地传递下去。

真核生物的性别选择是一种自然选择［根据英国博物学家查尔斯·达尔文（Charles Darwin）的观点］，由于两性选择，某些个体在种群中的繁殖比其他个体更成功。有性生殖可以看作是一种无性种群中不存在的进化力量。与此形成对比的是，细胞随着时间的推移可能由于突变而产生额外的物质或转化的原核生物，则是通过对称或不对称的无性繁殖方式进行繁殖的。（在水平基因转移等特定情况下，可能会发生称为接合、转化或转导的过程，这在某种程度上类似于有性繁殖。）

永生或"可忽略衰老的"生物

生命的机理和演化是如此迷人，充满了惊奇，以至于我们今天完全可以说，正如我们所一再坚称的，生命的出现是为了生存，就像细菌在理想条件下对称繁殖所表明的那样。除了诸如细菌之类的原核生物外，还有诸如酵母之类的真核生物，它们在生物学上也是永生的。会衰老的生物体在其演化的关键细胞中也表现出这种特征，例如，来自真核生物的生殖细胞和干细胞也不会衰老，即在生物学上也是永生的。不幸的是，体细胞会衰老，当它们死亡时，体内的生殖细胞和多能干细胞也会随之死亡。

由于科学的不断进步，今天我们还知道有的多细胞真核生物在生物学上是永生的，不仅仅是它们的生殖细胞，还有它们的体细胞。水螅（Hydras）是不衰老和恢复年轻态能力强的一个很好的例子。它的名字来自希腊神话当中的"勒拿九头蛇"（Lernaean Hydra）——这种怪物的一个头如果被砍掉，就会长出两个来，说明古希腊人也许对水螅的神奇已经略知一二。

水螅生活在淡水中，隶属刺胞动物门。它们的体长只有几毫米，是一种用布满刺细胞的触手捕捉小猎物的捕食者。它们具有惊人的再生能力，可以无性繁殖和有性繁殖，是雌雄同体的。所有刺胞动物门物种都可以再生，因为它们的细胞不断分裂，可以从伤口中恢复。美国生物学家丹尼尔·马丁内斯（Daniel Martinez）于1998年发表在科学期刊《实验老年学》（*Experimental Gerontology*）的开创性文章指出：

在所有经过仔细研究的后生动物中都发现了衰老，这是一个随着时间的增长而生物死亡的可能性就会增加的衰退过程。然而，关于水螅的潜在永生性一直存在很多争议，水螅是最早分化的后生动物群体之一，是刺胞动物门中的一种独居的淡水动物。研究人员认为，水螅能够通过不断更新其身体组织来逃避衰老。但是，尚未发布任何数据来支持这一主张。为了测试水螅是否存在衰老，我们对三个水螅群体的死亡率和生殖率进行了为期四年的分析。结果没有提供任何有关水螅衰老的证据：死亡率一直保持在极低水平，生殖速率没有明显下降的迹象。水螅确实可能逃脱了衰老，并且可能是永生的。

不同类型的水母在生物学上也可以认为是永生的。例如，所谓的灯塔水母（Turritopsis Dohrnii 或 Turritopsis Nutricula），是一种小水母，在有性繁殖后通过生物转化形式来补充细胞。这个循环可以无限期重复，从而使它们在生物学上永生。其他类似的动物包括波状感棒水母（Laodicea Undulata）和其他相关水母。2015 年的一项科学研究表明：

> 海月水母是沿海水母大爆发的主要始作俑者之一，部分原因可能是水文气候和人为因素，另外一部分则是它们的高度适应性繁殖性状使然。尽管刺胞动物门物种的生命周期具有广泛的适应性，尤其是某些已经被确认的水螅种类，但就水母而言，其生命长度的已知改变大多仅限于其水螅体阶段。在这项研究中，我们记录了衰退的幼年水母体的外胚层直接形成水螅体的现象……这是在海月水母中性成熟的海月水母反向转化为水螅体的第一个证据。由此重建的海月水母生命周期示意图揭示出钵水母纲生命周期逆转的潜力被低估了，这可能对生物学和生态学研究具有启示意义。

这些水母在其显著的转化过程中发生的分子过程可能成为具有人类适用性的新疗法的关键部分。日本研究人员久保田伸彦是所谓的"永生水母"的世界级专家，对这种动物进行了深入的研究，并希望通过新的研究发现这种动物"永生"的秘密。久保田伸彦在《纽约时报》上这样表达了他的观点：

> 灯塔水母应用于人类是人类最美好的梦想。一旦确定了水母是如何恢复年轻态的，我们就将取得极大的突破。我认为我们将不断进化，并成为永生的人。

一种名叫涡虫（Planarias）的蠕虫可以被切成小块，每一小块都有再生成为一条完整蠕虫的能力。涡虫可以有性繁殖和无性繁殖。研究表明，涡虫似乎可以无限再生（即自愈），而这种似乎是永无止境的再生能力（在端粒的持续生长下），应该归因于其高度增殖成体干细胞的庞大数量。如2012年的一篇科学文章所述：

> 有些动物可能具有永生或者至少具有长寿的潜力。了解这些进化而来并使某些动物永生的机制，将会使得减缓人类细胞衰老，缓解其衰老相关表型的可能性大大增加。这些动物肯定具有替换衰老、受损或患病的组织和细胞的能力，并且可以通过一定数量的增殖性干细胞来兑现这种能力。

> 涡虫被称为"刀刃下的永生生物"，它们就可能具有无限的能力，可以利用具有潜在永生性的涡虫成体干细胞库来更新它们的分化组织。

其他研究表明，龙虾不会随着年龄的增长而衰弱或失去生育能力，而且年龄较大的龙虾可能比年龄较小的龙虾更能生育。它们的长寿可能归因于端粒酶，这是一种修复染色体末端 DNA 序列的长重复片段（端粒）的酶。大多数脊椎动物在胚胎阶段表达端粒酶，但在成年阶段通常不存在端粒酶。与脊椎动物不同，龙虾在大多数成年组织中表达端粒酶，这被认为与它们的寿命有关。然而，龙虾并不是永生的，因为它们是通过蜕皮生长的，而蜕皮需要越来越多的能量，壳越大需要的能量就越多。随着时间的推移，龙虾可能会在蜕皮过程中因能量耗竭而死亡。老龙虾还会停止蜕皮，这意味着最终的外壳会受损、感染或解体，进而导致死亡。美国南加州大学名誉教授、老年生物学家凯莱布·芬奇（Caleb Finch）是世界老龄问题和不同物种比较方面的专家之一。芬奇创造了"可忽略的衰老"这个术语来描述具有下列特征的物种：

> 没有证据表明该物种老年阶段存在生理功能障碍，或成年阶段存在死亡率升高的特征，也没有公认的寿命特征限制。

可忽略的衰老并不意味着彻底的永生，因为总是有其他原因会造成死亡，如受到袭击和遭遇意外，或精力和身体的限制，就像龙虾的蜕皮或壳的受损。正如前文所提到的，细菌是非常脆弱的生物，但它们可以在理想的条件下无限期地生存，无论是单独生存还是群体生存。

在一些特定的地方，经常可以发现基因相同的个体所组成的无性系群落，如植物、真菌和细菌等，它们都是同一个祖先的后代，通过非有性繁殖的方式所生成。一些无性系群落已经存活了数千年，其中迄今为止已知的最大一个，是 2006 年在伊比沙岛和福门特拉岛之间发现的一处巨大的水生植物群：

> 在 10 万年前，波西多尼亚海草场开始生根，与此同时，我们的一些最早的祖先正在南非创建第一个已知的"艺术工作室"。这种水生植物生活在伊比沙岛和福门特拉岛之间、受联合国教科文组织保护的水道里。

世界上最长寿的无性繁殖生物的另一个候选物种，是被称为"潘多"也被称为"颤抖巨人"的巨大生物体，它起源于美国犹他州的一株雄性颤杨（Populus Tremuloides）。根据遗传标记，已经确定整个群落是一个单一生命体的一部分，有一个庞大的地下根系系统。潘多的根系被认为是世界上最古老的生物体之一，大约有 8 万年的历史。据估计，这棵植物的总重量超过 6600 吨，是世界上最重的生物体。

此外人们还发现了其他拥有 1 万年以上历史的无性系生物体，都是各种不同的植物和真菌群落无性生长和繁殖而形成的。就单个生物体而言，寿命最长的可能是所谓"岩内微生物"（古菌、细菌、真菌、地衣、藻类或变形虫），它们生活在岩石、珊瑚、外骨骼或岩石矿物颗粒之间的空隙中。其中许多是极端微生物，因为它们生活在曾经被认为不适合任何生物生存的地方。天体生物学家尤为重视对"岩内微生物"（Endoliths）的研究，根据他们提出的理论，火星和其他行星上的内岩环境可能是外星微生物群落的收容所。2013 年，一个国际科学家小组报告了一项关于海洋岩内微生物的重大科学发现：

> 研究发现了生活在海床以下 1.5 英里处的细菌、真菌和病毒——他们报告说，这些标本似乎有数百万年的历史，每 1 万年才会繁殖一次。

长寿的陆地和水生动物也有若干种，包括某些珊瑚和海绵。在长寿树木方面，树龄估算最准确者包括著名的"普罗米修斯"（Prometheus），已在 1964 年被砍伐，被确认有约 5000 岁，它依然在世的"亲戚"——"玛士撒拉"（Methuselah），估计有 4850 岁。此外，还有另一棵未命名的树，为防止被损害而未被公布确切位置，根据 2010 年的公开信息，约为 5062 岁。

上述三棵树都属于狐尾松种（Pinus Longaeva，又称刺果松），是我们今天所知道的最长寿的个体生物。只要想想这些树早在埃及金字塔建造之前就已经存在，我们就知道它们有多古老了。

在英国威尔士，有一棵名为"兰格尼维紫杉"（Llangernyw Yew）的树，估计树龄在 4000—5000 岁。它位于康威自治市兰戈尼维镇一座教堂的花园中，属于欧洲红豆杉种。在世界其他地区，从智利到日本，还有不少属于针叶树或橄榄树等其他树种的长寿树木个体，估算树龄从 2000 岁到 3000 岁，乃至 4000 岁不等。

在斯里兰卡阿努拉德普勒市有一棵属于菩提树种的"圣树"，名为阇耶室利摩诃菩提树（Jaya Sri Maha Bodhi），种植于公元前 288 年，已有 2300 多年的历史。它是世界上迄今已知的最古老的人工种植树木，世界上最大最古老的印度"大菩提树"的直系后代，据传，悉达多·乔达摩（Siddhartha Gautama）就是在大菩提树下打坐冥想，而最终开悟成佛的。

伯明翰大学教授、葡萄牙微生物学家若昂·佩德罗·德·马加良斯（João Pedro de Magalhães）维护着一个动物衰老和长寿数据库。这是一个有趣的生物列表，这些生物的衰老率可以忽略不计，其中包括迄今为止已知的这些物种的最大年龄：

冰岛蛤（北极蛤属多毛）——507 岁

糙眼岩鱼（阿留申平鲉）——205 岁

红海胆（巨紫球海胆）——200 岁

东方箱龟（卡罗莱纳箱龟）——138 岁

洞螈（洞螈）——102 岁

布兰丁龟（布氏拟龟）——77 岁

彩色龟（锦龟）——61 岁

在理想的条件下，我们还可以将前述的水螅、水母、涡虫、细菌和酵母加入这份名单。此外，根据我们对其寿命的了解，格陵兰鲨鱼可以活400 年，它是小头睡鲨的一种。这些都是可以忽略衰老的物种，在未来几年里我们将继续从中学到更多东西。

人类的情况也一样，虽然身体的其他部分是由会衰老的体细胞组成的，但生殖细胞和多能干细胞不会衰老。人类长寿的纪录属于让娜·路易丝·卡尔芒（Jeanne Louise Calment），她生于 1875 年 2 月 21 日，死于 1997 年 8 月 4 日。卡尔芒是法国的超级百岁老人（百岁老人是活到 100岁以上的人，超级百岁老人是活到 110 岁以上的人），她活了 122 岁零164 天，被确认为历史上有记录的最长寿的人。她一生都生活在法国南部的阿尔勒市，遇见过文森特·梵高（Vincent van Gogh）。她是迄今为止唯一一个被证实活到了 120 岁以上的人，晚年依然酷爱运动，练习击剑直到85 岁，骑自行车直到 100 岁。

有几组科学家都正在研究百岁老人和超级百岁老人，从遗传因素到包括营养在内的环境因素入手来深入探究人类的衰老。然而，即便是超级老人，目前仍然会衰老，而且仍然受到衰老的一系列后果的折磨，因此向衰老可忽略不计的生物体学习是必要的。

海瑞塔·拉克斯的"永生"细胞

海瑞塔·拉克斯（Henrietta Lacks）是一位烟草农民，1920 年 8 月 1 日出生于弗吉尼亚，1951 年 10 月 4 日死于马里兰。海瑞塔出生时的名字是洛丽塔·普莱森特，她来自一个贫穷的非裔美国家庭，嫁给了弗吉尼亚州哈利法克斯的表兄戴维·拉克斯（David Lacks），后来搬到了马里兰州巴尔的摩市附近，在那里死于癌症。

科普作家丽贝卡·斯科鲁特（Rebecca Skloot）在其著作《永生的海拉》（*The Immortal Life of Henrietta Lacks*）中讲述了海瑞塔·拉克斯的故事，这本书 2010 年出版后，连续两年登上了畅销书排行榜：

> 海瑞塔·拉克斯是一位有五个孩子的非裔美国母亲，1951 年 31 岁死于宫颈癌。在她不知情的情况下，约翰霍普金斯医院为她治疗的医生从她的子宫颈取出组织样本进行研究。他们培育出了第一个可存活的、具有惊人复制力的永生细胞谱系，被称为海拉（HeLa）。这些细胞帮助了小儿麻痹症疫苗和艾滋病治疗等医学发现。

1951 年 2 月 1 日，拉克斯因宫颈肿块和阴道出血在约翰霍普金斯医院接受治疗。那天，她被诊断出患有子宫颈癌，她的肿瘤似乎与妇科医生以前所看到的不同。在开始治疗肿瘤之前，医生出于研究目的，在海瑞塔不知情亦未许可的情况下（这在当时是很正常的）从癌细胞中取出部分用于研究。八天后，乔治·奥托·盖伊（George Otto Gey）医生第二次来诊时，又从肿瘤上取了另一份样本并保留了其中一部分。所谓的海拉细胞（取自病人海瑞塔·拉克斯的名字）就是来源于这第二个样本。拉克斯接受了数天的放射治疗，这是当时治疗癌症的常用疗法。拉克斯回家后又接受了进一步的 X 射线治疗，但病情还是恶化了，于是她 8 月 8 日重新入住约翰霍普金斯医院，尽管接受了治疗和输血，她还是于 1951 年 10 月 4 日死于肾衰竭。随后进行的局部尸检显示，癌细胞已经转移到身体的其他部位。

盖伊博士仔细研究了拉克斯的肿瘤细胞，发现海拉细胞发生了一种他从未见过的现象：在细胞培养之下，它们持续存活和生长。它们成为了第一批可以在实验室中培养的人体细胞，从生物学上讲是"永生"的（它们在细胞分裂后不会死亡），可以用于许多实验。这是医学和生物学研究的巨大进步。

内科医生和病毒学家乔纳斯·索尔克（Jonas Salk）使用海拉细胞研发脊髓灰质炎疫苗。为了测试索尔克的新疫苗，这些细胞被投入快速大规模繁殖，这堪称是人类细胞的第一次"工业化"生产。自从海拉细胞实现量产以来，它们已经被送到世界各地的众多科学家手里，用于癌症、艾滋病、辐射和有毒物质的影响、基因图谱等领域的研究，以及无数其他科学目的。海拉细胞还被用于研究人类对胶带、黏合剂、化妆品和许多我们现在日常使用的产品的过敏反应。自 20 世纪 50 年代以来，科学家已经生产了超过 20 吨海拉细胞，1955 年克隆的第一批人类细胞也是来自于它。全球范围内，涉及海拉细胞的专利超过 1.1 万项，基于它的科学实验超过 7 万项。得益于海拉细胞，人们已经研发出众多的基因疗法和药物，用于治疗帕金森病、白血病、乳腺癌和其他癌症。

海拉细胞是目前体外培养的最古老的人类细胞谱系，也是最常用的细胞。与非癌细胞不同，海拉细胞可以在实验室中不断培养，这就是它们被称为"永生细胞"的原因。多亏了海拉细胞，我们现在知道了其他类型的癌症在生物层面也是永生的，即癌细胞不会衰老。

海拉细胞系在癌症研究中已经大获成功。该细胞的增殖异常迅速，即使与其他癌细胞相比也是如此。在细胞分裂期间，海拉细胞有一种活跃的端粒酶，这种酶可以阻止与细胞衰老和死亡有关的端粒逐渐缩短。因此，正如我们将在第二章看到的，海拉细胞避开了所谓的海弗利克极限，即在细胞培养中大多数正常细胞在死亡前能够进行的有限的细胞分裂次数。

癌症之所以有别于其他疾病，会成为人类的重大悲剧，正在于癌细胞不会衰老，而且还会不断繁殖。因此，癌症必须被消灭，而且越早越好，因为癌症不会自行死亡。相反，癌症会持续生长、繁殖和扩散到全身。完全可以说，"身体"成为了癌症的食物，直到"转移"发生，然后整个有机体死亡。

生物性永生可能吗？

我们发现，若干种不同的有机体基本上不会衰老，换言之，它们的衰老可以忽略不计。还有，我们体内的"最佳"细胞（生殖细胞）不会衰老，而我们体内的"最差"细胞（癌细胞）也不会衰老。因此，问题不应该是生物性永生是否可能，因为答案已经是肯定的了。

正如我们已经讨论过的，问题应该是，人类的衰老什么时候才可能停止。加州大学欧文分校的美国生物学家迈克尔·罗斯是一位衰老理论专家，他在《科学征服死亡》（The Scientific Conquest of Death）一文中解释了"生物性永生"的可能性：

衰老是无所不在的吗？显然不是。如果一切都在衰老，那么负责制造精子和卵子的细胞（生殖系）就不可能在数百万年里持续存活。你们一生中吃过的大部分香蕉都来自于种植园里的无限繁殖克隆。即使是在哺乳动物这样生殖系很早就与身体其他部分迥然有别的生物体中，负责产生配子的细胞（生殖细胞）的存活和复制也已经进行了数亿年。生命是可以无限延续的。

既然生命可以无限繁殖，是否有生命个体可以不衰老，活在生物性永生中？关于死亡，有一点我必须澄清：实验室里的生物死亡未必都是因为衰老。证明某个物种在实验室中死亡与证明该物种不会永生是两码事。实验室里的习惯性事故会杀死许多软体植物、动物和微生物。致命的突变可以在任何年龄或任何时间导致生物死亡。要使生物无限期地远离所有疾病也是不可能的。没有衰老并不意味着完全没有死亡。死亡不是衰老。生物性永生并不是免于死亡。

相反，要证明长生不老，需要找到的，是存活率和繁殖率不显示衰老的证据。我们已经听说过，若干植物和海葵之类简单动物在许多情况下都能呈现出这样的模式。但我所知道的最好的定量数据是由马丁内斯收集的，他研究了水螅的死亡率，这种水生动物曾是高中生物学的主要内容。马丁内斯发现，在很长一段时间内，他的水螅的存活率都没有显著下降。它们仍然在死亡，但不是以衰老的形式。其他科学家也在小动物身上收集了类似的数据。有些物种是永生的，有些则不是。永生的物种是无性繁殖的。

此外，鉴于生命形式的永生是持续进化的，援引热力学定律作为生命的限制显然并不适当。无论在哪种情况下，这样的做法都是非常外行的，因为这些定律只适用于封闭系统。地球上的生命不是一个封闭的系统。地球从太阳那里接收到大量的能量输入。

因此，专业生物学家对永生的一些根深蒂固的偏见毫无疑问是错误的。衰老并不是普遍现象，有些生命物种确实具有生物永生性。

罗斯是研究黑腹果蝇寿命的先驱，他已经成功地将其寿命延长了 4 倍。1991 年，罗斯出版了《衰老的进化生物学》（*Evolutionary Biology of Aging*）一书，在书中他假设导致衰老的基因具有两种作用，一种发生在生命早期，另一种发生的时间要晚得多。这些基因之所以受到自然选择的青睐，是因为它们在年轻时能带来的好处，而代价则是在很久之后才出现的副作用，这便是我们认为的衰老。罗斯还认为，衰老可以在生命的后期被阻止，这一点已经为他将黑腹果蝇的寿命延长 4 倍的实验所证明。

和罗斯一样，我们认为衰老是可以被迟滞、阻止，而且一定是可以逆转的。其他生物体已经提供了"概念验证"，现在需要做的只是找到在人类身上实现的方法。是时候从理论转向实践了。

第二章　什么是衰老？

有些动物寿命长，有些动物寿命短，总之，寿命长短的原因需要探究。

　　　　亚里士多德（Aristotle），公元前 350 年

衰老是一种疾病，应该像任何其他疾病一样被治疗。

　　　　俄国动物学家、微生物学家，艾利·梅契尼科
　　　　夫（Elie Metchnikoff），1903 年

衰老不是自然本性。

　　　　西班牙国家癌症研究中心学者，玛丽亚·布拉
　　　　斯科（Maria Blasco），2016 年

衰老是我们可以操控的可塑品。

　　　　加州索尔克研究所学者，胡安·卡洛斯·伊兹
　　　　皮苏亚·贝尔蒙特（Juan Carlos Izpisúa Belmon-
　　　　te），2016 年

衰老是一种最常见的疾病，应该积极治疗。

　　　　哈佛医学院病理学教授，大卫·辛克莱（David
　　　　Sinclair），2019 年

关于衰老的科学研究是当代以来才有的，而关于恢复年轻态的科学研究更是近期才开展的。稍稍夸张一点地说，现代衰老科学只有几十年的历史，恢复年轻态科学只有几年的历史。在实验室测试层级，这两方面的研究都只是刚刚起步，目前还只是针对模式生物，期待有一天能够应用于人类。

幸运的是，越来越多的科学界内外的人意识到，人类很快就会找到科学疗法来减缓衰老、逆转衰老和恢复年轻态。

公元前 4 世纪的古希腊哲学家亚里士多德是最早提出对动植物衰老开展科学研究的人之一。公元 2 世纪，古希腊医生盖伦（Galen）提出，衰老是随着身体形态从最早期的变化与衰退开始的。13 世纪，英国哲学家、修士罗杰·培根（Roger Bacon）提出了"磨损理论"。19 世纪，英国博物学家查尔斯·达尔文打开了衰老进化理论的大门，并开启了关于程序化衰老与非程序化衰老的持续讨论。

衰老、加速衰老与不衰老的形式

正如我们在本书第一章中所看到的，有一些生物不衰老，有一些细胞也不衰老，人体内也存在一些不衰老细胞。其他生物体也有能力让自身的许多部分再生，包括大脑。换言之，衰老不能被认为是一种单向的或统一的生物过程，因为有一些生命体不衰老，而另一些生命体则表现出可忽略不计的衰老。

今天，我们也知道，属于同一物种的不同生物体可能衰老也可能不衰老，这取决于繁殖的类型。一般来说，无性繁殖不易衰老，而有性繁殖易于衰老，即使在同一物种的雌雄同体的个体中也是如此。

此外，同一物种的不同个体之间，雌性、雄性或雌雄同体生物的衰老速度也存在差异。某些物种的雌性个体的预期寿命与雄性个体不同，这个现象在雌雄同体的物种中也存在。群居昆虫不同群体成员的衰老也有相当大的差异，例如蜂王（也称"蜂后"）、工蜂和雄蜂的预期寿命迥然不同。

环境条件也会对生物预期寿命产生很大影响，主要针对昆虫和无脊椎动物等变温动物。例如，温度水平和食物数量不同，线虫和蝇类的预期寿命就会有很大差异。温度降低和热量限制增加了几种物种的预期寿命。

现在已经发现一些基因能够部分控制生物体衰老的过程。例如，在线虫中发现了称为 age-1 和 daf-2 的基因，在果蝇中发现了称为 FOXO 的基因。哺乳动物身上也存在与这些以及后来发现的其他基因功能相类似的基因，从控制人类衰老的角度去理解这些基因的工作机制会让我们获益匪浅（如衰老是可以通过遗传学方法来改变的）。

虽然时间只是一个相对的概念，但众所周知，有些生物的寿命很短，另一些则很长。在一个极端，一些原始昆虫如蜉蝣，其成虫只能活一天或更短；而在另一个极端，人类（以及衰老可以忽略不计的其他物种）可以活一个世纪或更长。今天，我们还知道一些生命形式的个体已经存活了若干个世纪甚至若干个千年，虽然这些生命形式的潜在寿命极限还无从得知。

正如亚里士多德两千多年前所观察到的，植物和动物衰老的方式也不同。动物细胞和植物细胞呈现出巨大的差异，而这对动物和植物的衰老方式产生了影响。这甚至对某些不衰老或衰老可忽略不计的物种，如所谓的"多年生植物"（例如红杉）也产生了影响。细菌、真菌可能不会衰老，这取决于它们的繁殖方式、对称分裂率、细胞类型和染色体。

细胞也有一些活得很短，而其他活得很长，这些细胞甚至可以存在于同一个生物体内。例如，在人体内，精子的预期寿命为 3 天（虽然生产精子的生殖细胞不会衰老），结肠细胞通常存活 4 天，皮肤细胞 2—3 周，红细胞 4 个月，白细胞超过 1 年，大脑皮层神经元通常持续一生。今天我们还知道，由于大脑不同区域也有干细胞，大脑某些部位的神经元可以再生，这不同于此前人们的传统认知。

具有环形染色体的细胞，如大多数原核细菌的细胞，在理想条件下通常是永生的；而具有线性染色体的细胞，如多细胞真核生物的大多数体细胞，通常是寿命有限的，除非它们发展成癌细胞并不再衰老。

今天，我们知道会衰老的正常体细胞突变为癌细胞后可以永生。人类目前正在研究癌症干细胞，以寻找正常体细胞实现生物性永生的线索。换言之，尽管癌细胞并不是什么好东西，但它们的确有助于揭开衰老的奥秘。

一些癌细胞会产生端粒酶，以增加染色体末端端粒的长度。许多物种成年个体的体细胞不再产生端粒酶，只是在个别情况下还会产生，使得细胞层面的持续再生成为可能，例如平面涡虫和某些两栖动物。

以上实例表明，生物学已经用了数以百万年计的时间来实验不同的生命形式、不同的生物种类、不同的繁殖方式、不同的性别、不同的细胞形式、不同的生长模式以及不同的衰老模型，也包括某些情况下的永生模型。

罗马尼亚老年病学专家安卡·伊奥维塔（Anca Iovita）于 2015 年出版的著作《物种间的衰老差异》（*The Aging Gap Between Species*），第一个章节就叫作"在树木中寻找森林"，她写道：

衰老是一个需要解决的难题。

这一过程的研究，传统上一直是基于少数几种模式生物来进行的，比如果蝇、线虫和老鼠。这些物种的共同点是它们的衰老速度很快，这就使得研究它们成为了对实验室而言很经济的选项。作为一种短期策略，这确实是很不错的。试想一下，谁会有时间去研究能够生存几十年的物种？

问题在于，物种之间的实际寿命差异比实验室中实现的任何寿命差异都要大。因此，我才会去研究无数的信息资源，试图将高度专业化的研究收集到一本容易学习的书中。我想"在树木中寻找森林"，我想以一个易于学习和合乎逻辑的顺序来揭示物种之间的衰老差异。这本书是我试图做到这一点的尝试。

人们常说：衰老是不可避免的。但我从来不是一个因为一些权威人士这么说就接受的人。因此，我开始质疑所有物种的衰老是否相同。在寻找答案的同时，我惊讶地发现老年学中生物模型的多样性竟是如此缺乏。我没有因此而气馁，而是查阅了大量极为晦涩的科学著作，试图弄清楚其他物种是如何衰老的，以及它们的衰老彼此之间又有怎样的差异。

如果你曾经养过宠物，你一定会注意到不同动物寿命相差很大。10年时间过去，你本人可能看上去毫无变化，但是你的狗或猫却已经患上了一些老年疾病。寿命差异总是巨大的，不但存在于同一物种的不同个体之间，也存在于不同物种之间，那么，造成物种之间衰老差异的，到底是什么机制呢？

在她的书中，伊奥维塔对关于衰老的科学知识作了极好的梳理，包括不同物种间的巨大差异（从细菌到鲸鱼）、不同的衰老理论、幼态持续（即在成年阶段拥有继续再生等幼年阶段的能力）和早衰，以及其他重要的主题，比如干细胞、癌症、端粒酶和端粒。伊奥维塔总结道：

衰老是一种可塑现象。但是，物种之间的实际寿命差异比实验室中实现的任何寿命差异都要大。因此，我研究了无数的信息源，试图将高度专业化的研究成果转化为一本简单易懂的读物。我有意选择用平实的语言解答这一问题。关于衰老的研究太重要了，不能让那些晦涩的正规科学术语成为隔绝读者的天堑。

老年学作为一门科学，不仅可以通过研究老鼠和线虫等寿命短的物种来取得进展，而且还可以通过研究海绵、裸鼹鼠、海胆、橄榄和许多千年树等衰老速度缓慢或衰老迹象可忽略不计的物种来取得进展。如果衰老就是意味着死亡率的升高和生育率的降低，那么几乎不怎么衰老的物种的存在则间接地表明，衰老只是大自然的一场"意外"。

长寿物种通常会在它们的成年体细胞组织中继续表达端粒酶，这使得它们至少能再生它们的部分器官。尽管它们在成年后仍能表达出端粒酶，但这些物种的癌症发病率并不高。这些物种可能开发了替代机制，来强化对自身细胞的控制，同时遏制癌症。裸鼹鼠被认为是一种无癌物种，尽管端粒酶在其体细胞干细胞中有丰富的表达。

这个项目的巨大规模决定了本书只能是一部半成品。仍有无数物种有待发现，仍有衰老实验有待完成，仍有衰老理论有待建立。衰老是大自然的一场意外。老年学，这门关于衰老的科学正是为了解决衰老难题而诞生的。

阿拉巴马州大学伯明翰分校健康衰老研究教授史蒂文·奥斯塔德（Steven Austad）是另外一位细致研究了不同物种衰老差异的专家，在他2022 年出版的新作《玛士撒拉的动物园——自然教会我们关于长寿和健康的那些事儿》（*Methuselah's Zoo: What Nature Can Teach Us about Living Longer, Healthier Lives*）当中，出版方是这样介绍他的研究成果的：

从自然世界中那些非凡的长寿动物身上，人类是否能够学到些什么？在《玛士撒拉的动物园》一书中，史蒂文·奥斯塔德讲述了一些非凡动物的故事，比如为什么一些飞行的动物会比陆生的动物更加长寿，还有为什么最长寿的动物是生活在海洋当中。

奥斯塔德认为，我们要向这些长寿动物学习，最好的方法就是在自然环境当中研究它们。因此，他逐个考察各种不同的生存环境，比如对昆虫、鸟类和蝙蝠等主要生活在空中的生物进行比较，比如研究从大象到鼹鼠等主要生活在地表和地下的动物，以及研究圆蛤、鲤鱼、海豚等水中生物。

人类已经让自己的总体寿命获得了大幅度的延长，但是健康寿命的延长程度却是有限的，结果就是，伴随我们日渐衰老，我们在各种疾病面前也变得越来越脆弱。相反，这些动物却成功地同时避开了外部环境的危险与自身衰老的破坏。我们能不能变得和它们一样？

关于衰老的科学研究的起源

19 世纪末，当达尔文提出的革命性"进化论"理念在科学世界中仍然难以占上风时，德国生物学家奥古斯特·魏斯曼在 1892 年发展了他基于"种质"永生的遗传理论。这一理论认为，种质是新细胞发育的核心。这种核心是由精子和卵子结合而成的，它建立了一个可以世代相传的基本连续性。

这一理论当时也被称为魏斯曼学说，确定了遗传信息只通过性腺（卵巢和睾丸）的生殖细胞传递。此前，法国生物学家让-巴斯蒂特·拉马克（Jean-Baptiste Lamarck）的理论认为，信息可以从体细胞传递到生殖细胞，而魏斯曼的新观点推翻了这种认识，确立了"魏斯曼屏障"。

魏斯曼的全新理论将永生的种质与必死的体细胞区别开来，成为了现代遗传学的先声。魏斯曼进一步假设，死亡不是生命固有的，而是进化所必需的后天生物性习得（以消灭不适应环境和低等的生物）：

　　　　死亡可以被看作是一种有利于整体物种的事件，是对外部生存条件的让步，而不是一种绝对的必要性，不是生命本身固有的。死亡，即所谓生命的终结，绝不可视为所有生物的固有属性。

　　　　死亡本身或生命的长短，都完全取决于对环境的适应。死亡不是生命体的本质属性，与生殖也不见得有什么必然联系，更谈不上是前者的必然结果。

　　此后不久，1908年诺贝尔生理学及医学奖得主、俄国-法国生物学家艾利·梅契尼科夫为关于进化和永生的一些类似观点进行了辩护。他解释说，不仅生殖细胞是永生的，多细胞生物也可以是永生的。当时，人们认为只有单细胞生物可能是永生的，但多细胞生物却不是。正是在那时，魏斯曼解释说，生殖细胞是能够永生的，但体细胞不能；尽管死亡不是必要的，但是它也可以在生物进化中发挥作用。

　　梅契尼科夫与法国生物学家路易斯·巴斯德（Louis Pasteur）合作，创造了"老年学"（gerontology）这个词，所以他通常被称为"老年学之父"。梅契尼科夫同意魏斯曼的观点，即死亡不是生命的必要前提，因为单细胞生物和生殖细胞是可以永生的。然而，梅契尼科夫并不认为自然死亡是一种进化优势。在他看来，"正常衰老"和"自然死亡"在自然界几乎从来没有发生过。生物变得虚弱之后，就会被外部因素（捕食、疾病、意外、竞争）所淘汰，最终能"自然衰老"或"自然死亡"的可能性很小。如果"自然衰老"或"自然死亡"几乎从来没有发生在自然界中，那么它们就无法成为自然选择的依据，更不必说靠它们形成什么竞争优势了。

　　几年后，1912年诺贝尔生理学及医学奖获得者、法国-美国生物学家亚历克西斯·卡雷尔（Alexis Carrel）进行了实验，表明体细胞也可以无限期地存活。卡雷尔一直持续研究长寿、永生细胞、体组织培养或器官移植，直至他 1944 年逝世。1961 年，美国微生物学家伦纳德·海弗利克（Leonard Hayflick）发现，多细胞生物的体细胞在死亡前的分裂次数是有限的。海弗利克证实，生殖细胞（和癌细胞，甚至海拉细胞）是可以永生的，但体细胞是寿命有限的，会在一定次数的分裂后死亡，具体分裂次数取决于细胞和生物体的类型，然而在任何情况下，每个体细胞死亡前的分裂次数都没有达到 100 次。这个发现被称为"海弗利克极限"。[人们目前相信，卡雷尔的实验是存在瑕疵的。如果想要更多地了解卡雷尔和其长期合作伙伴、著名航空先驱查尔斯·林德伯格（Charles Lindbergh）开拓性的研究，可以阅读大卫·弗里德曼（David Friedman）的《不死学家——飞行英雄与他的秘密医学实验》（*The Immortalists: Charles Lindbergh, Dr. Alexis Carrel, and Their Daring Quest to Live Forever*）。]

　　老年学研究在 20 世纪取得的科学进展确实令人兴奋。我们已经从概念理论跨越到实验操作，尽管其中一些实验是错误且不可重复的。德国、俄罗斯、法国和美国的科学家成为了 20 世纪老年学研究的顶级领导者，摩尔多瓦裔以色列研究人员伊利亚·斯坦布勒（Ilia Stambler）在他的著作《20 世纪延寿主义史》（*A History of Life Extensionism in the Twentieth Century*）中详述了这些故事。斯坦布勒在他于 2014 年出版的恢宏巨作的开头四个主要章节描述道：

　　　　这部著作探讨了 20 世纪的延寿主义发展史。延寿主义一词旨在描述一种思想体系。该体系相信，在符合伦理的基础上大幅度延长寿命（远远超过当时的预期寿命）是可取的，并且可以通过有意识的科学努力来实现。这部著作按时间顺序梳理了 20 世纪延寿思想发展的主体脉络，同时着重叙述了每一个时期和每一波趋势中的代表作品，比如艾利·梅契尼科夫、萧伯纳（Bernard Shaw）、亚历克西斯·卡雷尔、亚历山大·博格莫莱特（Alexander Bogomolets）等人的著作。

这些著作都被作者视为相应时代的社会背景和知识背景下的产物，作为当时更大的社会和意识形态的一部分，且与重大政治变化、社会模式和经济模式有关。这部著作研究了以下国家当时的情况：法国（第一章），德国、奥地利、罗马尼亚和瑞士(第二章)，俄罗斯(第三章)，美国和英国（第四章）。

这部著作追求三大目标。目标一是试图识别和追踪贯穿整个世纪的几种通用生物医学方法，这些方法的发展或应用与延长寿命的激进追求相关。这部著作认为，大幅度延长人类寿命绝非只是一种希望而已，尽管人们几乎从未意识到，但是客观上来说，这种愿望往往形成了生物医学研究和发现的强大动机。该书将证明，对大幅度延长人类寿命的追求影响深远，生物医学领域的许多新成果都滥觞于此。同时，该书还将强调还原论和系统论之间的动态二分。

目标二是探究大幅度延长寿命的倡导者的思想和社会经济背景，以确定思想和经济环境是如何激励这些倡导者的，以及如何影响他们所追求的科学的。为此，这部著作研究了几位重要的倡导者的传记和著作。对他们的思想前提（比如对宗教和社会进步的态度，对人的可完善性持悲观还是乐观的态度，以及道德要求），以及他们的社会经济环境（比如在特定的社会或经济环境中进行科学研究和传播研究成果的能力）进行了考察，试图找出哪些环境鼓励或阻碍了延长寿命的想法。

目标三则比较普通，旨在做成一份广泛的延寿主义者作品登记表，并以此为基础，排除不同的方法和思想的干扰，明确延寿主义的共同特征和共同目标，如对人生和永恒的评价。这部著作将有助于理解那些经常为主流生物医学史所忽略，但是却与其进步密切相关的"极端"期望。

21 世纪的衰老理论

尽管在 20 世纪取得了巨大的进步，但迄今为止，依然没有一种衰老理论被普遍接受。事实上，衰老理论目前仍然处于"百家争鸣"阶段，这些理论按照不同方法可划分为多个类别。例如，加州大学伯克利分校的一门课程将衰老理论分为分子理论、细胞理论、系统理论和进化理论四个大类，每个大类都包含三个或以上的具体理论。这些具体理论总计有十余种之多，包括：密码子限制理论、错误崩盘理论、体细胞突变理论、去分化理论、基因调控理论、磨损理论、自由基理论、细胞凋亡理论、老化理论、存活率理论、神经内分泌理论、免疫学理论、体细胞不可修复理论、拮抗多效性理论和突变积累理论。

前文提到过的葡萄牙微生物学家马加良斯在研究中使用了基于损伤的衰老理论和程序化衰老理论的分类方法，这也是一种标准。一些生物学家以遗传和非遗传作为理论分类的主要依据。其他生物学家则按进化理论和生理理论划分（分为程序化和随机 / 非程序化）。现在，越来越多的科学家们至少已经在一点上达成了共识，即认识到我们必须系统地研究衰老，全球多位受人尊敬的科学家于 2005 年共同签署的《科学家们关于衰老研究的公开信》（*Scientists' Open Letter on Aging Research*）就证明了这一点：

> 基于许多不同模式生物（线虫、果蝇、艾姆斯矮鼠等）的研究都发现，衰老速度可以减慢，健康寿命可以延长。由此可见，若是动物和人类之间存在共同的基本机制，人类衰老的减缓也是完全可能的。

> 掌握了更多关于衰老的知识，就可以更好地控制与衰老相关的疾病，比如癌症、心血管疾病、Ⅱ型糖尿病和阿尔茨海默病。针对衰老

基本机制的疗法将有助于对抗这些老年病。

因此，这封信旨在呼吁投入更多的资金和研究力量用于解析衰老的基本机制和找到延缓衰老的方法。在投入相同的情况下，这项研究产生的红利，也许会远远超过与年龄相关疾病本身作斗争。随着人们对衰老机制的认识日益加深，越来越有效的干预措施就将被研发出来，不仅可以帮助许多人延年益寿，而且还可以让他们生活得更加健康和富有成效。

从俄罗斯到中国再到美国，关于衰老的讨论一直在升温，并且已经成为全球性话题。例如，2015年，一群俄罗斯科学家在该国科学期刊《自然学报》（*Acta Naturae*）上发表了一篇题为《衰老理论：一个不断发展的领域》（*Theories of Aging: An Ever-Evolving Field*）的文章，他们在文中解释道：

> 许多世纪以来，衰老一直是人们研究的焦点。尽管延长人类平均预期寿命方面已经取得了重大进展，但衰老进程在很大程度上仍然晦暗不清，而且遗憾的是，目前依然是不可避免的。在这篇综述中，我们试图总结目前的衰老理论和理解衰老理论的方法。

在世界的另一处，一位来自中国的美籍科学家、北德克萨斯大学医学科学中心的金坤林博士于2010年在科学期刊《衰老与疾病》（*Aging and Disease*）上发表了一篇题为《衰老的现代生物学理论》（*Modern Biological Theories of Aging*）的文章，他指出：

> 尽管分子生物学和遗传学近期取得了进展，控制人类寿命的奥秘仍有待解开。众多的理论被分为两大类：程序化理论和系统错误理论。这些理论都试图解释衰老的过程，但它们都不是完全令人满意的。这些理论可能以一种复杂的方式相互影响。了解和测试现有的和新的衰老理论，可能有助于推动健康老龄化的发展。

面对这些新旧理论的洪流，英国生物医药学博士奥布里·德格雷从

20 世纪末开始系统性的工作，力图将所有与衰老有关的信息汇编在一个兼收并蓄的系统中。德格雷博士起初在剑桥大学学习计算机科学，这使他的思维方式更像一个工程师或技术专家，而不是生物学家或医生。他的寿命延长方法被称为 SENS（Strategies for Engineered Negligible Senescence，工程化可忽略衰老策略）。2002 年，他第一次在与其他著名的医生和生物学家共同发表的一篇学术文献中阐述了他的这些观点。这篇文献的共同发表者包括布鲁斯·艾姆斯（Bruce Ames）、朱莉·安德森（Julie Andersen）、安杰伊·巴特克（Andrzej Bartke）、朱迪思·坎皮西、克里斯托弗·赫沃德（Christopher Heward）、奥格尔·麦卡特（Orger McCarter）和格雷戈里·斯托克（Gregory Stock）。

SENS 的要义就在于以工程疗法来逆转人类的生物性衰老，使我们在年龄持续增长的同时保持生物性年轻状态。为此，德格雷对现有的衰老研究成果进行了更彻底的研究，并认识到主要有七种类型的损害与衰老过程有关。他还发现，人们至迟从 1982 年就已经了解了所有这些类型的损害。

德格雷指出，从那时起，生物学取得了巨大的进步，但科学家迄今为止都还没有发现任何新的损害类型。这表明，我们或许已经知悉了导致老

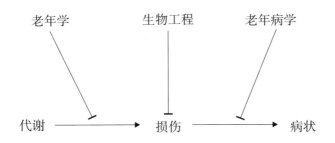

图 2-1　SENS 恢复年轻态生物技术研究战略

资料来源：奥布里·德格雷（2008 年）

弱多病的所有关键问题。新的方法是着眼于通过生物工程来消除损害，这使其有别于试图改变新陈代谢的老年医学方法，以及试图缓解病状的老年病学方法。图 2-1 展示了 SENS 策略。

衰老的七个原因是什么？是七个致命原因吗？它们都发生在细胞内外的显微水平上。轻微的损害通常不会伤害到你，但这种损害会以加速度日积月累，最终使人们变得脆弱，走向死亡。德格雷在他的著作《终结衰老——年轻态重大突破在我们这代实现》（*Ending Aging: The Rejuvenation Breakthroughs That Could Reverse Human Aging in Our Lifetime*）中解释了这七个原因：

    1. 细胞内聚集体；

    2. 细胞外聚集体；

    3. 细胞核突变；

    4. 线粒体突变；

    5. 干细胞衰竭；

    6. 细胞衰老；

    7. 细胞间蛋白连接增加。

他的著作不但强调了这七个原因的重要性，同时也提出了针对每一个原因的研究计划。

当德格雷最初提出他的想法时，许多人都嘲讽他是个庸医，还有人笑话他是个疯子。许多"专家"攻击他，指责他的想法没有科学依据。讨论甚至于 2005 年登上了在学界声誉卓著的《麻省理工科技评论》（*MIT Technology Review*）。这份学术期刊承诺，如果有人能够第一个证明 SENS "错误透顶，毫无学术讨论价值"，就将获得两万美元的奖金。为此，一个由五位著名科学家和医生［罗德尼·布鲁克斯（Rodney Brooks）、安妮塔·戈尔（Anita Goel）、维克拉姆·库马尔（Vikram Kumar）、内森·梅尔沃德（Nathan Myhrvold）和克莱格·文特尔（Craig Venter）] 组成的评审团成立了，他们将评估对奥布里·德格雷的想法的批评。虽然有了重金悬赏和巨大的公众影响，各种批评依然看上去更像是人身攻击，而非针对 SENS 论点的能够自圆其说的反对意见。在历经数月时间，进行多次尝试后，悬赏被宣布撤销，因为没有人能证明德格雷的想法是错误的，只是这依然不能阻止一些"专家"基于个人偏见继续攻击它。

自 2005 年以来，世界发生了很大变化。近年来，科学上的巨大发展进一步佐证了奥布里·德格雷的思想，而不是与之相悖。2017 年，科学期刊《史密森尼》（*Smithsonian*）的一篇文章提到了《麻省理工科技评论》当初刊登的一篇反对德格雷的文章，题为《寿命延长伪科学和 SENS 计划》（*Life Extension Pseudoscience and the SENS Plan*）：

> 这九位合著者都是老年学家，都对德格雷的立场持严厉的批判态度："他很聪明，但他在衰老研究方面没有经验。"文章作者之一、马萨诸塞大学医学院分子细胞和癌症生物学教授海蒂·蒂森鲍姆（Heidi Tissenbaum）说："我们感到震惊，因为他完全是基于臆想宣称自己知道如何防止衰老而不是基于严谨的科学实验结果。"

> 十几年后，蒂森鲍姆对 SENS 的看法要积极得多——"奥布里真的很优秀"。她外交辞令般地说道："人们对衰老研究越是关注，当然就越好。他为这个领域带来了关注度和资金，我对他深表敬意。当初我们写那篇文章时，他只提出了理念，却没有任何的实验研究支撑。可是现在，他们正在做大量重要的基础研究，就像其他实验室一样。"

虽然有些人仍然称德格雷是庸医和疯子，但越来越多的研究发现都在支持他早期的主张。德格雷于 2003 年参与创建了玛士撒拉基金会，该基金会设立了玛士撒拉老鼠奖，以鼓励从根本上推迟甚至逆转衰老的研究。玛士撒拉奖的名称来自于《圣经》中的一位名叫玛士撒拉的族长，据说他活了近千年。在该奖项和其他激励之下,研究者已经使老鼠的寿命得到了显著延长。例如,在自然野生条件下只能活一年、在实验室里只能活两年到三年的老鼠,在经历过各种治疗方法后已能够活将近五年。

使用不同类型的治疗方法,科学家已经能够将老鼠的预期寿命提高40%、50%,甚至更多。希望这个奖项能继续下去,很快我们就能谈论老鼠的平均寿命变成了原来的两倍和三倍。

德格雷还于2009年参与创立了SENS研究基金会,其宗旨是"重新定义世界研究和治疗与年龄有关的疾病的方式"。基金会提倡"活体细胞和细胞外物质的原位修复",这一方法与传统的老年医学针对特定疾病和病理的方法及老年生物学干预代谢的方法形成鲜明对比。SENS基金会资助研究,促进传播和教育,以加快推进恢复年轻态医学的各种研究项目。根据SENS方法,七种基本损害中的每一种都可以用一种特定的方法来处理,这些方法分别是细胞损失和萎缩SENS(Repleni SENS)、染色体突变SENS(Onco SENS)、线粒体突变SENS(Mito SENS)、细胞衰老SENS(Apopto SENS)、细胞外蛋白交联SENS(Glyco SENS)、细胞外废物积累SENS(Amylo SENS)和细胞内废物积累SENS(Lyso SENS)。这些治疗方法中有几种已经在应用,有些已经被用于促进寻求抗衰老和恢复年轻态的初创企业的成长。

在2017年出版的《下一步——指数生命》(*The Next Step: Exponential Life*)中,德格雷发表了《以分子和细胞损伤修复摆脱衰老》(*Undoing Aging with Molecular and Cellular Damage Repair*)一文,他解释说:

> SENS是对之前的生物医学老年学领域主题的一种非常激进的根本性背离,涉及到真正逆转衰老而不仅仅是延缓衰老。经过生物医学和恢复年轻态医学领域之间艰苦的交互融合过程,SENS现在的地位已经上升到最终通过医疗控制衰老的公认可行选项。我相信,随着恢

复年轻态医学核心技术的进步，它的可信度将继续提高。

2017 年，本书作者在马德里西班牙高等科学研究理事会组织了首届国际长寿和冷冻保存峰会，期间接受采访时，德格雷总结了 SENS 策略截至当时所取得的进展。在了解过去 10 年发生的巨大变化之后，会见者们得出了以下结论：

有很多事情值得期待。10 年前 SENS 提出的策略在过去受到广泛批评，而现在正被研究人员热切地探索，因为越来越明显的是，衰老过程是可以干预的。10 年前被嘲笑的东西正日渐成为治疗与年龄有关的疾病的公认方法，因为研究结果正持续不断地给予基于修复的抗衰老方法以有力支持。

然而，对于那些与年龄相关的损伤，我们仍然需要更进一步的了解，以便在人类的临床试验中取得进展。有鉴于此，支持衰老主要机制的基础研究仍然是我们社会的首要任务。

长寿逃逸速度基金会［Longevity Escape Velocity (LEV) Foundation］于 2022 年建立之后，德格雷越发坚信，SENS 开创的方法将获得加速发展：

长寿逃逸速度基金会建立的宗旨，就是为了先发制人地发现和解决那些最具挑战性的障碍，使得防止和逆转衰老相关人类疾病的真正有效的疗法能够走向广泛应用。

基金会的第一个旗舰研究计划于 2023 年 1 月启动，这一项目将一些最初诞生于玛士撒拉老鼠奖创建时的理念推向了全新的高度：

基金会的旗舰研究计划是由一系列大鼠寿命研究项目组成的，每一个项目都涉及了至少四种干预措施，组成不同的子集，而每一具体干预措施都大有希望延长大鼠的平均寿命、最长寿命和健康寿命。

我们专注于那些在大鼠达到典型预期寿命的一半后才开始实施，

并且显示出效力的干预措施,而后者的重中之重,则是那些可以明确修复具有累积性、最终演化为致病性的分子或者细胞损害的干预措施。

衰老的原因

除了奥布里·德格雷富有远见和革命性的工作外,其他科学家也正在试图使我们目前对衰老和如何治疗衰老的理解系统化。2000 年,为了使人们理解有关癌症的知识,两位美国肿瘤学家道格拉斯·哈纳汉(Douglas Hanahan)和罗伯特·温伯格(Robert Weinberg)在著名的科学期刊《细胞》上发表了一篇颇具争议的文章《癌症的成因》(*The Causes of Cancer*)。他们认为所有癌症都有六个共同的表征(原因或标志),驱动正常细胞转化为癌细胞(恶性或肿瘤细胞)。截至 2011 年,这篇文章已经成为《细胞》历史上引用最多的文章。此外,两位作者还发表了一篇更新版,补充了四个表征。

以这篇文章的成功为契机,2013 年,由五名欧洲科学家组成的小组在《细胞》上发表了一篇题为《衰老的标志》(*The Hallmarks of Aging*)的文章。作者是西班牙学者卡洛斯·洛佩兹–奥丁(Carlos López-Otín)(来自奥维耶多大学)、玛丽亚·布拉斯科和马努·塞拉诺(Manuel Serrano)(来自马德里的西班牙国家癌症研究中心)、英国学者琳达·帕特里奇(Linda Partridge)(来自德国马克斯·普朗克老龄生物学研究所)和奥地利学者吉多·克鲁默(Guido Kroemer)(来自法国巴黎第五大学)。此文写道:

衰老的特点是生理完整性的逐渐丧失,导致功能受损和更易死亡。这种退化是人类重大疾病发生的主要因素，包括癌症、糖尿病、心血管疾病和神经退行性疾病。近年来，衰老研究取得了前所未有的进展，特别是发现衰老的进程至少在某种程度上是由进化中保留的遗传途径和生化过程控制的。本综述列举了九个暂定的标志，代表不同生物体，尤其是哺乳动物衰老的共同特征，分别是：基因组不稳定、端粒磨损、表观遗传改变、蛋白质平衡丧失、营养感知失控、线粒体功能障碍、细胞衰老、干细胞衰竭和细胞间通讯改变。主要的挑战在于剖析候选标记与它们对衰老的相对影响之间的联系，最终目标是确定药物目标，以副作用最小的方法改善衰老过程中的人体健康情况。

衰老，我们将其广义地定义为影响大多数生物的随时间发生的功能衰退，它所激起的好奇心和想象贯穿整个人类历史。然而，从秀丽隐杆线虫中分离出第一个长寿品系开始，衰老研究的新时代仅仅过去了 30 年。如今，在分子和细胞基础上，基于对生命和疾病不断拓展的知识，衰老得到了科学的审视。衰老研究的现状与过去几十年的癌症研究有许多相似之处。

科学家将导致衰老的九种原因分为三大类，如图 2-2 所示。图的居上部分是所谓"主要原因"（包括基因组不稳定、端粒磨损、表观遗传改变和蛋白质平衡丧失），也被认为是细胞损伤的根本原因。图的居中部分是所谓"拮抗原因"（包括营养感知失控、线粒体功能障碍和细胞衰老），被认为是对损伤的补偿反应或拮抗反应的一部分。这些反应最初减轻了损害，但如果它们是慢性的或逐步加剧的，它们可能会变得有害。图的居下部分是所谓"综合原因"（包括干细胞衰竭和细胞间通讯改变），这是前两组的最终结果，是导致与衰老相关的功能衰退的直接因素。

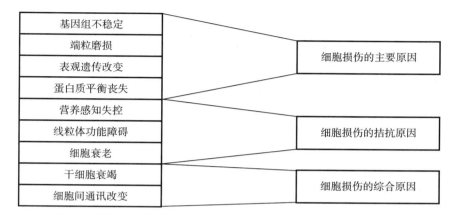

图 2-2　衰老标志之间的功能互联

资料来源:卡洛斯·洛佩兹-奥丁等人 (2013 年)

这篇文章以下述结论和观点结尾:

> 定义衰老的标志物可能会帮助我们建立一个框架,为未来进行衰老的分子机制研究,并制定干预措施改善人类健康奠定基础。我们推测,越来越精细的方法最终将解决许多悬而未决的问题。希望这些综合方法能让人们详细了解衰老特征背后的机制,并催生未来改善人类健康、达成长寿的干预措施。

文章发表一年后,一群美国科学家在美国国立卫生研究院的支持下,也在《细胞》上发表了题为《衰老:慢性病的共同驱动因素和新干预措施的目标》(*Aging: a common driver of chronic diseases and a target for novel interventions*) 的文章。作者解释说,与其一个疾病一个疾病地"治疗",不如直接"攻击"衰老本身,因为后者是所有相关疾病的成因:

> 哺乳动物的衰老可以通过遗传、饮食和药理等方法来延缓。鉴于老年人口正在急剧增加,衰老是增加大多数慢性疾病发病率和死亡率的最大危险因素,加大老年科学的研究力度对于延长人类健康寿命至关重要。

几千年来，减缓衰老的目标一直让人类为之着迷，但直到近年，这一目标才真正获得了认可。最近的研究发现，哺乳动物的衰老可以被延缓，这增加了延长人类健康寿命的可能性。衰老研究人员几乎一致认为这是可能的，但前提是有资源来实现从基础生物学到转化医学等领域的目标。

目前的慢性疾病治疗方法是不充分且碎片化的。当慢性疾病被诊断出来时，往往疾病已经对身体造成了很大的损害，难以消除。虽然了解任何特定疾病的独特特征都是值得称赞的，也是具有潜在治疗价值的，但了解产生这些慢性疾病的共同根源——衰老，才是最重要的。如果我们能理解衰老是如何导致疾病的，那么就可以（甚至更容易）针对疾病的这一共同因子进行治疗。以衰老为治疗目标可以带来早期干预，避免损害，保持活力和活性，同时抵消因迅速增长的老龄化人口而并发的多种慢性疾病所造成的经济负担。

作者还描述了他们所说的衰老的七个"支柱"。根据智利-美国科学家、国立卫生院老化研究所衰老生物学部主任费利佩·塞拉（Felipe Sierra）的说法，这七个支柱是：

1. 炎症；

2. 压力适应；

3. 表观遗传学和调控 RNA；

4. 新陈代谢；

5. 大分子损伤；

6. 蛋白质平衡；

7. 干细胞和再生。

这篇文章的另一位作者，美国生物学家、时任加州巴克衰老研究所执行董事布赖恩·肯尼迪（Brian Kennedy）得出结论：

通过研究，我们强烈地意识到，导致衰老的因素是极为错综复杂的，因此，想要延长健康寿命，我们必须在理解生物系统会随着年龄而变化的前提下，找到处理健康和疾病问题的综合方法。

西班牙生物学家、马德里塞韦罗·奥乔亚分子生物学中心的果蝇研究专家西尼斯·莫拉塔（Ginés Morata）从另外一个角度解释说：

> 死亡不是不可避免的。细菌不会死亡，水螅也不会，它们能够生长并产生一个新的自体。我们的部分生殖细胞在我们的孩子中持续存在，代代相传，这就解释了为什么我们每个人的一部分都是永生的。

> 人们通过操纵与衰老有关的基因，已经将线虫的寿命延长为原本的七倍。如果我们能够把这项技术应用于人类，我们就可以活350岁到400岁。当然，你不能用人类的肉体来做研究，但总有一天我们会实现这种长寿，这并非是不可想象的。未来50年、100年或200年内，可能性将是如此之大，以至于很难想象会发生什么。我们或许可以长出翅膀，能够飞行，又或许能够长到4米高……决定人类未来的将是我们自己。

美国生物学家迈克尔·韦斯特（Michael West）是研究干细胞和端粒的专家，也是几本关于衰老和恢复年轻态书籍的作者，他也同意这个观点：

> 仍然居住在人体中的细胞是我们永生遗产的潜在继承人，这些细胞有可能离开它们不死的祖先，而它们都来自一个叫作生殖系的谱系。即使是刚刚出生的婴儿，也具有在未来某一天造出他们自己的孩子的能力，且不断循环，直到永远……这一事实表明，这些细胞具有永远的重生能力。

2022年8月，一群声誉卓著的长寿研究者在《衰老》期刊上发表了一篇文章，提出应该在2013年的九大衰老标志初始名单基础上，再加入五个新的标志——自噬受损、剪接失调、微生物组紊乱、机械性能改变和炎症。

2023 年 1 月，2013 年最初在《细胞》期刊发表《衰老的标志》的五位作者在该期刊再度撰文，评估了过去 10 年来所取得的进展。他们的新文章是这样开始的：

自关于衰老标志的文章的第一版在 2013 年发表于《细胞》以来，10 年间，已经有近 30 万篇关于这一主题的文章发表，相当于此前一个世纪时间内的总和。有鉴于此，现在是时候推出一个新的衰老标志版本，将过去 10 年间获得的知识整合进来了。

确实如此，衰老研究似乎是在以指数级速度增长，每年都有数以百计的研究者投入这一领域，发表数以千计的文章。五位作者根据当前对"衰老的标志"的理解，做出了更为完整的评估。可以想见，伴随越来越多的资源进入这一领域，评估还将持续改进。事实上，其他一些研究文章已经指出："在经历了 10 年的研究之后，衰老的标志名单已经从 9 项扩展到了 12 项。"图 2-3 展示了作者们列出的更新版的衰老标志，以及它们彼此之间的关系。

在考虑了这么多不同的衰老理论、策略和原因之后，我们可以得出怎样的结论？明智的人会首先将这些各不相同的理论所给出的细节答案与它们所共享的重要原则区分开来。关于衰老，著名的大英百科全书就给出了相当漂亮的定义，其始于如下表述：

衰老是生物体的连续或渐进变化，导致衰弱、疾病和死亡的风险增加。随着时间的推移，细胞、器官或整个生命体都会衰老。这是一个贯穿任何生物整个成年生命的过程……

各种定义虽然不尽相同，但是在关键语汇和理念上还是存在高度一致性的。此外，在两个重要的问题上，人们的共识日益增强：

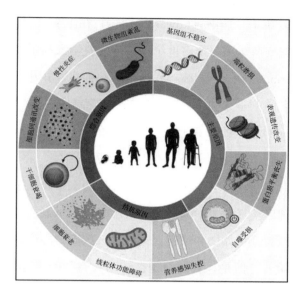

图 2-3　衰老的标志——扩展版

资料来源：卡洛斯·洛佩兹-奥丁等人（2023 年）

1. 衰老是逐渐发生的，即贯穿于身体生命周期中的大部分时间里。它本质上是一个动态的和有序的过程，而不是发生于单一时刻，因此人们可以有序地对其损害予以遏制。

2. 如今衰老已不再被视为生物学上"不可避免"，甚至是"不可逆转"的事情，相反，人们都已知晓，衰老是"可塑"和"可变通"的过程，人类完全可以操控。从这个意义上说，《衰老生物学手册》（*Handbook of the Biology of Aging*）中也再没有衰老是"不可避免"的字样，尤其是接纳了不衰老的细胞和生物体存在的可能性；这个过程也不再被称为"不可逆转"，因为《衰老生物学手册》谈到了损害得到修复的可能性。

我们对衰老的过程还有太多需要了解，但这并不能阻止我们向治愈衰老前进。要解决一个问题，我们未必一定需要对其有通盘的理解。例如，英国医生爱德华·詹纳（Edward Jenner）在 1796 年就成功研发了第一种有效的天花疫苗，而一个多世纪后，荷兰科学家马丁乌斯·贝杰林克（Martinus Beijerinck）才在 1898 年发现了第一种病毒并建立了病毒学。

另一个著名的例子是美国兄弟奥维尔·莱特和威尔伯·莱特（Orville and Wilbur Wright），这两个只上了三年高中的年轻人在 1903 年设法完成了人类第一次飞行。在当时，不仅仅是大多数"专家"将这视为不可能，关键是，那时对空气动力学的认识还处在很低的水平。受过良好教育的科学家们尚且不理解空气动力学的规律，更不必说甚至毫无正统知识可言的莱特兄弟了。然而，正如伽利略被逼迫签字，放弃日心说，承认地球静止时，嘴里还嘟囔着"但是，它的确是在转动"，莱特兄弟虽然对空气动力学一无所知，但是，他们的确飞上了天。

衰老是一种疾病

近年来，人们看待衰老问题的思维方式发生了很大的变化，甚至有科学家开始肯定衰老是一种疾病。衰老是一种可治愈的疾病，我们希望在未来若干年内实现治愈，尽管一切都取决于社会和政府对研究的支持力度。

1893 年，法国医生雅克·贝迪永（Jacques Bertillon）在美国芝加哥的国际统计研究所提交了第一份国际疾病分类清单。第一个"死亡原因分类"以巴黎使用的一个分类系统为基础，仅包含 44 个"原因"，但后来在 1900 年举行第一次死亡原因分类国际研讨会时扩大到近 200 个。这些最初的分类尝试在第一次世界大战后由国际联盟首先采用，随后在第二次世界大战结束时被世界卫生组织采用。

1948 年，世界卫生组织以第六版清单背书了这一分类，而第六版清单也是第一个包含了发病原因的版本。该清单现在被称为"国际疾病和相关健康问题统计分类"，也称为"国际疾病分类"（ICD）。ICD 确定了疾病的分类和编码以及多种疾病的体征、症状、社会环境和外部原因。该清单旨在促进对这些统计数据的收集、处理和分类进行国际比较。

最近一版的 ICD 是第 11 版，即 ICD-11，于 2018 年 6 月发布。在过去 20 年中，ICD-10 是国际公认的有效清单，只是某些国家作了一些本土化修改。在 2017 年世界卫生组织的公开建议期内，包括本书作者在内的几位积极分子都支持将衰老作为一种疾病纳入，或者至少启动相关科学研究。得益于这一提议的支持者们的不懈努力，世卫组织同意将"健康老龄化"纳入其 2019—2023 年总体工作方案，只是依然没有正式将衰老作为一种疾病纳入清单。

在 20 世纪，一些曾经被视作疾病的情况不再被认定是疾病，而另外一些曾经不被视为疾病的，却被认定为疾病。一组国际研究人员，包括比利时的斯文·布特里斯（Sven Bulterijs）、瑞典的维克多·比约克（Victor C. E. Björk）、英国的拉菲拉·赫尔（Raphaella S. Hull）和阿维·罗伊（Avi G.Roy），于 2015 年在《遗传学前沿》（*Frontiers in Genetics*）科学期刊上发表了一篇文章，题为《是时候把生物衰老归类为一种疾病了》（*It is time to classify biological aging as a disease*），他们在文章中解释道：

> 什么被认为是正常，什么被认为是疾病，都受到历史背景的强烈影响。曾经被认为是疾病的情况，有些现在已不再被归类为疾病。例如，当黑人奴隶从种植园逃跑时，他们被认为染上了漂泊症，需要用医疗手段来"治疗"。同样，手淫也曾被视为一种疾病，并通过切割或灼烧阴蒂等来治疗。还有，已经到了 1974 年，同性恋依然被认为是一种疾病。社会和文化因素影响疾病定义的同时，新的科学和医学发现也会引起疾病清单的修订。例如，发烧曾经被视为一种单独的疾

病，但是后来研究发现，多种不同的原因都会造成发烧的表现，于是发烧便被认定为症状而非疾病本身。相反，一些目前公认的疾病，如骨质疏松症、单纯收缩性高血压和老年阿尔茨海默病，过去都曾被认为是正常衰老的迹象。直到1994年，世界卫生组织才正式承认骨质疏松症是一种疾病。

传统上，衰老被视为一个自然的过程，因此不被认为是一种疾病。这一划分在某种程度上可能起源于将衰老作为一门独立的研究学科。一些作者甚至在"内在衰老过程"（称为底层衰老）和"老年疾病"（称为二级衰老）之间进行了分类。例如，在皮肤科医生眼中，光老化，即人一生中受到紫外线长期照射导致的皮肤加速衰老可能会导致各种疾病。相反，随时间变化发生的皮肤老化却被认为是常态。衰老虽然不被视为疾病，但是又被视为产生疾病的危险因素。有趣的是，那些所谓"加速衰老相关疾病"，如儿童早衰症、成人早衰症和先天性角化不良也被认为是疾病。儿童早衰症被认为是一种疾病，但当同样的变化发生在80岁的老人身上时，却被认为是正常现象，没有治疗的必要。

这些研究人员提到了儿童早衰症的具体情况，这是一种极其罕见的儿童遗传病，其特征是儿童在出生第一年和第二年之间过早加速衰老。每700万活产婴儿中就有一人患有这种罕见疾病。由于早衰症是一种遗传病（由LMNA基因的突变造成），人们希望有一天通过基因疗法可以治愈早衰症。然而，目前还没有治愈或治疗早衰症的方法，早衰患者的平均寿命仅为13年（有些患者的寿命可能略超过20岁，但面部特征几乎相当于100岁）。

布特里斯、比约克、赫尔和罗伊在他们的学术文章中引用了几项成功的动物研究成果，并指出之所以尚未对人类进行类似研究，主要原因在于高成本（包括个人和整个社会的成本）：

简而言之，衰老本身就足以定性为一种疾病，而且这样做还有进一步的好处，即摘掉衰老身上"自然的"这个宿命论的标签，就能使得旨在摆脱和彻底根除衰老相关各种不良后果的努力获得更大的正当性。生物医学研究的目的就是要让人们"在尽可能长的时间内保持尽可能的健康"。承认衰老是一种疾病，有助于刺激各机构增加拨款，以支持衰老研究，及开发减缓衰老过程的生物医学方法。事实上，祁斯特拉姆·恩格尔哈特（Tristram Engelhardt）就指出，把某适应症称为疾病将涉及对该适应症进行医疗干预的承诺。此外，如果病情被确认为一种疾病，医疗保险提供方必须将治疗费用退还给患者。

在过去的 25 年里，通过聚焦于衰老的根本过程，生物医学家已经能够改善模式生物的健康和寿命。从线虫和果蝇，到啮齿动物和鱼类，我们现在可以持续将线虫的寿命延长 10 倍以上，使果蝇和小鼠的寿命延长两倍以上，并将大鼠和鳉鱼的寿命分别延长 30% 和 59%。目前，我们对人类衰老根本过程的治疗选择是有限的。然而，随着目前衰老防护药物、恢复年轻态医学和精准医疗干预的发展，我们很快就有可能获得减缓衰老的潜力。最后，我们应该注意到，承认衰老是一种疾病，将把针对抗衰老疗法的监管从美国食品药品监督管理局（FDA）的美容保健品条例转变为更严格的疾病治疗和预防条例。

我们认为，衰老应该被视为一种疾病，尽管它是一种普遍和多系统的过程。我们目前的医疗保健体系不承认衰老过程是导致老年人慢性疾病的根本原因，这样的体系从其设定而言就是保守的，结果就是美国大约 32% 的医保支出都被投入了慢性病患者的最后两年生活，但他们的生活质量并没有任何重大改善。从财务、健康和幸福的角度来看，我们目前的医疗保健体系都是站不住脚的。通过加速衰老研究以及衰老防护药物和恢复年轻态药物的开发，哪怕只能让衰老过程受到最轻微的遏制，也足以大大提升老年人的健康和幸福程度，拯救我们失败的医疗体系。

几个月后，其他研究人员在同一份科学期刊上又发表了一篇文章，题为《在 ICD-11 当中将衰老归类为疾病》（*Classification of Aging as a Disease in the Context of ICD-11*），他们在文章中解释道：

> 衰老是一个复杂的连续多因素过程，导致功能丧失，并造成许多与年龄有关的疾病。在这里，我们将列出一系列理由，支持在预计将于 2018 年确定的世界卫生组织第 11 次疾病和相关健康问题国际统计分类（ICD-11）当中将衰老归类为一种疾病的论点。我们认为，若是将衰老归类为一种疾病，而且是可致命疾病，就很可能促使人们将衰老视作一种可治疗的慢性病状，进而带动新方法和新商业模式的产生，为所有利益相关者创造经济和健康福祉。将可治疗的衰老作为一种疾病的分类可以带来更有效的资源分配，使供资机构和其他利益相关方能够在评估相关研究和临床方案时，使用"质量调整寿命年"（QALY）和"健康当量年"（HYE）作为指标。我们建议成立一个工作小组与世卫组织对接，以建立一个多学科框架，将衰老列为一种疾病，并制定多种疾病编码，以促进治疗干预和预防战略的发展。

> 将一种慢性病状或慢性过程正式确认为疾病，对于制药业、学术界、医疗和保险企业、政策制定者和每个人而言，都是重要里程碑，因为一种病状获得了明确的疾病名称和分类，治疗、研究和报销的方式都将受到很大影响。然而，要对疾病做出令人满意的定义的确是一项挑战，这主要是健康和疾病状况的定义模糊造成的。在此，我们探

讨了在当前社会经济挑战和最近生物医学进展的背景下，将衰老认定为一种疾病的潜在好处。

最终，世界卫生组织在 2018 年通过的 ICD-11 当中仅接纳了衰老相关的疾病，但是并没有将衰老本身归类为一种疾病，而后者目前正在 ICD-12 的考虑范围之内。将衰老归类为一种疾病将大大有助于治愈疾病本身。此外，这还将吸引更多的资源投入到衰老研究当中，不单单针对症状，也针对成因。公共部门和私营部门资金必须集中于"治未病"，而不是"治已病"。当每个人都变得健康而年轻，整个社会所获得的好处就将成倍增加，达到惊人的规模。将衰老作为一种疾病来对待，可以提高研究和募资水平，并为医疗、制药和保险业确定一个明确的目标。

这是一个巨大的机会，因为抗衰老和恢复年轻态产业有潜力很快成为世界上最大的产业。正因为如此，越来越多的科学家开始将衰老视作一种疾病，比如澳大利亚生物学家大卫·辛克莱，在他 2019 年的畅销书《长寿——当人类不再衰老》（*Why We Age and Why We Don't Have To*）当中写道：

> 我相信衰老是一种疾病，也相信它是可以治疗的——我们可以在有生之年治愈它。我相信，这样一来，我们对人类健康所知的一切都将发生根本性的改变。

第三章　世界上最大的产业？

因此，我周一提交国会的预算将包括一项新的"精密医学计划"，该计划将使美国人民更加容易治愈癌症和糖尿病等疾病，并使我们所有人都有可能获得让我们及家人保持更健康的个性化信息。

巴拉克·奥巴马（Barack Obama），2015 年

随着科学的发展，延寿变得越发的可行，这确实是迄今为止最大的造富风口。我们正处于寿命革命的边缘。在未来 30 年中，预期寿命将增加到 110 岁至 130 岁之间。这绝不是科幻小说。

英国亿万富豪和《恢复年轻态：投资于长寿时代》作者，吉姆·梅隆（Jim Mellon），2017 年

制造出一种能使一个人的寿命增加两年的药，您就可以得到一家市值 1000 亿美元的公司。

全球知名孵化器 YC 创始人，萨姆·奥尔曼（Sam Altman），2018 年

伴随许多一度被认为是不可能的技术不断成为现实，新的行业在人类历史中不断涌现出来，而其中许多都曾经被当时的"专家"所诋毁。

幸运的是，这些行业还是迅速成长起来，成为全球经济的基础。当今世界许多最重要的行业也曾经遭到嘲笑。

有几项重要技术和行业都是从"不可能"走向"不可或缺"。

从"不可能"到"不可或缺"

世界在变化，我们随着它而改变。让我们简要地回顾一下上述每个行业的创始历程，以及当时一些"专家"的说法。

火　车

这对许多当时的人来说都是不可想象的，因为多少世纪以来人类主要依靠步行，只有一些社会的上层阶级可以骑马和乘船。在 19 世纪上半叶的英国，一些先驱者开始研发火车。在那之前，最富有和最有权力的人使用的最快的陆路交通工具，也只是马和马车。英国文学及政治刊物《每季评论》（*The Quarterly Review*）在 1825 年这样写道：

> 寄望于机车行驶速度能比公共马车增加一倍，还有什么比这更荒谬的呢？

电　话

苏格兰发明家亚历山大·格雷厄姆·贝尔（Alexander Graham Bell）在波士顿开始他的实验时，已经是 19 世纪下半叶了。然而，当时依然有许多人觉得这是不可能或者不切实际的，1876 年，当时世界上最大的电报公司西联，以及英国邮政总局总工程师威廉·普里斯（William Preece）爵士分别于 1876 年发表了如下评论：

> 这种"电话"有太多的缺点，不能被当作一种通信手段。该设备从本质上就对我们毫无价值。

> 美国人需要电话，但我们不需要。我们有很多信童。

汽 车

20 世纪上半叶，这些汽车就在欧洲和美国出现，但刚发明时被认为是富人的专属。在美国企业家亨利·福特（Henry Ford）使用流水线进行大规模生产之前，专门从事生产过程中不同工艺的技术人员几乎只能一台接一台地组装汽车。著名的福特 T 型车的问世使得汽车的数量大增，随之而来的是价格的下降和汽车的普及。然而，福特却说：

> 如果我当初问人们想要什么，他们肯定会回答说更快的马。

飞 机

飞机也是一个从不可能到可能的典型例子。当时有很多"专家"的评论都在解释为什么飞行是不可能的，从著名的《纽约时报》的报道到当时最负盛名的科学家的发言，数不胜数。例如，苏格兰物理学家和数学家威廉·汤姆森（William Thomson）在 1902 年说过：

> 任何飞机都不可能成功。无论是气球，有动力装置的固定翼飞机，又或者是滑翔机，都不可能成功。

在之前的 1896 年，其他科学家就发表过类似声明。比如一位伦敦皇家学会前会长就声明他的"科学"信念，认为飞机是异想天开的：

　　除了气球外,我对任何其他飞行器都全无一丝信任……我对皇家
航空学会的会员资格毫无兴趣。

　　幸运的是,美国的莱特兄弟只念完了高中,根本不理会这些"科学"
评论,最终在 1903 年成功完成了第一次飞行。虽然第一次飞行只有十几
秒钟,而且还遭到了人们的嘲笑,却造就了历史。

原子能

　　直至 20 世纪上半叶,这还被科学界认为是不可能的。事实上,"原
子"一词的最初意思正是"不可分"(英语中原子为 atom,来自希腊语
atomos,意为"不可分割""没有更小的组成部分")。1923 年诺贝尔物理
学奖获得者、美国物理学家罗伯特·安德鲁斯·密立根(Robert Andrews
Millikan)1930 年在《大众科学》(Popular Science)杂志上说道:

　　任何"科学坏小子"都不可能通过释放原子能来炸毁世界。

　　1921 年诺贝尔物理学奖获得者、德国物理学家阿尔伯特·爱因斯坦
(Albert Einstein)在 1932 年也误判道:

　　没有哪怕一星半点的迹象表明核能可被获得。这种想法等于说原
子可以随意破坏。

　　1938 年,第一次核裂变实验于德国完成,证明两位诺贝尔奖获得者和许
多其他科学家都错了。1945 年,美国"曼哈顿计划"成功研制出最早的原子
弹,这些武器改写了历史,在太平洋战场为第二次世界大战画上了句号。

太空飞行

　　太空飞行可能比飞机和原子能加起来更"不可能"。20 世纪初还没

有人在地表飞行过，所以离开大气层听起来似乎更不可思议。20 世纪上半叶，在世界各地，特别是在德国、美国和俄罗斯，从初学者到科学家，人们开始组成若干个研究群体，致力于实现这一难以置信的任务。然而，批评家们持续攻击太空飞行的理念，斥之为"疯狂"，比如《纽约时报》1921 年的一篇社论就对火箭先驱罗伯特·戈达德（Robert H. Goddard）嗤之以鼻：

> 这位教授根本不了解牛顿第三定律当中的反作用力，不知道在真空中是无法获得反作用力的，却还在那里夸夸其谈，实在荒唐。

第二次世界大战结束后，在冷战期间，苏联于 1957 年成功发射了第一颗人造卫星斯普特尼克号，随后在 1961 年，苏联宇航员尤里·加加林（Yuri Gagarin）完成了第一次载人轨道飞行。6 周后，美国总统约翰·菲茨杰拉德·肯尼迪（John Fitzgerald Kennedy）宣布，美国将在 60 年代结束之前首先将人类送上月球。尽管这看起来是不可能的，因为当时的太空旅行科学和技术还有着巨大的空白，但仅仅 8 年后，美国宇航员尼尔·阿姆斯特朗（Neil Armstrong）就成为第一个登上月球的人，说出了那句后来众所周知的名言：

> 这是我个人的一小步，却是人类的一大步。

个人电脑

这也是 20 世纪才开始以指数级速度发展的一种技术，其前身甚至可以追溯到 5000 年前美索不达米亚文明发明的计算工具，只是之后的漫长岁月当中，它与其说是在发展，不如说是在蛰伏。据报道，美国企业家、IBM 总裁托马斯·沃森（Thomas Watson）在 1943 年曾说过：

> 我认为全球电脑市场容量大概只有五台。

虽然沃森或许并没有真的说过这番话，但事实就是，电脑当时还处在大型计算机时代，都是体积巨大、价格昂贵的重型机器，人们确实很难想象到它们将来会变得多小、多轻、多便宜。《大众机械》(*Popular Mechanics*)杂志在1949年评论美国第一台大型电子数字积分计算机(ENIAC)时是这样说的：

> 今天，ENIAC这样的计算机配备了1.8万个真空管，重达30吨，未来的计算机可能只需要1000个真空管，重量只有1.5吨。

当时的电脑不是为个人使用而设计的，即使美国工程师、数字设备公司（DEC）联合创始人、总裁肯·奥尔森（Ken Olsen）这样的企业家，也很难想象个人电脑的概念，他于1977年公开表示：

> 没有任何个人有理由在家里拥有一台电脑。

幸运的是，多亏了摩尔定律 [Moore's Law，以美国科学家和企业家，也是英特尔公司的联合创始人戈登·摩尔（Gordon Moore）命名]，我们在这60年间得以看到，电脑的运算能力每两年或更短时间就翻一番，而其价格却不断下降。

手　机

它的诞生得益于几种之前就已经存在的技术的融合，如固定电话、收音机和个人电脑。虽然手机曾经是不可想象的，但今天几乎每个人只要希望，就可以拥有一部手机。从儿童到老人，现在几乎是人手一机，中国和印度生产的一些廉价机型售价只有大约10美元，而更复杂先进的机型，售价则可能上千。

关键在于，无论哪种手机，都已不再是简单的"傻瓜机"。在短短的10年里，手机已经变得"智能"起来。然而据《今日美国》报道，就在

2007 年，在苹果手机已经问世，并带动智能手机大普及的背景下，时任微软总裁的美国企业家史蒂夫·鲍尔默（Steve Ballmer）还曾经在一次会议上说：

iPhone 毫无机会获得任何可观的市场份额。毫无机会。

也多亏了摩尔定律，新版本的手机变得越来越智能。今天的手机能做很多事情，而通话只是这些功能中很小的一部分。得益于所有新的应用、设备和传感器，新款手机的功能从强大的摄像到先进的医疗助手，应有尽有。几年内，随着新的智能手机不断免费或近乎免费地接入高速互联网，人类的知识将不受限制。从文明伊始到现在所累积的智慧正在迅速走向平民化。这些令人印象深刻的进步对通信、医学等各个领域都意义重大，英国广播公司（BBC）在一篇展望未来的文章中就提到了多种可能性：

这是 2040 年的一个夏天的早晨。互联网遍布你身边每一个角落，在互联网上飞速穿行的数据流的帮助下，你这一天将要做的任何事情都已经被安排得井井有条。城际公共交通会动态调整时间表和路线来避免延误。为孩子们挑选完美的生日礼物很容易，因为他们的数据能准确地告诉你的购物服务程序他们会想要什么。最棒的是，尽管你上个月遭遇了一起近乎致命的事故，但你现在还好好地活着，因为医院急诊科的医生很容易获得你的病史。

今天，大多数人都认为所有这些行业是当今文明必不可少的基本组成部分。尽管有些群体不使用上述行业的产品，甚至抵触它们，但这是因为这些群体的想法停留在之前的时代。例如，北美的许多阿米什（Amish）社区和南美洲的亚诺马米原住民（Yanomami Aborigines）都不想使用这些技术。他们宁愿生活在过去的世界，像巴布亚新几内亚和世界其他地区的传统社区一样。这些团体有权生活在他们想要的世界，但他们不能把自己的想法强加于其他人。他们也无法阻挡智人与生俱来的好奇心所推动的科学进步，早在数百万年前，我们的智人祖先还在非洲大陆上不断进化时，这些进步就已经开始了。

恢复年轻态产业的诞生

我们已经看到，历史上曾有多少"专家"在火车、电话、汽车、飞机、原子能、太空飞行、个人电脑和手机的发展方面的认识是错误的。还有无数其他的例子我们可以援引：无线电、电视、机器人、人工智能、量子计算、纳米医学、分子组装器、空间站、核聚变、超级高铁、脑机接口、人造肉、器官移植、人造心脏、治疗性克隆、细胞和组织冷冻保存、3D 器官打印，以及 21 世纪开始以来发展起来的一大批技术。最引人入胜的进展，也正是本章的主题——人类恢复年轻态产业的诞生。

自 21 世纪开始以来，由于科学的进步使我们能够更好地了解衰老和抗衰老的进程，一个直至 20 世纪还被认为科学上"不可能"的行业正在兴起，且有望在 21 世纪上半叶成为现实。我们谈论的就是人类恢复年轻态产业，它有潜力成为历史上最大的产业，因为全人类最大的敌人正是衰老。与衰老有关的疾病给最多数的人造成了最大的痛苦，特别是在发达国家，那里大约 90% 的人口都在经受着衰老的可怕折磨。这样的事实令人悲伤，好在今天，我们终于获得了可靠的证据，表明控制衰老和恢复年轻态都是有可能的。这些证据就存在于细胞、组织、器官和酵母、线虫、果蝇和小鼠等模式生物体中。

我们生活在一个历史性时刻，我们第一次拥有结束人类最大悲剧的科学机会和道德责任。今天，我们知道治愈衰老是可能的；我们也知道这并不容易，我们还有很多东西需要学习和发现，为此我们将不得不大量投入人力、科学和资金等各种资源。尽管未来还会出现许多意外，甚至干脆是无法预测的问题，但今天我们终于看到了漫长的黑暗隧道尽头透出的一丝希望的光芒。

英国企业家吉姆·梅隆和阿尔·沙拉比（Al Chalabi）在 2017 年出版了一本富有远见的书，名为《恢复年轻态：投资于长寿时代》（*Juvenescence: Investing in the Age of Longevity*）。在这本书中，作者预言说，人类的平均预期寿命将在未来 20 年内增加到 110—120 岁，并在此后持续快速增加。出生、学习、工作、退休和死亡的旧范式将被长寿的新范式所取代，我们将不断重塑自己，正如这本书自己的网站所说的：

总之，这本书做了三件事：第一，介绍了业已存在或即将商业化的治疗方法，这些方法将使每个人获得比寿险精算表目前所显示的长得多的寿命；其次，它概述了具有延长寿命潜力的技术，如基因工程和干细胞治疗；最后，吉姆和阿尔精心策划了三个投资组合，供感兴趣的投资者考虑。

吉姆和阿尔在一篇题为《长寿起飞》（*Longevity Takes Flight*）的序言中，对一个世纪前的航空业和今天的恢复年轻态产业进行了比较：

就像一个世纪前的航空业一样，抗衰老科学即将起飞……

现在距离威廉·波音（William E. Boeing）成功制造他的第一架双座水上飞机刚刚 100 年多一点，甚至距离莱特兄弟的小鹰号完成首次飞行并创造历史也仅仅过去了 120 年。想象一下，如果我们生活在 1915 年，我们中有人能想象飞机在短短的一个世纪后会是现在的样子吗？几乎可以肯定没有。但真正重要的是，在 1915 年之前，飞机能够飞行的机制已经被发现，从那时起，人类飞行机器的设计和性能只能是不断进步。

知识一旦学会就不可能被遗忘，尽管人类的根本性进步偶尔会因为战争、饥荒和瘟疫等暂时中断，但我们今天依然坐拥如此巨大的信息-知识储备，不但质量不断提升，而且数量每两年就会翻一番——这简直太美妙了。诚然，相当一部分"知识"用途有限，但毫无疑问的是，互联网已经促成了科学数据的传输和使用方面的巨大进步，使全人类受益。

适用于航空领域的累积知识模式，也被证明同样适用于衰老和长寿领域。在第二次世界大战之前，老年学充其量只是一门边缘科学，这是因为在科幻小说作家之外，很少有人能想象到多数人都活到 100 岁以上是什么情景。

得益于 21 世纪初人类基因组的揭开，以及 DNA 结构的发现，科学家们现在对人类的基本基因构成有了很好的了解。衰老研究人员目前正在设法解决两个关键问题：

1. 如何治愈随着年龄变老而变得更有普遍性和破坏性的疾病；

2. 如何将衰老作为一种单独的疾病或一种疾病类型来研究。

目前，研究人员正在研究细胞工作的基本方式，以便了解我们如何减缓、停止甚至逆转衰老过程。衰老是一种多途径共同发展并互相作用的过程，发现和改变这些途径的科学还处于起步阶段，但这个领域正在经历爆炸式的发展。

通过科学恢复年轻态产业的生态系统

抗衰老和恢复年轻态的科学产业方兴未艾。不幸的是，长期以来一直有另一种伪科学产业存在了几十年、几百年、几千年，甚至更久。奇迹药水、梦幻般的药丸、惊人的洗液、神奇的乳膏、宗教的咒语和超自然的祈祷，这些伪科学产业古已有之，并有可能会继续存在许多年。然而，随着科技突飞猛进，我们希望科学之光能够驱散伪科学的黑暗。

这就是为什么支持科学家的工作至关重要，他们正在努力实现人类的最伟大的梦想——永生。虽然他们不会喋喋不休地宣讲，但是他们的基本理念是从科学和道德两方面打败全人类的巨大敌人和找到全人类苦难的最大原因——衰老。

这些学科最著名的科学家之一是前面提到的美国遗传学家乔治·丘奇。丘奇教授参与了许多重要的工作，如人类基因组计划，以及美国国立卫生院使用先进革新型神经技术的脑研究计划（简称"脑计划"，BRAIN，旨在了解人类大脑的连接和工作原理），另外还有其他项目，例如将灭绝的猛犸象的基因复制到亚洲象基因组中。丘奇教授正在研究动物的恢复年轻态，包括对狗进行测试，以便学习并将研究结果应用于人类。在抗衰老的其他方面，丘奇教授还曾经在《华盛顿邮报》（*Washington Post*）上谈到，如果基因疗法和其他技术取得预期的进展：

> 可能的结果就是，每个人都接受基因治疗——不仅仅治疗像囊性纤维化这样的罕见疾病，而且治疗那些每个人都会患的疾病——比如衰老。

> 我们目前最大的经济灾难之一是人口老龄化。如果我们取消退休，就能为我们争取几十年的时间来发展世界经济。如果老年人能恢复健康年轻的状态，并重新回归工作岗位，那么我们就避免了有史以来的最大的经济灾难之一。

> 我们内心应该变得更加年轻化，这样才能适应未来。我愿意变得更年轻。不管怎样，我都会努力每隔几年重新塑造一次自己。

丘奇教授是许多公司的联合创始人、股东和顾问，涵盖生物基因组研究领域（Veritas Genetics）、基因组测序领域（Nebula Genomics）、天然产品领域（Warp Drive Bio）、癌症治疗领域（Alacris Theranostics）、病毒和微生物诊断领域（Pathogenica）、免疫学领域（AbVitro）、合成生物学领域（Gen9）、动物再生领域（Rejuvenate Bio）、基因工程领域（EnEvolv）等。他也是一位作家，曾与科普作家爱德华·里吉西（Edward Regis）合著《再创世纪》（*Regenesis*），并在书中提出了一个新的概念——智人2.0。这本书的副标题是"合成生物学将如何重新创造自然和我们人类"（*How Synthetic Biology Will Reinvent Nature and Ourselves*）。此外，这本书还把经过编码的DNA放在一个小瓶子里，随印刷的纸质书一起邮递。这是世界上第一本如此书写的书。通过最后，本书以一场关于未来一系列可能性的大辩论结尾，包括生物性永生、新式科技进化超越旧式生物进化，以及丘奇所谓"起点的终结"，即科学和技术让人类得以超越自己的极限，"超人类"便宣告诞生。

　　另一位致力于这些领域的著名科学家是美国生物化学家、遗传学家和企业家克莱格·文特尔，文特尔曾经是塞莱拉基因组公司（Celera Genomics）的创始总裁。1999年，他在公共预算之外启动了自己的人类基因组计划，并靠着更先进的技术以更快的速度、更低的成本完成了基因组测序，从而闻名于世。另外一项让文特尔声名鹊起的成就是在2010年重塑了一种细菌的基因组，并对其进行修改，创造出了人造细菌。对于人类历史上首个人造生命，他当时解释道："这是地球上第一个可以自我复制的物种，其母体是电脑。"这种合成细菌后来被命名为辛西娅（Synthia，意为"人造儿"），以纪念它的基因组被人工重建。

　　文特尔还于2014年创立了人类长寿公司（Human Longevity Inc，HLI），其目标是在人工智能和深度学习技术的支持下，通过分析个体的基因组和其他医学数据来延长健康生活。HLI的另外一位创始人彼得·戴曼迪斯（Peter Diamandis）是来自哈佛大学和麻省理工学院的美国医生兼工程师，还曾经与前面提到的未来学家雷·库兹韦尔一起创办奇点大学（Singularity University），他曾说过，由于技术的进步，我们将从根本上延长我们的寿命，很快"我们就不会死亡"了。HLI 的使命是：

> 衰老是导致人类几乎所有重大疾病的最危险因素……我们的目标是延长和强化健康的、高效能的寿命，改变衰老的进程。我们的公司——人类长寿公司正在与人类基因组学、信息学、下一代 DNA 测序技术和干细胞技术等领域的开拓者齐心协力，一起利用这些领域的进步所产生的力量。我们的目标是通过改变医疗方式来解决衰老疾病。

文特尔的团队在 2016 年还成功地合成了最精简基因数的细菌基因组，只有 473 个基因。这是第一个完全由人类创造的生命形式，被命名为"实验室合成支原体"（Mycoplasma Laboratorium）。人们希望这个方向的研究开展下去，能够让细菌在操控下产生特定的反应，比如产生药物或燃料。得益于合成生物学的这一个以及其他的进步，个性化药物的创造或许也是指日可待的。

文特尔已经写了两本书，第一本书关于人类基因组序列，特别是他自己的基因组，第二本书是《生命的未来——从双螺旋到合成生命》（*Life at the Speed of Light: From the Double Helix to the Dawn of Digital Life*），探讨了科学前沿的最新领域。后者提供了一个机会，让我们重新思考"生命是什么"这一古老命题，并从"人造生命之父"的角度来审视"扮演上帝"到底意味着什么。在基因工程新时代的黎明，生命本身数字化带来了众多机会，站在风口浪尖的文特尔确实富有远见卓识。

另一位衰老问题专家是美国分子生物学家和老年生物学家辛西娅·肯扬（Cynthia Kenyon），她最初因研究线虫——生物学中应用最广泛的模式生物之一秀丽隐杆线虫——的衰老而闻名。她目前是加州生命公司

（Calico，2013 年由谷歌创立）的衰老研究副总裁。公司网站对她的介绍如下：

> 1993 年，肯扬的开创性发现——单基因突变可以使健康的秀丽隐杆线虫的寿命增加一倍——引发了对衰老分子生物学的深入研究。她的发现表明，与普遍的看法相反，衰老并不是以完全无计划的方式"就这么发生了"。相反，衰老的速度受基因控制：动物（可能还有人）体内含有调节性蛋白质，通过协调不同的下游基因集合来影响衰老，这些基因共同保护、修复细胞和组织。肯扬的发现使人们认识到，一种普遍的激素信号通路会影响包括人类在内的许多物种的衰老速度。她已经确定了许多长寿基因和通路，她的实验室也是第一个发现神经元和生殖细胞可以控制动物寿命的实验室。

肯扬根据她的研究发表了强有力的声明，甚至提出了生物性永生的可能性，正如她接受旧金山新闻网站 SFGate 采访时解释的那样：

> 原则上，如果你理解生命修复的原理，你就可以永葆青春。
>
> 我认为（肉体永生）是可能的。我告诉你为什么。某种程度上，你可以把一个细胞的寿命长度理解为两种向量的积分，一种是破坏的力量，另一种是预防、维护和修复的力量。在大多数动物体中，破坏力都占据上风。可是，为什么不把维护基因稍稍强化一点呢？你所要做的就是把维护水平提高一点，不必太高，只要稍微高一点，就可以抵消破坏的力量。别忘了，细菌系的血统就是永生的。因此，"肉体永生"至少在原则上是可能的。

在肯扬撰写的一篇题为《衰老——最终的前沿》（*Aging: The Final Frontier*）的文章中，她解释说：

> 人们可能会认为，为了延长我们的寿命，许多基因都必须改变——影响肌肉力量、皱纹、痴呆症等的基因。但是对蠕虫和老鼠的

研究发现了一件相当令人惊讶的事情：某些特定基因的改变就可以突然减缓整个动物的衰老。

丘奇、文特尔和肯扬只是代表，其实有整整一代科学家都在声望卓著的研究机构中大大方方地致力于抗衰老和恢复年轻态的事业，并勇于将他们的发现公布于世。在他们身后，又有新一代的科学家追随他们的脚步，如前文提到的葡萄牙微生物学家若昂·佩德罗·德·马加良斯。

在他的许多与长寿有关的科研项目中，马加良斯已经完成了对弓头鲸的基因组测序和分析，他还对裸鼹鼠基因组的分析作出了贡献。这两种哺乳动物都特别长寿，对癌症有很强的抵抗力。在他的网站上，他写了几句希望能激励大众的话：

> 我希望 senescence.info 网站也能让人们意识到衰老的问题。衰老可能会杀死你和你爱的人。这是伟大的艺术家、科学家、运动员和思想家死亡的主要原因。我们的社会和宗教使我们更加容易接受衰老和死亡的必然性。我相信，如果人们更多地考虑死亡以及死亡有多可怕，那么人类将作出更大的努力以避免死亡，并投入更多资源进行生物医学研究，特别是在对衰老的了解上。

新一代的身后，还有更年轻的一代，比如美国科学家和投资人劳拉·戴明（Laura Deming）。她 1994 年出生于新西兰，在家中由父母教育。8 岁时，她开始对衰老问题感兴趣；12 岁时，她开始在旧金山辛西娅·肯扬的实验室实习；14 岁时，她被麻省理工学院录取。但在 2011 年，她辍学回到加州，成为泰尔奖学金（Thiel Fellowship）的首批受益者之一，这一项目之下，辍学创业的大学生将获得 10 万美元。

戴明目前是长寿基金（The Longevity Fund）的创始人和合伙人，后者是一家专注于衰老和延长生命的风险投资公司。她相信科学可以帮助实现人类的生物性永生，并表示终结衰老将"比你想象的要快得多"。她公司的网站上写着：

投资于人类长寿

在 20 世纪，我们了解到健康寿命是可延长的。要达到这样的效果，所需科学途径极其复杂，极难正确控制，但掌握了它们，就可能会为与年龄有关的疾病带来新的治疗方法。我们希望尽快将这些疗法方面的进展予以安全转化，用于为患者服务。

长寿基金所投资的一系列企业在后续融资当中总计筹集了超过 5 亿美元投资，2018 年，这些企业当中的第一家成功迈过了首次公开募股（IPO）的门槛，这是一家致力于逆转衰老疾病的公司，多个逆转或预防年龄相关疾病的项目都已经进入临床试验阶段。

马加良斯和戴明是更年轻一代研究人员的两位优秀代表，他们彻底抛开了公开谈论，甚至深入研究抗衰老和恢复年轻态等问题可能会成为"污点"的精神负担，全然不怕投身这些"禁忌"可能会毁掉自己的科学事业或学术信誉，使他们在学界和公众眼中被混同于那些诉诸魔法或者神力的抗衰老和恢复年轻态伪科学的支持者。

科学和科学家吸引投资和投资者

近几十年来的科技进步开始吸引投资者资助更多的研究。既然科学和科学家已经开始取得真正的结果，即使成果还处于研究线虫或老鼠这类模式物种的层面上，我们仍可以说，机遇已经牢牢把握在了人类手中，或者正如古罗马的恺撒大帝在穿越卢比孔河时说的——大局已定（alea iacta est）。

除了公共投资，我们现在有可能寻求私人投资来帮助开展更多的研究，我们预计，这些研究将很快催生更多基于动物积极成果的人类临床试验。由此诞生的抗衰老和科学恢复年轻态的行业，将有可能成为经济领域中的最大行业，并成为人类历史的分水岭，将其分为死亡不可避免的旧时代和可避免的新时代。

摩尔多瓦工程师和企业家德米特里·卡明斯基（Dmitry Kaminskiy）领导着一家全球性社会企业——长寿国际（Longevity International），其使命是加速恢复年轻态技术的应用和商业化发展。这一平台的自我介绍如下：

> 长寿国际是一个开源的、非营利的、去中心化的知识和协作平台，旨在促进长寿行业从业者开展更高效、更智能的协同、合作，以及进行更富有成效的讨论，以加速和推广长寿行业的整体协调发展。

在与其他组织联手之后，他们发表了一系列令人印象深刻的报告，这些报告的内容随着时间的推移不断增加和完善。这些报告包含了大量有用的内容，对于任何想要了解自 2013 年这些报告发布以来的行业发展的人来说至关重要：

2013 年：再生医学行业框架（150 页）

2014 年：再生医学分析和市场展望（200 页）

2015 年：衰老和年龄相关疾病大数据（200 页）

2015 年：干细胞市场分析报告（200 页）

2016 年：长寿行业现状综述（200 页）

2017 年：长寿行业分析报告之一——长寿商业（400 页）

2017 年：长寿行业分析报告之二——长寿科学（500 页）

2018 年：长寿行业现状综述第一卷——长寿科学（701 页）

2018 年：长寿行业现状综述第二卷——长寿商业（650 页）

2017 年第一次报告讨论到长寿商业，其摘要部分内容如下：

生物技术和老年医学现在正处于突破性科学大爆炸的前夜，这些科学进步将把医疗保健转化为一门能够比抗生素、现代分子药理学和绿色农业革命的出现更深刻地改善人类状况的信息科学。这一重大转变所需要的时长，以及我们和我们的亲人能否在有生之年从这些突破中获益，全都取决于当今科学界和投资界的选择。

报告全面介绍了企业层面长寿研究的状况，对大型上市公司和私营公司、致力于开发抗衰老和恢复年轻态技术的初创企业，以及研究中心、基金会和大学等进行了通盘分析。长寿国际的互动系统使他们可以进行多种类型的分析，例如：监测国际投资流动，研究科学家和投资者之间的联系，使用不断完善的国际数据库中的大数据，生成具有特定利益的网络，创建不同机构之间的联系地图，以及制作各个群体和"聚类"的可视化效果。图3-1显示了来自不同国家的100多家致力于抗衰老和恢复年轻态的公司的聚类分析。

他们也可以建立一张学界整体局面和相关潜在商业机会的全景图。报告包括主要科学家名单，如前文提及的乔治·丘奇、奥布里·德格雷、若昂·佩德罗·德·马加良斯、辛西娅·肯扬、大卫·辛克莱等；主要投资者名单，如杰夫·贝佐斯、迈克尔·格雷夫（Michael Greve）、吉姆·梅隆、彼得·泰尔（Peter Thiel）、尤里·米尔纳、谢尔盖·杨（Sergey Young）等；主要意见领袖名单，如谢尔盖·布林、拉里·埃里森、雷·库兹韦尔、拉里·佩奇、克雷格·文特尔等。还有与"老年科学"相关的学术会议、书籍、出版物和活动清单。值得一提的是，达沃斯世界经济论坛和英国《经济学人》杂志都开始组织关于衰老问题和抗衰老可能性的研究活动，以解决由于人口加速老龄化而日益迫近的严重经济危机，这一危机甚至在许多贫穷国家也难以避免。

长寿国际的第一份报告还指出，因为只是注重治疗衰老造成的疾病，

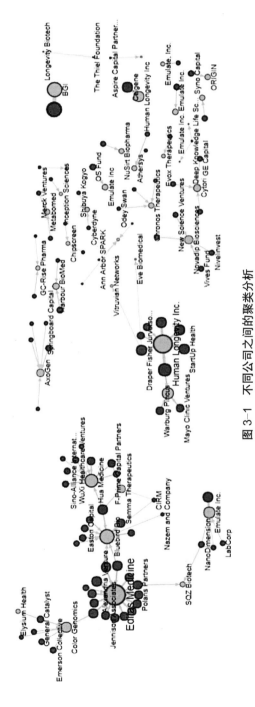

图 3-1 不同公司之间的聚类分析

资料来源：长寿国际（2020 年），http：//www.longevity.international/

（Elysium Health 极乐药业 General Catalyst 通用催化风投 Emerson Collective 艾默生基金会 GC-Rise Pharma 捷泰瑞驰医药 Color Genomics Color Health Alexandria Venture 亚历山大风投 Jennison Associates 詹尼森合伙公司 Editas Medicine 爱迪塔斯医药 Polaris Partners 北极星合伙 SQZ Biotech SQZ 生物科技 Nano Dimension 纳米尺度 Emulate Inc. 英密磊生物科技 Lab Corp 徕博科 Easton Capital 东盛资本 Bluebird Bio 蓝鸟生物 Nazem & Co. 纳泽姆公司 CIRM 加州再生医学研究所 Sino-Alliance Internat… 联合国际 Hua Medicine 华领医药 WuXi Healthcare Ventures 辉瑞资本 F-Prime Capital Partners F-Prime 资本合伙 Semma Therapeutics 赛玛医疗 AxoGen 艾克索金 Springboard Capital 思博资本 Warburg Pincus 华平投资 Mayo Clinic Ventures 妙佑医疗国际风投 Draper Fisher Junvetso. 德丰杰投资 Human Longevity Inc 人类长寿公司 StartUp Health 初创健康 Harbour BioMed 和铂医药 Longevity Biotech 长寿生物科技 Vitruvian Networks 维氏网络 Eve Biomedical 伊芙生物医学 Merck Ventures 默克风投 M Ventures 默克风投 Metabomed 代谢生物技术 Inception Sciences 创世科学 Chipscreen 微芯生物 Ann Arbor SPARK 安娜堡创新 促进中心 Cyberdyne 赛百达图 Shibuya Kogyo 涩谷工业 OS Fund OS 基金 Emulate Inc. 英密磊生物科技 Odey Swan Odey 天鹅基金 NuSirt Biopharma NuSirt 生物制药 Athersys 阿特斯系统 Chronos Therapeutics 时空医疗 New Science Ventures 新科学创投 Human Longevity Inc 人类长寿公司 Cytori 赛托里 Evox Therapeutics Evox 医疗 Novadip Biosciences Novadip 生物科学 Nivel Invest Nivel 投资 Vives Fund Vives 基金 Aspire Capital Partners 泰尔基金会 Deep Knowledge 生命科学 Celgene 赛尔基因 GE Capital 通用电气资本 BGI 华大集团 The Thiel Foundation 泰尔基金会 Aspire Capital Partners 志博资本合伙 Syno Capital 兴诺资本 ORIGIN 起源 译者注）

而忽视治疗衰老本身，人们为此付出的经济成本已经成为了天文数字。例如，全世界每年用于癌症治疗的费用约为9000亿美元，用于痴呆症治疗的费用超过8000亿美元，用于心血管疾病治疗的费用接近5000亿美元，还有数以千亿美元计的费用用于其他与年龄相关的疾病。正如报告所解释的那样，卫生系统已经从照顾健康变成了照顾病患，而这些人所患的基本上都是衰老疾病。

长寿国际的工作还在继续，在2018年还有三份报告：

2018年：长寿行业分析报告之三——10个具体案例

2018年：长寿行业分析报告之四——区域案例

2018年：长寿行业分析报告之五——新型金融工具

《报告之三》侧重于再生医学，基因疗法，衰老生物标志物，干细胞治疗，衰老防护和保健品，长寿人工智能和区块链，新的监管系统、部门框架和技术接受水平。

《报告之四》汇编了区域性的信息，基本上是来自世界几大主要经济体，包括美国、欧盟、日本、英国、亚洲和东欧。

最后，《报告之五》提出了解决老龄化危机的财政方案，这一迫在眉睫的危机是由于退休后寿命不断增长，加上退休人口的增加和工作人口的减少导致的。现有的保险和养老金系统并没有准备好应对日益延长的退休后生活年限以及随之而来的巨额医疗费用问题。为缩小税收缺口，让人们恢复年轻态，就需要推出新的策略和金融工具来投资于抗衰老产业。现在，人们已经提出涉及风险投资基金、对冲基金和信托基金等领域的一系列新计划，将在未来几年逐步落实，为恢复年轻态和向新经济过渡提供资金。

长寿国际展示了一条从老龄化的世界过渡到未来世界的途径，而恢复年轻态将在其中发挥主导作用。很快我们就会有更多的创意，因为这个行业才刚刚起步。但重要的是，我们需要立即开始，并为彻底延长寿命和健康寿命做好准备。下面将谈到长寿国际近年来的一系列报告，其成百上千页内容当中包含了关于这个迅速增长的行业的大量有用信息——不必说，卡明斯基和其深知（Deep Knowledge Group）团队也是行业的领导力量：

2020 年：长寿行业 1.0——定义人类历史上最大和最复杂的行业

2021 年：人类长寿的生物标志物

所有这些报告都包含着极为丰富的数据，拜人工智能的发展所赐，处理过程变得更加迅速、廉价和高效了。长寿国际网络平台上还在持续积累宝贵的且不断更新的信息，准确反映着全球长寿生态系统的发展变化。截至 2022 年，已经有超过 2 万家企业、超过 9500 位投资者，以及超过 1000 家研究中心在网站注册，人们可以利用这些数据展开分析，或者是绘制"思维导图"。从这些数据很容易看出，一个 10 年前几乎还不存在的生态系统是如何实现了令人难以置信的增长的。人们现在可以从国家、地区、企业、收入、融资、投资者、政府机构、研发中心、科技部门、金融部门乃至个人等多种不同角度切入搜索信息。图 3-2 所展示的是 2022 年时的超过 2 万家生态系统公司，以国家进行分类。

《长寿市值通讯》（Longevity Marketcap Newsletter）是一份创建于 2020 年 7 月的网络出版物，追踪长寿行业令人印象深刻的增长情况，该通讯提供的数据显示，单单 2021 年当中，行业公开宣布的融资就完成了 36 笔［包括 32 笔私募交易、两笔首次公开募股（IPO）、一笔特殊目的收购公司（SPAC）上市，以及一笔收购］，总融资额度大约 30 亿美元。几乎是完全从零开始，2021 年超过 1 亿美元的单笔投资就达到五笔，行业成长确实令人过目不忘：

2011 年，劳拉·戴明创建第一支长寿风险投资基金时，筹集到的资金只有 400 万美元。10 年之后的 2021 年，有五家风险投资或者

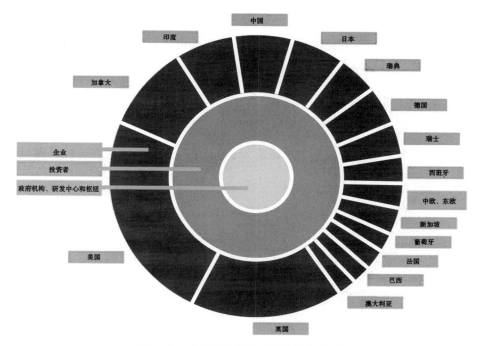

图 3-2　全球长寿生态系统指数级增长

资料来源：长寿国际（2022 年）

风险创建基金都宣布要启动新的、规模超过 1 亿美元的项目，包括迈克尔·格雷夫宣布要向恢复年轻态初创企业投资 3.4 亿美元。

这一年还有一大进展值得一提，这就是 VitaDAO 从以太坊融资 500 万美元，这是一个里程碑式的事件，标志着 Web3 网络所支持的、新的去中心化结构成为长寿研究知识产权融资和商业化游戏的新玩家。

数以亿计的资金正在倾斜到长寿行业，比如 2021 年，杰夫·贝佐斯和尤里·米尔纳等人支持的阿尔托斯实验室融资规模达到了 30 亿美元，又比如 New Limit 得到了来自虚拟货币亿万富翁布莱恩·阿姆斯特朗（Brian Armstrong）的投资。这些新的变化显示，虚拟货币正在大举进军长寿行业投资领域，比如俄罗斯裔加拿大人、比特币身后全球第二大虚拟货币以太币的创始人维塔利克·布特林（Vitalik Buterin），以及许多其他"币圈小子"们也都对健康和长寿领域进行了若干笔百万美元量级的投资。

长寿行业已经从 21 世纪初的百万量级成长到了今天的亿万量级，而到本世纪的 30、40 年代，更将成长到万亿量级。德国互联网企业家、永远健康基金会创始人迈克尔·格雷夫 2021 年接受红牛采访时，曾经做过如下解读：

> 我个人亲身经历了一系列彻底改变世界的变革，比如个人电脑的诞生、互联网的兴起、移动化、云服务等。我们现在所经历的变革其实和数字革命颇为类似，只是规模还要超过前者许多。恢复年轻态将成为我们人类整个历史上最为根本性的变革。只要通过一点简单的数学计算，我们就会明白它为什么会成为史上最大的行业：目前全球有 40 亿人口年龄超过 40 岁，他们每人每月花 10 美元，一年就是 4800 亿美元。（根据企业估值方法计算）这就相当于一家市值 5 万亿美元的企业。这还只是一个最简单的起点，就已经可以对应如此惊人的量级了。

在全球层面，一个新兴的长寿生态系统已经出现，其中包含了科学、金融、商业、政府和其他国家级及国际级的角色。我们正处于从本土化到全球化的转型之中，局面发展的速度也在从线性向指数级转变。现在是时候做出努力，让这个仍然脆弱的生态系统以指数级的速度增长，成为世界上最大的产业了，这个产业将引领我们走向永生。

第四章　从线性世界到指数世界

我们总是会高估新技术的短期影响力，而低估其长期影响力。

阿玛拉定律（Roy Amara's Law），1970 年

到 2029 年，我们将达到"长寿逃逸速度"。

雷·库兹韦尔，2017 年

自人类诞生以来，科学技术一直是社会变革和突破的主要催化剂。科学和技术使人类区别于其他动物。火、车轮、农业和文字等的发现和发明，使智人从非洲大草原的原始祖先发展到第一次太空飞行的现代人类。由于指数级的变化，我们很快也将能够控制人类的衰老和恢复年轻态。

农业革命是人类的第一次伟大革命，发生于大约 1.2 万年前。工业革命则要等到古登堡印刷机和科学进步为社会的工业化奠定基础之后。今天，我们正经历着人类的第三次大革命，人们从许多不同视角来为其命名：智能革命、知识革命、后工业革命、第四次工业革命等。

美国工程师、奇点大学创始人之一、谷歌技术总监雷·库兹韦尔等未来主义者认为，由于科学技术的飞速发展，人类正在向自身变得更加先进的时代迈进。这种根本性的转型被描述为"技术奇点"，也许类似于从猿

进化到人类的重大变化。我们将在生命的延续和生命的扩展中不断前进。

从过去到未来

直到 18 世纪，人类一直受到英国牧师、经济学家托马斯·罗伯特·马尔萨斯（Thomas Robert Malthus）所谓的"马尔萨斯陷阱"的限制。1798 年，马尔萨斯出版了《人口原理》（*Essay on the Principle of Population*）一书，其中他解释了"为空间和食物而进行的永恒争斗"，并得出以下结论：

> 如果不加以控制，人口将以几何级数增加，生存资源仅以算术级数增长。

> 这意味着为避免生存困难，要对人口进行强有力而持续不断的控制。这种困难最终一定会出现，而且一定会被大部分人强烈感受到。

他的理论被称为马尔萨斯主义，并且派生出了最新版本，即所谓新马尔萨斯主义。马尔萨斯主义是工业革命期间发展起来的一种人口、经济和社会政治理论，认为人口增长率为几何级数，而生存资源增长率则为算术级数。马尔萨斯指出，由于这一根本原因，在没有诸如饥荒、战争和瘟疫等强大抑制因素的情况下，新生儿的诞生将加剧人类的逐渐贫困化，甚至可能导致其灭绝（所谓的马尔萨斯灾难）。马尔萨斯口中的算术级数增长就是当今人们所说的线性增长，而几何级数增长相当于当前的指数级增长。

当马尔萨斯在 18 世纪末撰写他的这部著作时，英国的人口还不到 1000 万，但他坚信当时的人口已经太多了，国家正面对人口过多的危机。他的思想产生了很大的影响，以至于工业革命当时虽然只是刚刚开始，英国政府就决定进行历史上第一次现代人口普查。人口普查于 1801 年完成，估计英格兰和威尔士有 890 万人，苏格兰有 160 万人，大不列颠岛本土人口共计 1050 万人。从全球来看，1804 年世界人口估计已达到 10 亿。

在马尔萨斯看来，这些数字似乎都太高了，而根据当时世界技术水平低下的情况，他当时的想法也许是对的。幸运的是，由于工业革命，世界已经取得了很大的进步，现在我们甚至可以说，今天的穷人比过去的富人生活得要好，他们的生活方式在两个世纪前是不可想象的。此外，从 18 世纪末到 21 世纪初，人类的平均预期寿命几乎增长了两倍。我们认为，除了少数马尔萨斯主义者，今天大多数人都同意我们比过去活得更久更好。幸亏人类的巨大进步，我们才得以避开了马尔萨斯陷阱，免于英国哲学家托马斯·霍布斯（Thomas Hobbes）在 1651 年的《利维坦》（Leviathan）中描述的悲剧：

　　　没有艺术；没有文字；没有社会；最糟糕的是无休止的恐惧和横死的危险；以及孤独、贫穷、肮脏、野蛮和短暂的人生。

图 4-1 显示了 18 世纪以前人类的悲惨现实——按人均收入或人均国内生产总值衡量，漫长的岁月中几乎没有任何经济增长可言。根据英国经济史学家安格斯·麦迪森（Angus Maddison）的最新数据，那时的人均年收入约为 1000 美元，富人的收入更多，穷人的收入更少，但整体而言，当时的全人类都处在经济贫困之中，更糟糕的是，寿命还很短。大多数人很年轻时就死了，包括儿童，甚至出生时就夭折。而那些寿命更长、躲过了那个时代常见的暴力死亡威胁的人，他们的人生在今人眼中也是贫穷、肮脏、野蛮和短暂的，正如霍布斯在几个世纪以前所描绘的那样。

工业革命带来的经济增长确实令人惊讶。曾与人联手创建奇点大学、人类长寿公司以及一系列其他企业的彼得·戴曼迪斯指出，我们正在经历着从根本上改变世界经济的指数级变化：

在未来 10 年中，我们将创造比过去一个世纪更多的财富。

戴曼迪斯和史蒂芬·科特勒（Steven Kotler）在他们合著的《富足》(*Abundance*) 中，解释了我们是如何正在离开一个匮乏的世界并进入一个富足的世界的。事实上，由于技术革新的加速，我们相信在未来 20 年内，我们将看到比过去 2000 年来更多的变革。第一眼看上去似乎难以理解，但这就是我们的根本性看法，值得重复强调：我们认为在未来 20 年里，我们将经历比过去 2000 年更多的技术变革。

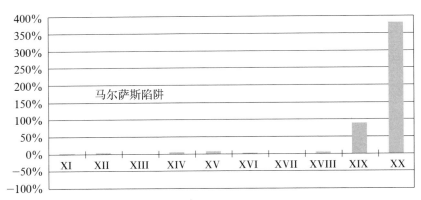

图 4-1　从马尔萨斯陷阱到工业革命的人均国内生产总值

资料来源：基于安格斯·麦迪森的数据（2007 年）

图 4-2 显示了经济发展过程是如何加速的。人类历史上第一个系统地将国内人均收入增加一倍的国家是工业革命期间的英国，从 1780 年到 1838 年，历时 58 年才实现。第二个实现的是美国，从 1839 年到 1886 年，其国内人均收入在 47 年中翻了一番。随后是日本，在 1885 年至 1919 年的 34 年间实现，速度更快。日本也是第一个跻身发达世界的非西方国家，这一事实推翻了当时盛行的一些殖民主义偏见，即只有欧洲国家及其更先进的殖民地才能发展。

中国在 20 世纪末创造了经济增长的世界纪录，证明了在不到 10 年的时间内实现人均收入翻番是有可能的。对于世界上的其他地区来说，这是非常积极的消息，其他国家也在效仿这些例子。甚至印度也已开始实现高经济增长率，非洲和拉丁美洲国家也紧随其后。这些经验表明，各国不再有无法摆脱贫困的借口，因此，世界银行提出了到 2030 年消除世界极端贫困的目标。联合国的可持续发展目标也包含同样的内容。最值得欢欣鼓舞的就是，有史以来人类第一次真正有可能消除在全世界范围内的极端贫困。

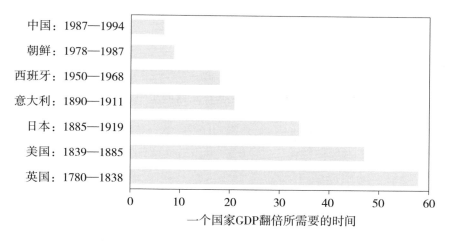

图 4-2　经济增长速度加快

资料来源：基于安格斯·麦迪森的数据（2007 年）

图 4-3 显示了世界不同地区从 1800 年到 1997 年间的经济增长情况。直到 18 世纪，全世界范围内的人均年收入都仅为每年 1000 美元左右。工业革命改变了这种悲惨的局面并创造了巨大的财富。第一批实现工业化的国家也是第一批获得快速增长的国家，这种局面贯穿了 18 世纪的大部分时间。幸运的是，那些最贫穷的国家现在也开始以更快的速度增长，追赶着先行一步的那些国家。图 4-3 表明经济呈指数级增长，从 18 世纪前的

1000 美元，到 20 世纪中后期在许多国家已达到约 1 万美元，再到当今最富有的国家已超过 5 万美元。随着我们进入 21 世纪，所有国家的收入都将超过 1 万美元，并且可能会持续增长到 10 万美元甚至更高。尽管有些人仍然不愿相信，但我们正在从匮乏走向富足，事实如此。

此外，正如麻省理工学院科学家安德鲁·麦卡菲（Andrew McAfee）在《以少创多——我们如何用更少的资源创造更多产出》（*More from Less: The Surprising Story of How We Learned to Prosper Using Fewer Resources—and What Happens Next*）当中所指出的，由于我们能够用更少的成本生产更多的产品，许多产品价格也在下降。因此，我们似乎正在朝着一个"更高"收入和"更低"物价的未来迈进。

加拿大-美国心理学家史蒂芬·平克（Steven Pinker）也解释了为什么我们生活在"最好的时代"——虽然看上去似乎有点难以置信，但我们

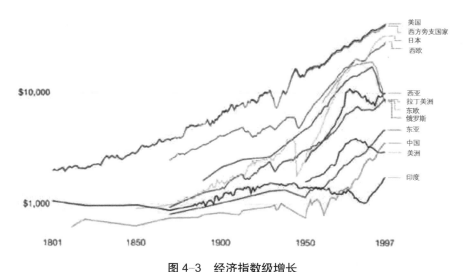

图 4-3 经济指数级增长
根据时间（通货膨胀）和国家间差异造成的价格变化调整后的人均国内生产总值——按 2011 年国际美元价格计算

资料来源：基于麦迪森项目数据库（2018 年）

正处于人类历史上最和平的时期。平克在其 2012 年的著作《人性中的善良天使——暴力为什么会减少》(*The Better Angels of Our Nature: A History of Violence and Humanity*)中解释说,自我们的第一代祖先智人出现在非洲以来,世界范围内的暴力行为已经减少。平克在他 2018 年的新作《当下的启蒙》(*Enlightenment Now*)一书中继续论证和捍卫了他的观点,并解释了理性、科学与人道主义对人类进步的重要性。

绝非你以为的人口危机

因为每天都会收到大量悲惨的消息,我们往往很难相信人类正在进步,相信我们生活在一个日益繁荣的世界中。戴曼迪斯解释说,人们会优先考虑坏消息而非好消息,背后是有着进化原因的。一方面,如果我们忽略坏消息,我们可能会死,恰恰是因为坏消息可能意味着我们生命的终结。另一方面,如果我们错过了好消息,我们不会死,正因为消息是好的。大脑中有一个叫作杏仁核(Amygdala)的腺体,其作用是保持专注,并使我们对坏消息的注意力倍增:

> 杏仁核是我们的危险探测器,也是我们的早期预警系统。它会彻底梳理所有的感官输入,对任何危险保持高度警戒状态……
>
> 这就是为什么报纸和电视上 90% 的新闻都是负面报道,因为那是我们所关注的……
>
> 媒体利用了这一点,正如古谚所说,"见血才能见头条"。

许多人认为世界人口正在飞跃增长,这或将会使人类陷入灾难。其实这不是新想法,马尔萨斯在两个多世纪前就提出了。如今,我们知道他和许多前人一样都错了,因为他没有考虑工业革命带来的技术变革。在 18

世纪，英国不到 1000 万的人口可能确实过剩了，但这是缺乏生产食品和其他商品以及服务的技术所致。

如果我们回溯得更远一些，估计在距今 5 万年前，由于当时技术的缺乏，非洲的人口不会超过 100 万。仅凭狩猎、捕鱼和食物采集，非洲大陆无法养活 100 多万人。好在，1 万年前农业出现了，人类得以生产和储存食物来维持生计。我们的祖先不必再四处游荡去寻找食物，而是建立了第一批有食物来源保障的城市。在农业发明之前，我们的祖先生活在另一个"马尔萨斯陷阱"中，幸运的是，多亏了农业和其他基本技术，我们得以避开这个陷阱，直至 18 世纪。

世界人口问题一直是至关重要的。1945 年第二次世界大战结束时，联合国开始进行长期的人口预测。当时恰逢全球生育高峰，预测认为到 2050 年世界人口将高达 200 亿。换言之，虽然 1950 年地球人口大约为 25 亿，但如果一直保持高增长率，到 2050 年世界人口将有可能达到 200 亿。然而，各国的生育率却一个个地降了下来，预测数字也在逐年下降，从 200 亿降到 180 亿、150 亿、120 亿，直到现在估计的 2050 年不超过 100 亿。美国生态学家保罗·埃里希（Paul Ehrlich）1968 年写了一部名为《人口炸弹》（*The Population Bomb*）的世界畅销书，书的开篇写道：

> 让全人类吃饱的战争已经失败。不管现在启动任何紧急计划，在 20 世纪 70 年代和 80 年代，仍将有数亿人饿死。现在为时已晚，没有什么能阻止世界死亡率的大幅上升……

幸运的是，埃里希完全错了。20 世纪 70 年代没有数亿人丧生，这得益于生育率的持续下降和技术的不断进步，例如，所谓的农业绿色革命提高了工业化农业的生产率。但是，埃里希依然不断在言论和著作当中宣称，世界人口已经过剩，正在坐等新马尔萨斯灾难的到来，可是这些预言总是被不断证明与现实不符，而与此同时，技术还在进步，人口增长率还在持续下降。

1万多年前的农业发明、200年前打破"马尔萨斯恐惧"的工业革命，以及几十年前颠覆"埃里希担忧"的绿色革命，最终帮助我们达成了人口转型，走上了未来技术发展之路。在接下来的几年中，我们将看到生物技术、纳米技术、机器人技术和人工智能，以及其他引人入胜的技术的发展，这不仅会让当年的马尔萨斯和埃里希深感震惊，也将震撼许多当代人的心灵。同时，我们更不应忘记，这些技术变革不是线性的，而是呈指数级增长且日趋迅速的。

当下的事实就是，许多国家的人口正趋于稳定并开始下降。比如，中国人口从2021年到2022年就减少了近100万。图4-4显示了1950年以

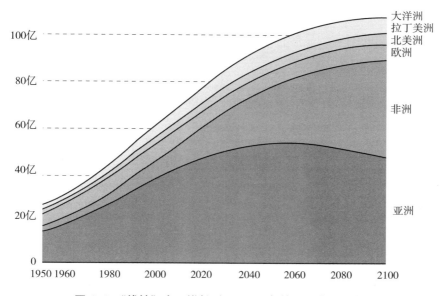

图4-4 "线性"人口增长（至2100年的世界人口预期）
（基于联合国的中等人口情况预测）

资料来源：根据世界人口数据库（2016年）和联合国《世界人口展望》（2022年）制作的图表：www.ourworldindata.org

来的人口演变历史，以及对世界不同地区 2050 年时的预测。根据联合国 2017 年的平均估计，2050 年世界人口将达到 98 亿，而到 2100 年则将有 112 亿人口。

我们已经可以看到世界不同地区的人口是如何逐步从高增长变得稳定，并从稳定开始变少的。德国、日本和俄罗斯等国家的人口情况就是如此。如果我们相信联合国的数字，日本的人口已经从 2010 年的 1.281 亿降到了 2021 年的 1.249 亿，而根据平均预期，到 2100 年，将进一步降到 7380 万。在最极端的情况下，日本的人口将减少到仅 5420 万，而如果这样的趋势继续下去，一个世纪后，日本列岛的人口可能会全部消失。由于新生儿数量不足，且全国平均年龄已超过 40 岁，许多妇女很难受孕，因此日本人口急剧减少。简而言之，在当前条件下，人口减少几乎是不可逆转的现象。幸运的是，由于新技术的出现，世界将发生根本性的变化，像日本这样的国家，显然将会对抗衰老和恢复年轻态问题有着最浓厚的兴趣。

根据平均预期，德国的人口预计将从 2022 年的 8230 万下降到 2100 年的 6890 万，在极端情况下可能降到 5460 万。在俄罗斯，人口在中等预期下将从 2022 年的 1.447 亿下降到 2100 年的 1.121 亿，极端情况下可能降至 7860 万。在西班牙和意大利等信奉天主教的国家也可以观察到类似的趋势。在西班牙，根据平均预期，人口将从 2022 年的 4760 万减少至 2100 年的 3090 万，极端情况下降至 2220 万。在意大利，根据平均预期，人口将从 2022 年的 5900 万下降至 2100 年的 3690 万，极端情况下降至 2690 万。换言之，在意大利这个以"儿童之家"闻名的国度，儿童将变得越来越少。此外需要看到的是，德国、西班牙和意大利等国家的人口之所以没有发生更严重和更快速的缩减，也是靠着移民的增多，这在某种程度上弥补了本土人口出生率下降造成的问题。

也许世界上最富有戏剧性的，还是中国人口的大幅减少，部分原因是实行了几十年的"独生子女"政策。在中国，当今大多数公民都是独生子女的父母，而自己又是他们父母的独生子女，这就造成了若干社会问题。此外，在重男轻女的文化中，男性家长往往更希望看到男性后代，女婴就成了经常被放弃的对象，结果导致男性人口超过女性。其结果便是上演了人类史上和平时期从未出现过的可怕人口崩溃。根据联合国的平均预期，中国的人口将从 2022 年的 14.259 亿下降到 2100 年的 7.667 亿，而在极端情况下将降至 5.113 亿。由于这些悲观的人口预测，中国是另一个可能对抗衰老和恢复年轻态越来越感兴趣的国家。

即将到来的人口危机不再是人类的过剩，而是全球人口可能的停滞和减少。仔细分析这两个世纪以来世界经济发展如此迅速的原因，就会发现主要原因之一就是人口的增长。更多的人在思考，更多的人在工作，更多的人在创造，更多的人在创新，更多的人在探索，更多的人在发明。人们来到这个世界不只是吃喝拉撒，他们还带着自己的大脑，而大脑被认为是已知宇宙中最复杂的结构。大脑是一个奇妙的器官，它具有想象和创造几乎任何东西的能力。

然而，一些贫困国家的人口确实仍在增长，特别是在非洲和亚洲，但出生率正在下降。一方面，这些地区目前的人口和出生率数字可能会让我们高估了其未来的人口数量，过去几十年的历史经验证明了这一点。另一方面，将贫困人口纳入全球经济将产生积极的影响，因为恰恰是最贫穷的人知道如何用更少的钱做更多的事——贫穷会刺激所谓"俭约创新"。与此同时，由于这么多的大脑将被整合到全球经济当中，这个世界的生产力将有所提高。不过，即使是在最贫穷的国家，人口也会在未来几十年中趋于稳定。

图 4-5 显示了世界范围内 5 岁以下人口的急剧下降和 65 岁以上人口

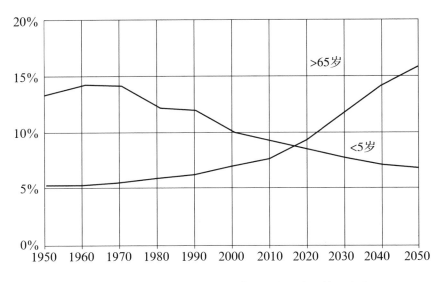

图 4-5　真正的人口危机　两个人群占总人口的百分比

资料来源：基于联合国的数据库（2022 年）

的快速增长。全球性的大趋势就是：世界正在迅速老龄化，年轻人越来越少，老年人越来越多。这是一种全球现象，是所谓的富国和被列为穷国的国家都要面临的问题。从历史上看，人们常在年轻时就因为与暴力和传染病有关的原因死亡。而现在，人们却因为与年龄有关的疾病死亡，死前还要遭受长期、连续和可怕的痛苦折磨。

图 4-6 显示了过去被称作"人口金字塔"的模型，尽管它们不再是金字塔，而是矩形。在变化最剧烈的个例，如当下的日本和未来的中国当中，金字塔正从底部向下的三角形倒置为底边向上的三角形。图 4-6 还显示了世界人口稳定和迅速老龄化的程度。可以预见的是每一代人将越来越少。

世界人口老龄化不仅带来了严重的经济后果，还对人类和社会产生了巨大的影响。在寿命不断增长的情况下，劳动人口会越来越少，而退休或领取养老金的人口会越来越多。一方面，对于大多数人来说，医疗费用随

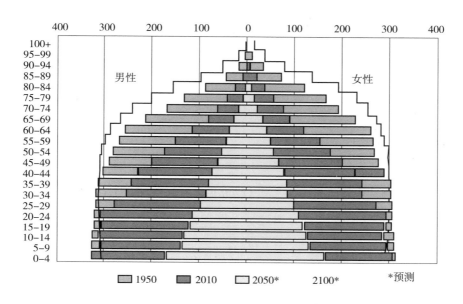

图 4-6 人口金字塔的形态变迁

资料来源：基于联合国的数据库（2022 年）

着年龄的增长而迅速增加，而且大部分医疗费用发生在生命的最后几年。另一方面，有趣的是，那些被称为超级老人（95 岁以上没有任何癌症、痴呆、心脏病或糖尿病的人）的病人往往会出现"疾病压缩"，很快就会死亡，而不会引发高昂的医疗成本。

幸运的是，还有另一种选择。我们不必像我们所有的祖先一样，以同样悲惨的方式结束生命。我们现在知道，衰老的过程可以被科学地减缓、停止和逆转。我们面临的历史挑战更为重要：终结人类的共同大敌。

现在是时候为人类的未来开辟新道路了，是时候开始一段进入无限青春的奇妙旅程了。毫无疑问，这是一段充满风险的旅程，但也充满了机遇。实现人类最渴望的梦想之前必须跨越几座桥梁，因为这是一次从现在的线性世界到明天的指数世界的旅程。

神奇旅程

2004 年，雷·库兹韦尔和他的医生、长寿专家特里·格罗斯曼共同撰写了《活得够长活得更幸福》（*Fantastic Voyage: Live Long Enough to Live Forever*）。此书的英文书名来自 20 世纪福克斯公司 1966 年制作的一部著名美国科幻电影《神奇旅程》（*Fantastic Voyage*）。影片由拉奎尔·韦尔奇（Raquel Welch）主演，讲述了一艘在微型化中心被缩小了尺寸的载人潜艇进入人体的奇妙故事。

这部电影获得了两项奥斯卡奖，并启发俄裔美国作家艾萨克·阿西莫夫创作了同名小说，西班牙画家萨尔瓦多·达利（Salvador Dalí）创作了同名画作，还有一系列漫画作品随之问世。美国制片人詹姆斯·卡梅隆（James Cameron）和墨西哥制片人吉尔莫·德尔·托罗（Guillermo del Toro）都表示，他们有兴趣为好莱坞翻拍这部电影。

《活得够长活得更幸福》是库兹韦尔的第二本关于健康的著作，第一本出版于 1993 年，名为《解决健康难题的 1/10 妙方》（*The 10% Solution for a Healthy Life*）。在该书中，库兹韦尔解释了他如何在 45 岁时治愈了自己的糖尿病，以及在饮食中降低了热量、脂肪和糖的含量，确保了心脏病和癌症风险的最小化。该书提倡改变生活方式，如低血糖指数饮食、限制热量、锻炼、饮用绿茶和碱性水、服用某些补充剂，以及日常生活中的其他改变。

《活得够长活得更幸福》指出，这些改变的目的是获得并保持健康，尽可能延长个人寿命。作者相信，在未来的几十年里，技术将进步到征服大部分衰老过程和消除退行性疾病的程度。这本书充满了对未来主题的预见性注释，展示了当前的研究可以如何帮助延长寿命，解释了生物工程、纳米技术和人工智能等将改变我们未来生活方式的技术。

这本书一开始就描述了通向无限人生的三座"桥梁"。根据我们自己的理解，总结如下：

第一座桥梁延续到 21 世纪第一个 10 年，基本上包括你的母亲或祖母告诉你做的事情（吃好、睡好、锻炼、不吸烟等），以及现有的医学知识。这座桥梁与"雷和特里长寿计划"（以库兹韦尔和格罗斯曼的名字命名）相契合，它包括当前的疗法和指导方针，允许你在足够长的时间保持健康，以受益于第二座桥梁的建设。

在 21 世纪 20 年代，随着生物技术革命的到来，第二座桥梁将迅猛落成。随着我们继续研究生物的遗传密码，我们将会发现远离疾病和衰老的方法，从而充分开发人类的潜力。第二座桥梁将把我们带到第三座桥梁。

第三座桥梁将主要与 21 世纪 30 年代相对应，由于纳米技术和人工智能的革命，永生将成为现实。这些技术革命的融合将允许我们在分子水平上重建身体和头脑。最迟到 2045 年，我们将在生物和计算（即阅读、复制和重建大脑的能力）两个层面双双达到技术奇点和永生。

由于人类基因组序列使生物和医学数字化成为可能，《活得够长活得更幸福》这样描述了第二座桥梁：

随着我们不断了解信息是如何在生物过程中转化的，许多克服疾病和衰老过程的策略正在出现。我们将在这里简单介绍一些前景更好的方法，然后再在后面的章节进一步举例讨论。一种强有力的方法是基因技术，我们现在已经接近能够控制基因如何表达。最终，我们将能够改变基因本身。

我们已经在其他物种上使用了基因技术。一种被称为重组技术的方法已经投入广泛商用，催生出许多新的药物。从细菌到家畜，多种生物基因正在被改造，以生产我们对抗人类疾病所需要的蛋白质。

另一条重要的战线是再生我们的细胞、组织，甚至整个器官，并在不进行手术的情况下将它们导入我们的身体。这种治疗性克隆技术的一个主要好处是，我们将能够从我们已经变得更年轻的细胞中创造出这些新的组织和器官——这是再生医学的新兴领域。

未来10年，指数级发展的技术将加速纳米技术和人工智能的发展，我们将在21世纪30年代看到其首次商业应用，并将我们引向第三座桥梁：

当我们将"逆向工程"（理解背后的操作原理）应用到生物学，我们将应用我们的技术来增强和重新设计我们的身体和大脑，从根本上延长寿命，增强我们的健康，扩展我们的智力和经验。这种技术的发展很大程度上是纳米技术研究的结果，纳米技术这一术语最初是由埃里克·德雷克斯勒（Eric Drexler）在20世纪70年代创造的，用来描述研究最小特征小于100纳米（一米的10亿分之一）物体的理论。1纳米相当于5个碳原子的直径。

纳米技术理论家罗伯特·A·弗雷塔斯（Robert A. Freitas Jr.）写道："在20世纪和21世纪初如此辛苦获得的关于人类分子结构的全面知识，将在21世纪用于设计具有医学活性的显微机器。这些机器的主要任务不是进行纯粹的探索航行，而是被派去执行细胞检查、修复和重建的任务。"

弗雷塔斯指出，"将数百万个自主的纳米机器人（由一个分子接一个分子构建的血细胞大小的机器人）植入人体内的想法可能看起来很奇怪，甚至令人担忧，但事实是，人体内已经充满了大量的移动纳米设备"。生物学本身就证明了纳米技术是可行的。正如美国国家科学基金会董事丽塔·科尔韦尔（Rita Colwell）所说的，"生命本身就是纳米技术的作品"。

巨噬细胞（白细胞）和核糖体（根据 RNA 链上的信息创造氨基酸串的分子"机器"）本质上是通过自然选择设计的纳米机器人。当我们设计我们自己的纳米机器人来修复和扩展生理时，我们将不会受到传统生物学工具箱的限制。生物学对所有的生物都使用有限的蛋白质进行创造，而我们可以创造出更强、更快、更复杂的结构。

就目前而言，《活得够长活得更幸福》提供了一系列改善健康并帮助我们活着到达第二座桥梁的建议。在这本书的续篇《超越：迈向美好永生的 9 个步骤》（*Transcend: Nine Steps to Living Well Forever*）中，库兹韦尔和格罗斯曼根据书名英文单词"TRANSCEND"的字母顺序，提出了一个包含九个步骤的更完整的程序：

T：和你的医生谈谈（Talk with your doctor）

R：放松（Relaxation）

A：评估（Assessment）

N：营养（Nutrition）

S：摄入补剂（Supplements）

C：热量限制（Calorie Restriction）

E：锻炼（Exercise）

N：新技术（New Technologies）

D：解毒（Detoxification）

第三章提到的梅隆和沙拉比的书《恢复年轻态：投资于长寿时代》也包括了一系列的建议，比如把第一座桥梁和第二座桥梁结合起来，并在我们继续发展第三座桥梁的技术，以实现无限长寿或其作者称之为"恢复年轻态"的新科学的过程中始终铭记于心。这本书的系列建议应该能让我们在 10 年或更长时间内达到长寿的逃逸速度，那时人类最伟大的产业将会出现，这不仅有利于我们的健康，也有利于全球经济和我们的个人财务。

长寿逃逸速度

　　库兹韦尔和格罗斯曼的著作《活得够长活得更幸福》的中译本书名，其实是来自英文版的副标题"活得足够长就可以永生"。这个副标题颇有启发性，意思是，虽然我们现在能做的只是生存，但是只要在接下来的岁月里，我们设法活到足够长的时间，就可能最终跨越三座桥梁并实现恢复年轻态，我们就能达成永生（只要我们不遇到被列车撞或被钢琴砸头等各种致命的事故和灾难，我们想活多久就能活多久）。

　　上述讨论的就是现在被称为长寿逃逸速度（Longevity Escape Velocity，LEV）的理念，它最初是由美国企业家和慈善家大卫·戈贝尔（David Gobel）提出的，他和奥布里·德格雷一起创立了玛士撒拉基金会。这个概念脱胎于行星逃逸速度，即导弹和火箭等物体克服重力离开地球所需要的速度。据计算，这一速度至少为 11.2 千米 / 秒，相当于 40320 千米 / 小时。这样的速度在物理学上称为地球的行星逃逸速度。

　　长寿逃逸速度所指的，就是预期寿命延长速度超过了时间流逝速度的情况。比如说，当我们达到长寿逃逸速度时，技术进步每年都将使预期寿命增加一年以上。

　　当下，随着治疗策略和技术的改进，预期寿命每年都略有增加。只不过，预期寿命每增加一年，所需要的研究时间都达到一年以上。当这一比率逆转时，长寿逃逸速度就达到了，意思是说只要进展速度能够持续下去，每一年的研究都意味着预期寿命将增加一年以上。

　　这一幕何时会成为现实？如果我们回顾一下历史，就会很清楚地看到，在长达几千年的岁月中，预期寿命都几乎没有增加。一直到 19 世纪，人类在延长寿命方面才开始取得巨大的进步。起初是几天，后来是几周，现在是几个月。据估计，在最发达的国家，我们每活一年，预期寿命就可以延长三个月：

　　　　数据显示，世界主要国家的预期寿命以每年三个月的速度增长。

　　换言之，我们每活一年，我们的预期寿命就增加三个月。

　　根据库兹韦尔的说法，到 2029 年我们将达到长寿逃逸速度，也就是说，我们每活一年，预期寿命就增加一年，这意味着从那一刻起，我们可以无限期地活下去。正如库兹韦尔和格罗斯曼所说："活得足够长就可以永生。"

　　德格雷用一个简单的数字解释了这一点，在这个数字中，我们可以根据我们当前的年龄计算出预期寿命是多少。不幸的是，对于现在 100 岁的人来说，前景并不乐观。同样，对于 80 多岁的人来说，前景也不太好。

　　不过，50 岁或 50 岁以下的人很可能会达到长寿逃逸速度，如图 4-7 所示：

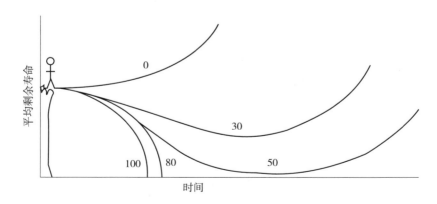

图 4-7　长寿逃逸速度

资料来源：奥布里·德格雷（2008 年）

对于我们何时能达到长寿逃逸速度，人们的看法各不相同，有人认为很快就可以，也有人认为永远不可能，但根据我们观察到的指数级进步，2029 年似乎是个合理的猜测。的确，为了活得足够长久乃至永生，我们需要活着从第二座桥过渡到第三座桥，以增加我们健康的预期寿命。

德格雷还普及了"玛士撒拉奇点"（Methuselarity）的概念［这是美国企业家保罗·海尼克（Paul Hynek）的原创想法］，他将其与技术奇点进行了比较：

衰老作为无数种分子和细胞衰变组成的复合体，将逐渐被击败。一段时间以来，我一直认为这一系列进程将会有一个临界值，我在这里将其命名为"玛士撒拉奇点"。在达到这一奇点之后，旨在防止我们随着年龄增长而死于与年龄相关的疾病的不可或缺的抗衰老技术，其进步速度实际上会逐渐减缓。许多评论家观察到这个预测与 I·J·古德（I. J. Good）、弗诺·文奇（Vernor Vinge）、库兹韦尔等人关于一般技术(特别是电脑技术）的预测有相似之处，他们称之为"奇点"。

"玛士撒拉奇点"是一个未来的时刻，在这个时刻，所有导致人类死亡的病症将被消除，死亡只会是由于意外或他杀。换言之，"玛士撒拉奇点"到来之时，我们将拥有无限的生命，或者没有衰老，这也正是我们达到长寿逃逸速度的时间点。

从线性到指数

英特尔公司的联合创始人戈登·摩尔在 1965 年写过一篇文章，解释说计算机的计算能力大约每年就会翻一番，后来修改为两年，这对计算和相关技术产生了深远的影响：

在最小成本的前提下，集成电路所含有的元件数量大约每年便能增加一倍……当然，短期内这一比率即使不会上升，也有望持续下去。

这一关系被称为摩尔定律，摩尔在 1975 年对其进行了修正，指出微处理器中晶体管的数量大约每两年就会翻倍。这不是物理定律，而是经验观察。目前，个人电脑和手机都遵循这一规律。然而，它最初形成的时候，世上还没有微处理器（发明于 1971 年），没有个人电脑（普及于 20 世纪 80 年代），也没有蜂窝或移动通话技术（基本上处于实验阶段）。

库兹韦尔在他于 2005 年出版的《奇点临近——2045 年，当计算机智能超越人类》（*The Singularity Is Near: When Humans Transcend Biology*）一书中解释说，摩尔定律只是一波更长的历史趋势的一部分，人们完全有理由对未来有更多的期待。图 4-8 显示了库兹韦尔所称的加速回报定律，从中可以看出，摩尔定律只是当前周期占主导地位的第五种范式的一部分。库兹韦尔在 2001 年提出了加速回报定律（The Law of Accelerating Returns），并在当时进行了解释：

因此，我们在 21 世纪不会经历 100 年的进步——更像是 2 万年的进步（以今天的速度）。

古希腊哲学家赫拉克利特（Heraclitus）早在公元前 5 世纪就说过："唯一不变的就是变化。"但今天我们可以看到，这种变化正在加速，尽管许多人并没有意识到。正如库兹韦尔在前面提到的书中解释的那样：

未来被广泛误解了。我们的祖先预计的未来是他们的现在的翻版，而他们的现在又像是他们的过去的翻版。

未来将比大多数人所意识到的更加令人惊讶，因为很少有观察者真正领悟到变化速度本身正在加速这一事实的含义。

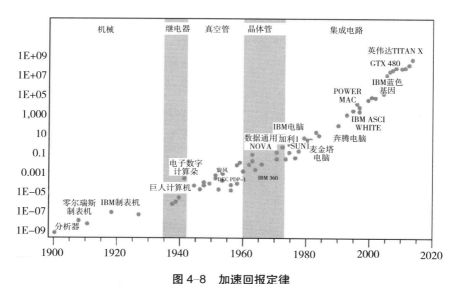

图 4-8 加速回报定律
每秒每 1000 美元所完成的计算量（纵轴）

资料来源：雷·库兹韦尔（2020 年）

库兹韦尔强调指数级变化，他解释说，技术中存在着正回馈，加快了变化的速度：

1. 技术绝不仅仅只是工具制造，这其实是一个利用上一轮创新中涌现的工具创造更强大技术的过程；

2.（技术）进化意味着正反馈；

3. 从进化过程中的一个阶段里产生的更有效的方法被用来创建下一个阶段；

4. 第一批计算机是在纸上设计并手工组装的。如今，它们是在计算机工作站上设计的，下一代设计的许多细节由计算机自行制定，然后在完全自动化的工厂中生产，只有有限的人工干预。

库兹韦尔预测，随着技术的进步，2029 年人工智能将通过图灵测试（Alan Turing's Test，即我们将无法区分与自己交流的是人还是人工智能），

2045 年我们将达到"技术奇点"（库兹韦尔将之简单地定义为：人工智能拥有人类全部智能的那一刻）。图灵测试和技术奇点不是本书的主题，但对于感兴趣的读者，库兹韦尔还在《人工智能的未来——揭示人类思维的奥秘》（*How to Create a Mind: The Secret of Human Thought Revealed*）中解释了人工智能的指数级发展。大卫·伍德（David Wood）的《奇点原理》（*The Singularity Principles: Anticipating and managing cataclysmically disruptive technologies*）也会让有兴趣的读者受益匪浅。

指数级变化起初似乎非常缓慢，但正在迅速加速，正如美国企业家和慈善家比尔·盖茨发表于 2018 年瑞士达沃斯世界经济论坛的预测文章中所提到的：

大多数人高估了他们一年内能做的事，而低估了他们十年内能做的事。

此外，大多数年度预测都高估了一年内可能发生的事情，低估了长期趋势的力量。戴曼迪斯和科特勒在 2016 年出版的《创业无畏——指数级成长路线图》（*Bold: How to Go Big, Create Wealth and Impact the World*）中解释说，技术变革过程要经历 6 个 D（即指数级增长的"6D 框架"）：

6 个 D 是技术进步的连锁反应，是快速发展的路线图，总是会带来巨大的变革和机遇。

技术正在颠覆传统的工业流程，而这种情况正在发生并且不可逆。6 个 D 分别是：

数字化（Digitization）、欺骗性（Deception）、颠覆性（Disruption）、非货币化（Demonetization）、非物质化（Demate-rialization）和大众化（Democratization）。

根据戴曼迪斯和科特勒的说法，所有可以数字化的技术都将经历指数级的转变，这将从根本上改变相关的产业，包括现在正在数字化进程中的医学和生物学。指数级变化的 6 个 D 始于缓慢的数字化和欺骗性，最终以加速的非物质化和大众化的技术而告终。一个典型的例子是，计算机最初非常昂贵和缓慢，而现在相当快捷和便宜。同样的事情也发生在移动电话上，它已经在全球范围内实现普及。

应用于生物学和医学领域的例子是人类基因组序列，这项研究始于1990 年，由世界上 15 个国家的数千名科学家共同开展工作。1997 年，只有 1% 的人类基因组被测序，库兹韦尔解释道：

> 当 1990 年人类基因组扫描开始进行时，批评者指出，考虑到当时基因组扫描的速度，完成这项工程将需要数千年的时间。然而，这项历时 15 年的工程在 2003 年初步完成。原因很简单。1997 年只有 1% 的基因组被测序，但接下来的每年都翻了一番。人类基因组序列是呈指数级发展的技术的一个令人印象深刻的例子，无论是在时间上还是在成本上都是如此。表 4-1 显示，第一个人类基因组序列花费了大约 30 亿美元，用时 13 年，第二个人类基因组在 4 年后，也就是 2007 年完成测序，估计花费了 1 亿美元。

表 4-1　人类基因组测序的时间和成本

年份	成本（美元）	时间
2003	3 000 000 000	13 年
2007	100 000 000	4 年
2008	1 000 000	2 个月
2012	10 000	4 周
2018	1 000	5 天
2024	100	1 小时
2029	10	1 分钟

资料来源：基于媒体数据和其他预测的预期（2023 年）

2015 年首次实现了每一个基因组花费大约 1000 美元和一周时间的大规模测序，我们预计在 2025 年前后，整个基因组的测序可以在一分钟内花费 10 美元完成。根据戴曼迪斯和科特勒的说法，这将使我们有可能从 6 个 D 中的第一个数字化过渡到最后一个——大众化。到 21 世纪 20 年代末，世界各地的人们都将能够对自己的整个基因组进行排序，从而了解自己对某些遗传疾病的易感程度以及如何预防这些疾病。此外，癌症基因组可以通过测序来确定突变的原因，并被直接"消灭"。我们将放弃化疗和放疗等手段，通过高精准的药物直接定位和消除肿瘤。被认为是现代医学技术的化疗和放疗，很快就会成为原始医学。

人工智能开始起作用

人工智能将以指数级的方式，成为有助于理解生物学和改进医学的主要技术之一。人工智能系统已经在国际象棋（自 1997 年以来），《危险边缘》（*Jeopardy*）等电视竞赛（自 2011 年以来），围棋（自 2016 年以来）、扑克游戏（自 2017 年以来）和阅读压缩测试（自 2018 年以来）中击败了人类。

IBM 一直是开发人工智能的先驱之一，先是通过"深蓝"（Deep Blue）程序在 1997 年击败了国际象棋世界冠军加里·卡斯帕罗夫（Garry Kasparov），然后通过"沃森"（Watson）在 2011 年的电视直播中击败了《危险边缘》的冠军们。如今，IBM 开始在医疗应用程序当中使用"沃森"，有时还冠以"沃森医生"的名字，在癌症检测和放射分析等方面已经达到了人类的水平。IBM 曾说：

我们的宗旨是，通过支持和帮助医疗领域的领导人、倡导者和影响者取得显著成果，加快发现并帮助他们建立必要联系，增强信心，从而解决世界上最大的医疗挑战。

无论是曾经的谷歌还是现在的 Alphabet（字母表公司），都始终坚信人工智能可以改善人类状况，包括将健康作为优先领域。它旗下子公司 DeepMind 开发的人工智能，如 AlphaGo 和 AlphaZero 很快投入医疗应用。人工智能的力量确实令人惊叹，正如谷歌现任首席执行官桑达尔·皮查伊（Sundar Pichai）在 2018 年的一次会议上解释的那样：

人工智能是人类正在打造的最重要的事物之一。我认为，它比电或火更意义深远。

在他的演讲中，皮查伊没有直接提及谷歌旗下的另外两家子公司：Calico（加州生命公司）和 Verily（前谷歌 X 生命科学公司）。这两家公司都专注于健康领域，预计将应用谷歌的"深度学习"技术和其他方法来加速实现其商业目标。2014 年，在 Verily 还是谷歌 X 生命科学公司时，美国遗传学家和 Verily 董事长安德鲁·康拉德（Andrew Conrad）接受了科学记者史蒂文·利维（Steven Levy）的采访，描述了 Calico 和 Verily 的差异：

康拉德：Verily 的使命是将医疗保健从被动转变为主动。最终目标是预防疾病，进而延长平均寿命，让人们活得更长久、更健康。

利维：听起来这个任务和另一家谷歌健康企业 Calico 有点重叠。你们和他们一起工作吗？

康拉德：让我来告诉你微妙的差异所在。Calico 的使命是提高最长寿命，通过开发新的预防衰老的方法使人们活得更久。我们的使命是让大多数人活得更久，摆脱那些早期致死的疾病。

利维：基本上，你是在帮助人们活得久到 Calico 的东西可以开始介入。

康拉德：没错。我们在帮助你活得足够久，这样 Calico 就能让你活得更久。

到 2020 年，DeepMind 开发的人工智能系统 AlphaFold 已经能够解决生物技术领域最复杂的问题之一——蛋白质折叠。这堪称是里程碑式的事件，声誉卓著的科学期刊《自然》评价说"这将改变一切"。该期刊还将AlphaFold 推为年度最重要科学进步之一。对于生物技术研究而言，蛋白质折叠具有基础性的意义，而人工智能的进展无疑加速提升了我们理解生物技术的能力。（2024 年 10 月 9 日，蛋白质设计和蛋白质结构预测两个项目获得 2024 年诺贝尔化学奖——译者注。）

根据库兹韦尔和格罗斯曼的描述，我们可以简单地说，Verily 是在通向无限生命的第二座桥梁上，而 Calico 在第三座桥梁上。除了 IBM 和谷歌之外，亚马逊、苹果、通用电气、英特尔和微软等其他科技公司也在开发人工智能，这些人工智能很快将投入试用。日本和中国已经面临人口老龄化造成的诸多问题的困扰，他们的科技公司正在努力。在日本，索尼和丰田等大公司推出了机器人医疗助手和机器人护士。在中国，百度（被称为中国的谷歌）和华大（直到 2008 年仍被称为北京基因组研究所，位于科技城市深圳）等公司正在开发专注于疾病检测和基因测序的人工智能。

从人工智能到医学和生物技术，中国政府已经作出了成为科技强国的战略决策。考虑到中国近年来取得的一系列成功，他们很可能会在这一领域也很快达到目标，来从容应对全国老龄化和人口萎缩危机的压力。中国还面临的另外一个问题，即人口已经开始老龄化，但经济方面相对而言还没有完全富裕起来。如果说发达国家是先富后老，那么中国的情况正好相反：人口在变富之前就开始老龄化了。除此之外，人口预测还显示，由于计划生育政策，中国的人口将大幅减少。日本的情况也是如此，尽管该国从未实行过生育限制政策，但是其人口在未来几十年间也急剧下降。因此，其他地区在面对各自的人口危机时，学习日本和中国的经验是很重要的。幸运的是，人口的未来并不是板上钉钉的，目前的趋势是可以逆转的，因为抗衰老和恢复年轻态的技术将在未来几年得到发展，而其中许多正是由中国人和日本人开发的。

无论是在世界的西方还是东方，人工智能技术持续迅猛发展，其最初的预期用途之一是用于健康、医学和生物学领域。根据市场研究公司 CB Insights 最近的一份报告，人工智能应用增长最快的领域是健康领域，这也正是投资和风险资本流向的最主要目标。由于新型个人传感器（其中许多是医用传感器）的普及，大数据的使用将有助于分析越来越多的信息及更好地进行比较，从而提高医疗诊断的质量。得益于深度学习等人工智能技术，大公司和小型初创公司争相进入医药领域。图 4-9 显示了与人工智能相关的新型医疗企业的新兴生态系统。

根据 CB Insights 的报告，我们将看到相应部门的加速增长和人们健康状况的显著改善，这要归功于那些使用指数技术的初创企业，它们正在对传统医疗部门产生巨大的颠覆：

> 我们发现有 100 多家公司正在应用机器学习算法和预测分析来缩短药物研发时间，为病人提供虚拟助手，并通过处理医学图像来诊断疾病。到 2025 年，人工智能系统可能会涉及到从人类健康管理到能够回答特定病人问题的数字化领域的方方面面。

印度裔美国工程师、企业家维诺德·科斯拉（Vinod Khosla）是美国太阳微系统公司的联合创始人，也是新技术领域的风险投资家。他在斯坦福大学医学院的一次会议上解释了指数级的变化：

> 在所有行业中，软件的创新步伐始终来得最快。但在传统的医疗创新（与"生物科学"相交叉），比如制药行业等领域，创新周期却

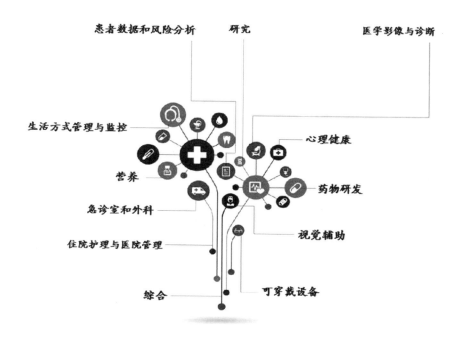

图 4-9　新兴人工智能健康生态系统

资料来源：CB Insights（2020 年）

很缓慢，而这是一系列原因造成的。

开发一种药物并投入市场需要 10—15 年，研发的失败率往往非常高。安全是一个大问题，所以这样的过程没什么好责备的。我认为这是合理的，食品和药物管理局的谨慎也很适当。但是，由于数字健康通常具有较少的安全影响，而且迭代周期可能为两三年，因此创新的速度会大幅提高。

在接下来的 10 年里，数据科学和软件对医学的贡献将超过所有生物科学的总和。

有多国政府已经宣布，他们将开始利用新的可能性，通过人工智能、新传感器、大数据和其他新技术来改善健康。英国政府就是这样的例子，他们宣布，在众多企业的支持下，在 2020 年通过英国生物样本库（UK Biobank）免费对 50 万英国公民的基因组进行测序。美国政府已通过国家卫生研究院宣布了一项类似措施，对 100 万个基因组进行测序，并于 2020 年启动其精准医学计划。冰岛政府在 1996 年率先通过 deCODE 公司采取了行动，后来爱沙尼亚和卡塔尔等其他国家实施了类似的计划。从治疗医学转向预防医学的时代已经到来，而人工智能是实现这一转变的根本工具。

根据科技投资公司 Deep Knowledge Ventures 在 2018 年初发布的另一份报告，人工智能将在健康方面带来令人瞩目的进步：

医疗保健将成为第四次工业革命的主导领域，而人工智能将成为医疗变革的主要催化剂之一。

医疗保健领域的人工智能代表了多种技术的集合，使机器能够感知、理解、行动和学习，从而执行管理和临床医疗保健功能。与仅仅是作为补充人类工作的算法或工具的传统技术不同，今天的医疗人工智能能够真正增强人类活动。

人工智能已经在医疗保健中探索出了几个需要变革的领域，从治疗计划的设计到为重复性工作提供帮助，再到药物管理或药物创造。而这仅仅是个开始。

人工智能将是改善我们的健康、创新医疗、发现新药品和优化医疗保健系统的关键。我们必须以专注和开放的态度来理解和利用人工智能的所有好处。虽然有些人害怕人工智能，但我们不应该把它看作一种危险，而应该把它视为一个巨大的机遇。人工智能将补充和延伸人类智能，而不是取代它。我相信，在人工智能的帮助下，我们将深化和提高人类智能，克服老龄化的历史挑战。

从延长寿命到扩展寿命

在希腊神话中，提托努斯（Tithonus）是特洛伊国王拉俄墨冬（Laomedon）的凡人之子，也是普里阿摩斯（Priam）的兄弟。提托努斯是如此耀眼美丽，以至于女神厄俄斯（Eos）爱上了他。厄俄斯是黎明女神，她请求宙斯让她心爱的提托努斯长生，并得到了众神之父的赐予。然而，女神厄俄斯忘记了祈求永恒的青春，因此提托努斯变得越来越老，身体萎缩，满脸皱纹。在某些版本中，提托努斯变成了蝉或蟋蟀，永久地收缩变小了。

在本书中，我们为生命的延长辩护，这样我们就可以永远年轻，而不是无限老去。我们的想法不是要像提托努斯那样，在萎缩中生存下来，而是要过一种最充实的生活。为了更清楚地说明这一点，有必要将"延长寿命"的概念延伸到"扩展寿命"的概念。

在本书的开篇部分，我们提到了以色列历史学家尤瓦尔·诺亚·赫拉利。在他的第二本书《未来简史》中，赫拉利将永生称为 21 世纪的第一个伟大计划，并解释道：

> 人类议程上的第二个大项目可能是找到幸福的钥匙。纵观历史，无数的思想家、先知和普通人将幸福而不是生活本身定义为至善。古希腊哲学家伊壁鸠鲁（Epicurus）解释说，崇拜神是浪费时间，死后一切都不存在，幸福是人生的唯一目的。古代大多数人反对伊壁鸠鲁学说，但今天它已被普遍认可。对来世的怀疑促使人类不仅追求永生，而且追求尘世的幸福。谁愿意活在永远的痛苦中呢？

> 对伊壁鸠鲁来说，追逐幸福是一种个人诉求，而现代思想家则不同，往往将其视为一种集体诉求。没有政府的计划、经济资源和科学

研究，个人就不会在追求幸福上走得太远。如果你的国家被战争搞得四分五裂，如果经济陷入危机，如果医疗保健系统不存在，你大概率将身陷苦海。18世纪末，英国哲学家杰里米·边沁（Jeremy Bentham）宣称，至善是"最多数人的最大幸福"，并得出结论说，国家、市场和科学界唯一值得追求的目标是增加全人类幸福。政治家应该缔造和平，商人应该促进繁荣，学者应该研究自然，不是为了国王、国家或上帝的更大荣耀，而是为了你我可以享受更幸福的生活。

我们的目标必须是增加生命的长度和提高生活的质量。这是历史上一直在发生的事情。几千年前，人们的预期寿命是20岁到25岁。有生之年我们将近1/3的时间在睡觉（假设一天24小时中有8个小时的睡眠），其余的时间主要为了生存而工作。在史前时代没有正规的教育（人们通过和年长的但年龄其实并不大的人一起工作来学习，学习的重点是维持生计的工作），空闲时间也所剩无几。几千年来，这种情况几乎没有改变。即使在古罗马时代，预期寿命也只保持在25岁左右，如图4-10所示。

预期寿命从过去的1/4世纪（25年）增加到20世纪初的大约半个世纪（50年），花了几个世纪的时间。21世纪初，我们已经达到了约3/4个世纪（75年）的平均预期寿命，按照我们前进的速度，几年后我们将达到整个世纪（100岁）的寿命，后者还将持续延长，直到我们达到长寿逃逸速度。

通过最近几个世纪的这些巨大转变，不仅预期寿命增加了，而且可以用于教育和其他活动的时间也增加了，远远超过了维持生计所必需的工作时间。值得注意的是，从古至今，空闲时间一直在逐渐增加。几千年前，如果我们不寻找食物，我们就会饿死。如果我们不保护自己免受动物的伤害，我们就可能会成为其他物种的食物。而那时，并没有所谓的周六或周

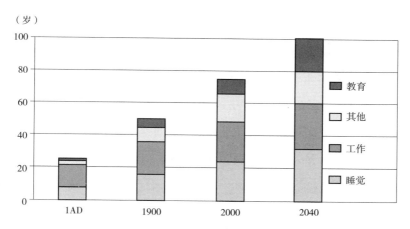

（岁）

教育
其他
工作
睡觉

1AD　　　1900　　　2000　　　2040

图 4-10 历史上不断变化的预期寿命（各种活动相应的年数）

日可言。

在农业发明和第一批城市建立之后，人类从游牧走向定居，许多宗教都把神圣的一天献给他们的神。由此，就诞生了一个特别的日子，用来献给当地的神：不同的文明会分别使用星期六、星期日或其他日子。多少个世纪过去了，直到工业革命中期，有两天无需工作的周末才被人们确定（在欧洲传统中通常是周六和周日）。如今，在 21 世纪，最新的潮流所向似乎是将工作日减少到仅为 4 天，或将工作时间减少到每周 30 小时或 35 小时。对于我们几千年前的非洲祖先来说，这是完全无法想象的。

纵观历史，我们在延长寿命方面取得了长足的进步，在扩展寿命方面也取得了明显的进展。在过去的几个世纪里，我们的预期寿命大大增加了，我们可以用于其他创造性活动的时间也增加了。今天，我们比我们的祖先有更多的时间来欣赏绘画、音乐、雕塑和许多其他艺术表现形式。根据美国心理学家亚伯拉罕·马斯洛（Abraham Maslow）的理论，我们已经爬上了人类需求的金字塔。我们早已越过了纯粹生理需求的层级，越来越专注于攀登自我实现需求的层级。

这种发展今后必定会持续下去，生活的质量和数量都会齐头并进。法国数学家和哲学家马奎斯·孔多塞（Marquis de Condorcet），是一位伟大的梦想家，他晚年生活在法国大革命的动荡时期。他的名著《人类精神进步史表纲要》（*Outlines of an Historical View of the Progress of the Human Mind*）是对充满无限可能的未来世界的令人印象深刻的一瞥：

现在就设想人类的这种完善化应该看作是有无限进步的可能的，设想有一个时候会到来，那时候死亡只不过是特殊事故或生命力慢慢衰亡的结果，而且生与死的中间值的期限本身并没有任何可指定的限度——这难道会是荒谬的吗？

几百万年前，人类从其他的史前人类进化而来，而这些祖先又从更早、更古老的祖先进化而来，以此类推，直到数十亿年前不起眼的细菌。那么，人类的未来是什么？既然我们正从缓慢的生物进化走向快速的技术进化，我们会像赫拉利所说的那样成为"半神"吗？英国作家威廉·莎士比亚在他的著名作品《哈姆雷特》（*Hamlet*）中很好地表达了这一点：

我们知道我们是什么，但不知道我们可能是什么。

人类不仅有"成为"的潜力，也有"变成"的潜力。人类可以用理性的手段来改善生活环境和外部世界，我们也可以用理性的手段来改善自己，从我们自己的身体开始。必须让所有这些技术为人们服务，使人们活得更长久、更健康，使我们的智力、身体和情感能力提高。套用一句流行的谚语：我们不但将为生命增添岁月，更将为岁月增添生机。

历史表明，我们人类总是想要超越我们身体和精神的局限。使用这些技术将深刻地改变我们社会的特征，并不可逆转地改变我们对自己的看法，以及我们在世间的宏伟蓝图中、在宇宙中、在生命的进化中所处的位置。我们正在踏上通往充满巨大机遇和风险的未来的漫长道路，我们必须毫无恐惧、有智慧地向前进，正如美国科幻小说作家大卫·辛德尔（David Zindell）在他的小说《破碎的神》（*The Broken God*）中所写的那样：

"那么，人是什么呢？"

"一粒种子。"

"一粒……种子？"

"一粒橡树种子，为长成大树不怕毁灭自己。"

第五章　它的成本是多少？

不珍惜生命的人，就不配拥有生命。

　　　　　达·芬奇（Leonardo Da Vinci），1518 年

我的一切都是为了那辉煌的一刻。

　　　　　英国女王伊丽莎白一世（Elizabeth I），1603 年

技术一开始只有富人才买得起，但在那个阶段它们其实并不怎么好用。在下一个阶段，它们也仅仅是效果稍好一些，价格仍然很昂贵。接下来，它们变得非常好用而且价格低廉。到最后，它们几乎就是免费的了。

　　　　　雷·库兹韦尔，2005 年

　　许多人对延长预期寿命的可能性比较关切的一个问题是，这种延长寿命的做法将导致额外支出的增加，特别是与老年体弱和疾病有关的支出。这是一个需要非常认真对待的问题，特别是在社会老龄化的今天。

从日本到美国：迅速老龄化的人口

日本著名政治家麻生太郎是前首相吉田茂的外孙，曾在 2008 年 9 月至 2009 年 9 月担任首相，他在多个场合都直接表达过对老龄化社会的担忧。正是在首相任期内，麻生的一段发言在全球范围内引起了强烈反响。他抱怨说，要为需要频繁就医的社会群体——领养老金的人支付医疗费用，这需要动用大量税收。他说：

> 我在同学聚会上看到许多六七十岁的人，他们步履蹒跚到处乱跑，还不断地去看病……我为什么要为那些只顾吃喝却不做运动的人买单？

麻生说得并不是全无道理。这些和他同龄的人自己也该多注意，比如每天散步健身，而不能过于依赖国家援助。后来，由于选举失败，沦为在野党，麻生辞去了党首职务。几年后的 2012 年 12 月，麻生东山再起，出任副首相兼财政大臣。一个月后，他在一次会议当中再次谈到了人口老龄化的成本问题，《卫报》报道称：

> 财务大臣麻生太郎周一表示，老年人应该被允许"赶快去死"，以减轻必须为他们支付医疗费用的国家的负担。
>
> "如果你本来想要死，还要被逼着活下去，简直是天理难容。一旦想到一切（治疗）都是由政府埋单，我就越来越心虚。"他在社会保障制度改革国民会议上发表讲话称："除非你让他们赶快去死，不然问题是无法解决的。"
>
> 去年，麻生所在的自民党支持将消费税在未来 3 年内翻倍至 10% 的决定，其背后原因是福利支出的上升，尤其是流向老年人的福利支出。

更为令人难堪的是，他把那些已经无法自理的老年患者称为"插管人"。

记者还报道了麻生本人在遭受病痛时的打算：

这位兼任副首相的 72 岁老人表示，他将拒绝临终关怀。他在当地媒体援引的评论中说："我不需要那种护理。"他还补充道，自己已经写下了一份备忘录，要求家人不要给他提供延长生命的医疗服务。

2009 年和 2012 年两次语出惊人后，麻生都被迫因为政治正确性迅速纠正了自己的公开言论。他的顾问们担心可能会失去庞大的日本老年选民群体的支持，后者已经成了增长速度最快、政治分量最重的选民群体。说养老金领取者"步履蹒跚到处乱跑"太过直白，所以麻生对此表示歉意。他坚持说，他不想伤害任何人的感情。恰恰相反，他是想让大家注意到不健康的生活方式所造成的飞速增长的医疗支出。虽然人们必须尊重他人选择的生活方式，但不能听任这种选择导致的公共医疗成本无休止地上升。

麻生在日本的言论让人想起 1984 年美国科罗拉多州州长理查德·拉姆（Richard Lamm）在丹佛的一次公开会议上的言论。拉姆所表达的观点被《纽约时报》报道：

科罗拉多州州长拉姆周二表示，已到临终阶段的老人有"义务去死，而不要碍事"，不应该试图通过人为干预延长生命。

州长在科罗拉多州健康律师协会于圣约瑟夫医院举行的会议上表示，没有进行人为延长生命就死亡的人就像"树上掉下来的叶子，形成腐殖质供其他植物生长"。

48 岁的州长说："你有义务去死，而不要碍事。"

拉姆的担心本质上与麻生毫无二致。让一些临终者活得更久的治疗费用正在破坏国家的经济健康。

我们作为一个社会可以作出集体决定，对个人自由施加限制。例如，我们坚持要求每个人在车内系安全带，部分原因是我们想减少道路交通伤害造成的医疗费用。但是，预期寿命延长所带来的医疗费用呢？如果费用到最后只会持续增长，我们真的有权利继续活得更久吗？

希望人们尽快死亡

　　老年人最好"赶快去死"的说法不仅得到了几位政治家的支持，还得到了美国著名医学作家伊齐基尔·伊曼纽尔（Ezekiel Emanuel）的辩护（尽管措辞更为含蓄）。2014 年 10 月，伊曼纽尔在《大西洋月刊》上发表了一篇副标题为"如果自然的进程及时而迅速，对社会、家庭还有你而言会更好"的文章。这篇文章的主标题比副标题更令人吃惊——出生于 1957 年的伊曼纽尔直接写下《为什么我希望在 75 岁时死去》（*Why I Hope to Die at 75*）。换言之，伊曼纽尔希望能在 2032 年前后安然去世：

　　　　这就是我想活的时间：75 岁。

　　　　这种想法让我的女儿们抓狂。这让我的兄弟们都受不了了。我亲爱的朋友们认为我疯了。他们认为我说的话不可能是真心话；我还没有想清楚，因为世界上有那么多东西要看，有那么多事情要做。为了让我认识到自己的错误，他们列举了无数我认识的人，他们都已经超过 75 岁，而且活得相当好。他们确信，随着我越来越接近 75 岁，我会把希望的年龄延后到 80 岁，然后是 85 岁，甚至可能是 90 岁。

　　　　我确信自己的立场。无疑，死亡是一种损失。死亡剥夺了我们过去的经历和成就，剥夺了我们与配偶和子女相处的时间。简而言之，它剥夺了所有我们珍视的东西。

　　　　但有一个简单的事实，我们许多人似乎都很抗拒：活得太久也是一种损失。它使我们中的许多人，即使不是失能，也是步履蹒跚和日渐衰弱，处于一种也许不比死亡更糟糕但仍然被剥夺了的状态。它剥夺了我们的创造力，也剥夺了我们为工作、社会和世界作出贡献的能力。它改变了人们对我们的印象、与我们的关系，最重要的是，改变了人们对我们的记忆。人们记忆中的我们不再是充满活力、忙个不停的，而是软弱无力、毫无用处的，甚至是可怜虫。

伊曼纽尔的资历令人印象深刻。他先后担任过美国国立卫生研究院临床生物伦理学系主任、宾夕法尼亚大学医学伦理和健康政策系主任、宾夕法尼亚大学副教务长，也是著名的《重塑美国医疗体系》（*Reinventing American Health Care*）一书的作者，该书为奥巴马总统的医疗改革做了坚定的辩护。

伊曼纽尔显然拥有丰富的知识，作为老龄化接受范式的重要倡导者，他的观点值得我们关注。他以他父亲本杰明·伊曼纽尔（Benjamin Emanuel）的案例来阐释他的论点，他的父亲也是一名医生：

> 我父亲的例子很好地说明了这种情况。大约 10 年前，就在他 77 岁生日前夕，他开始感到腹部疼痛。像其他的医生一样，他一直拒绝承认这件事的重要性。但三周后仍无好转，他被说服去看医生。事实上，他遭遇的是一次心脏病发作，并因此进行了心导管检查和搭桥手术。从那时起，他就不一样了。
>
> 父亲曾经完美承袭了伊曼纽尔家族极度活跃的基因，但突然间，他走路、说话都变慢了，甚至幽默神经也不及以前敏锐了。如今，他还可以游泳，看报纸，在电话里数落孩子们，也还和我母亲住在他们自己的房子里。可是，他的一切都变得迟钝了。虽然他没有死于心脏病发作，但没有人会说他活得很有活力。父亲和我讨论时，他说："我的脚步已经大大地慢了下来。这是一个事实。我不再在医院巡视，

也不再教书了。"

这是伊曼纽尔的结论:

> 在过去的 50 年里,医疗保健虽然在减缓死亡过程上进步可观,但是在减缓衰老过程上的成就却没有那么理想。正如我父亲所证明的那样,当代人被拉长的其实只是死亡过程。

伊曼纽尔的观点是,更长的预期寿命只能导致生命末期经历更长时间的病痛。他引用了量化数据支持其观点:

> 然而,近几十年来,寿命的增加似乎伴随着失能的增加而不是减少。例如,通过利用国家健康访问调查的数据,南加州大学的研究员艾琳·克里明斯(Eileen Crimmins)和一位同事对成年人的身体机能进行了评估,分析了人们是否能走 1/4 英里,爬 10 级楼梯,站立或静坐两个小时,以及在不使用特殊设备的情况下站起来、弯腰或跪下。结果显示,随着人们年龄的增长,身体机能会逐渐减退。更重要的是,克里明斯发现在 1998 年至 2006 年之间,老年人活动能力的丧失程度有所加重。1998 年,美国 80 岁及以上的男性中约有 28% 的人活动能力受限,到 2006 年这一数字已接近 42%。对于女性来说,结果更加糟糕:80 岁及以上的女性中有一半以上的人活动能力受限。

如果把中风的统计数据考虑在内,老年生活不幸的几率还会进一步增大:

> 以中风为例。好消息是,我们已经在降低中风死亡率方面取得了重大进展。2000 年至 2010 年间,中风死亡人数下降了 20% 以上。坏消息是,在中风后幸存下来的约 680 万美国人中,其中许多人患有瘫痪或无法说话。此外,还有估计最多可达 1300 多万美国人遭遇了"无症状中风",其中许多人患有更不易察觉的大脑功能障碍,如思维过程、情绪调节和认知功能的异常。更糟糕的是,据预测,在未来 15

年内，因中风而失能的美国人数量将增加 50%。

此外，我们还必须考虑到痴呆症这一难题：

当我们面对所有可能性中最可怕的情况——患有痴呆症和其他后天精神障碍时，情况就变得更加令人担忧。目前，约有 500 万 65 岁以上的美国人患有阿尔茨海默病；每 3 个 85 岁及以上的美国人中就有一个患有阿尔茨海默病。而这种情况在未来几十年内改变的前景并不乐观。最近，许多旨在延缓阿尔茨海默病的药物试验都惨遭失败，更别说逆转或预防了，以至于研究人员正在重新思考过去几十年指导了大量研究的整个疾病范式。许多专家并不认为在可预见的未来能找到治愈的方法，他们更是警告到 2050 年，美国老年痴呆症患者的数量将如海啸一样到来，增加近 300%。

衰老的代价

伊曼纽尔的观点与美籍日裔政治学家、约翰霍普金斯大学和斯坦福大学教授弗朗西斯·福山（Francis Fukuyama）在 2003 年发表的观点相吻合。他曾表示：

在我看来，延长寿命是负外部性的一个完美例子，也就是说，它对个人来说是理性的，对任何给定的个人来说都是可取的，但它就社会成本而言却可能是负面的。

在人们 85 岁的时候，有 50% 的人会患上某种形式的阿尔茨海默病。之所以会有这种特殊疾病的暴发，原因很简单，因为所有其他生物医学所累积的努力已经让人们活得足够长，长到他们可以活到可能会患这种衰弱疾病的年纪。

我有过这样的亲身经历，我的母亲在生命的最后几年都是在养老院里度过的。如果你看到人们陷入这样的境地，那真的是一件道德上相当令人不安的事情，因为没有人希望自己心爱的人死去，但这些人只是陷入了一种无法自控的境地。

美国研究人员伯哈努·阿勒马耶胡（Berhanu Alemayehu）和肯尼斯·华纳（Kenneth E Warner）在 2004 年研究了一个人在医疗服务上的支出在其生命的每个阶段所对应的比例（经通货膨胀调整后），研究结果发表在他们的报告《医疗保健支出在一生中的分布》（*The Lifetime Distribution of Health Care Costs*）中。其中，他们分析了密歇根州蓝十字与蓝盾协会里近 400 万会员的医疗保健支出，以及来自联邦医疗保险现行受益人调查、医疗支出小组调查、密歇根死亡率数据库和密歇根疗养院病人的数据。老年人医疗保健支出的增加，可以理解为是以下几个因素造成的：

1. 随着年龄的增长，他们容易同时出现一种以上的疾病，称为"并发症"；

2. 由于不同健康状况之间复杂的相互作用，并发症患者已经消耗了国家卫生支出的很大一部分；

3. 即使没有并发症，老年人也不太容易在接受医学治疗后快速恢复，因为他们的身体比较虚弱，复原力较差；

4. 随着老年人健康状况的恶化，医学可以让老年人比过去活得更久，但换来的是长时间的治疗，因此治疗费用变得更加昂贵。

这种模式与一个更广泛的模式相吻合，我们有时称之为"人口危机"：

1. 家庭的子女减少，老年人的寿命增长；

2. 与那些离开劳动力队伍，以及那些可能产生更多医疗保健费用的人相比，劳动人口的比例不断下降；

3. 如果不进行实质性的改革，国民经济就会因医疗保健需求的增长而面临破产的风险。

基于上述这一切，伊曼纽尔提出了他的解决方案：至少一部分人必须做出承诺，从未来某个特定时间开始不再接受昂贵的医疗保健服务。比如，他们可以选择一个自己家族三代人都曾经达到的寿命，就好像伊曼纽尔的 75 岁。

伊曼纽尔并不主张安乐死、协助自杀或类似的事情，事实上，他长期以来一直强烈反对这类举措。这不是他真实的想法。恰恰相反，他是这么说的：

> 一旦我活到 75 岁，我的医疗保健方法将彻底改变。我不会主动结束自己的生命。但我也不会试图延长它。今天，当医生建议进行一项检查或治疗时，尤其是能延长我们生命的检查或治疗，我们就有责任给出一个我们不想要接受它的充分理由。但是医学和家人的态度意味着我们几乎无一例外地会接受那些检查或治疗。

> 我的态度颠覆了这种默认。我从威廉·奥斯勒（William Osler）爵士写于百余年前的那本经典医学教科书《医学原理与实践》（*The Principles and Practice of Medicine*）中得到了指导："肺炎和衰老往往伴随一起，如果能在急性的、短暂的、并不常有痛苦的疾病中去世，老人就能逃脱那些'冷酷的衰退'。这种'衰退'使他自己和他的朋友都感到痛苦。"

> 我受奥斯勒启发后产生的人生哲学是这样的：在 75 岁以后，除非有一个很好的理由，否则我就不会去看医生，也不会接受任何医学检查或治疗，无论它们是多么常规和无痛，而"它能延长你的生命"并不是合格的理由。我将停止接受任何常规的预防性检查、筛查或干预。如果我遭受疼痛或其他失能，我将只接受姑息疗法而非根治疗法。

这意味着结肠镜检查和其他癌症筛查已经出局了,而且事实上在75岁之前就出局了。如果我现在,在57岁被诊断出癌症,只要预后前景不是很差,我就可能会接受治疗。可是,65岁将是我最后一次结肠镜检查。而任何年龄段的前列腺癌筛查都没有必要。(尽管我说了自己不想做,但是一位泌尿科医生还是坚持给我做了前列腺特异性抗原检查,并给我打电话,要告知检查结果。我根本没容他继续说,就挂断了电话。我告诉医生,他是为自己做的测试,不是为我做的。)75岁以后,如果我得了癌症,我会拒绝治疗。同样,我也不需要心脏压力测试,对心脏起搏器和植入式除颤器,对心脏瓣膜置换或搭桥手术一概说不。如果我患上了肺气肿或类似的疾病,病情经常恶化使我不得不被送进医院,我会接受护理以改善窒息感造成的不适,但是我会拒绝其他形式的治疗。

那么,更常规一些的内容呢?流感疫苗首先出局了。当然,如果发生了流感大流行,一个还没来得及体验人生精彩的年轻人应该接种疫苗或服用任何抗病毒药物。真正的大挑战是来自避免肺炎或皮肤和泌尿系统感染的抗生素。抗生素很便宜,而且对治疗感染基本有效,让人很难说不。事实上,即使是确定自己不想要延长生命的治疗的人,也很难拒绝使用抗生素。但是,正如奥斯勒提醒我们的那样,与慢性病相关的衰退不同,这些感染的死亡是很快的,而且相对没有痛苦。所以,我最后宣布,抗生素出局。

很明显,一份"请勿延长生命"的指令和一份完整的预先指示单都已经写好并记录在案,我已经申明不使用呼吸机、透析、手术、抗生素或任何其他药物——只需要姑息疗法,哪怕我本人,在尚有意识但神智已经模糊的情况下也无权更改。总之,我拒绝任何维持生命的干预措施。到了该死的时候,我就会死去。

范式冲突

伊曼纽尔的观点可以说是勇敢和无私的。而且，这与他用来解释世界的范式是一致的：

1. 由于老年人的原因，医疗保健成本不断上涨，社会越来越无力承担这些；

2. 长期以来，人们对治愈痴呆症等疾病的进展寄予的希望已被证明是没有根据的；

3. 老年人由于长期患有老年病，生活质量不高；

4. 社会需要一个合理和人性化的策略来分配其有限的卫生资源；

5. 老人已经度过了一生中最美好的岁月，他们已经走过了拥有最大生产力和创造力的时刻。

关于最后一点，伊曼纽尔引用了著名科学家爱因斯坦的话：

然而，事实就是，到了 75 岁，创造力、原创力和生产力对于我们绝大多数人来说，几乎都已经消失了。爱因斯坦有句名言："一个人如果在 30 岁以前没有对科学作出伟大的贡献，他就永远也做不到了。"

不过，值得注意的是，伊曼纽尔觉得有必要立即反驳爱因斯坦，然后又不那么激进地重申自己的观点：

（爱因斯坦的）这一评价过于极端了，而且也是错误的。加州大学戴维斯分校的基思·西蒙顿院长（Keith Simonton）是年龄与创造力研究者中的杰出人物，他综合了众多研究成果并证明了一条典型的年龄-创造力曲线：创造力会随着职业生涯的开始而迅速上升，在职业生涯的 20 年左右，即 40 岁或 45 岁时达到顶峰，然后进入一个与年龄相关的缓慢下降阶段。各个领域之间存在一些差异，但不是很大。目前，诺贝尔物理学奖获得者的平均年龄——获奖的物理学家们获得研究发现的年龄，而不是获奖年龄——是48岁。西蒙顿自己对古典作曲家的研究表明，典型的作曲家在26岁时写出第一部重要作品，并在40岁左右达到高峰——既有最好的作品也有最大的产量，随后逐渐下降并在52岁时写出最后一部重要的音乐作品。

接下来，伊曼纽尔之后也不得不举出一些反例：

> 大约10年前，我开始与一位即将年满80岁的著名卫生经济学家合作。我们的合作取得了令人难以置信的成果。我们发表了许多论文，引发了围绕医疗改革不断发展的辩论。我的同事非常出色，仍然是一个重要的贡献者，今年他庆祝了自己的90岁生日。但他是一个例外——一个非常罕见的个例。

伊曼纽尔承认，这些反例都与自己的总体观点针锋相对，但是他暗示说，考虑到大脑的复杂性和所谓"大脑可塑性"的下降，这种反例非常罕见：

> 年龄-创造力曲线，尤其是下降阶段，在不同文化类型和不同历史阶段中都始终存在，说明大脑可塑性方面可能存在着某种深层次的、根本性的生物确定性。

> 我们只能对生物学进行推测。神经元之间的连接是受严格自然选择的。最频繁使用的神经连接会得到强化和保留，而那些很少使用的神经连接会随着时间的推移萎缩和消失。虽然大脑的可塑性贯穿人的整个生命，但我们并没有完全重新连接。随着我们年龄的增长，我们会通过一生的经历、思想、情感、行动和记忆建立起一个非常广泛的联系网络。我们受制于过去，要产生新的、有创造性的想法，即使不是不可能，也是很困难的，因为我们没有发展出一套新的神经连接来

取代现有的网络。对老年人来说，学习新的语言要困难得多。所有的智力游戏都只是为了减缓对神经连接的侵蚀。一旦你把创造力从你最初的职业生涯中建立起来的神经网络中挤出，它们就不可能发展出强大的新的大脑连接网络来产生创新的想法——除了像我的同事这样超群且异类的老思想家，他们恰好是少数被赋予了优越可塑性的人。

在回答为何除了他所谓的"例外"，医学无助于让更多人获得同样与日俱增的创造力和生产力的问题时，伊曼纽尔再度重申了他范式当中的一个重要观点，即在治疗类似痴呆症等疾病方面取得进展的期望其实已经被证明是毫无根据的。

范式转移

范式的力量能够使得同一范式的不同点很好地结合在一起，并相互加强，这并不奇怪，事实上，范式的强大也正源自于此。然而，要达到减少老年人医疗保健开支的目标，完全可以通过一条截然不同的道路，即未来可能实现的恢复年轻态范式。如果事实证明，大量密集的前沿医学研究成果能够延缓衰老的发生，削弱衰老的影响，以至于达到永生，那么社会将大大受益。事实上，更多的人将会：

1. 停止衰老和衰弱；

2. 不再成为与年龄有关的疾病（包括癌症和心血管病等疾病，这些疾病的严重程度往往随着年龄的增长而增加）的受害者；

3. 停止因长期疾病而产生的大量医疗保健支出；

4. 继续成为劳动力中积极的、有效的一部分，并持续保持他们的活力和热情。

因此，短期投资将通过改善健康和延缓衰老带来巨大的经济和社会效益，这就是所谓的"长寿红利"。

长寿红利

长寿红利的概念来源于 2006 年科学期刊《科学家》（*The Scientist*）上的一篇名为《追求长寿红利》的文章。这篇文章是由四位来自不同衰老研究领域的经验丰富的研究人员撰写的，包括伊利诺伊大学芝加哥分校流行病学和生物统计学教授杰伊·奥尔山斯基（Jay Olshansky）、时任华盛顿衰老研究联盟执行理事的丹尼尔·佩里（Daniel Perry）、密歇根大学安娜堡分校病理学教授理查德·米勒（Richard A. Miller）、纽约国际长寿中心的总裁兼首席执行官罗伯特·巴特勒（Robert N. Butler）。该文紧急呼吁如下：

> 为了挽救和延长生命，减缓衰老，改善健康，并创造财富，我们建议立即开始共同努力延缓衰老。

其中最后一个理由值得注意：延缓衰老将创造财富。文章作者对抗衰老的科学前景持乐观态度，其观点如下：

> 近几十年来，生物衰老学家对衰老的原因有了深刻的认识。他们彻底改变了我们对生物学概念中的生命与死亡的理解。他们消除了长期以来对衰老及其影响的误解，并首次为延长和改善生命的可行性奠定了真正的科学基础。

> 有证据表明，基因和饮食干预可以同时延缓几乎所有老年疾病的发生。这推翻了与年龄有关的疾病是由基因或行为风险因素独立影响的观点。从简单的真核生物到复杂的哺乳动物，模式动物研究的多方

面证据表明，我们自己体内很可能有影响我们衰老速度的"开关"。这些开关并不是一成不变的，它们是可以调整的。

无论怎样，人们曾经认为衰老是一个由进化决定的、不可改变的过程，这种看法现在已经被证明是错误的。近几十年来，我们对衰老过程如何发生、为什么发生以及何时发生的认识有了很大的进步，以至于许多科学家现在相信，如果充分推动这一方向的研究，就可以造福今天所有活着的人们。事实上，衰老科学有可能做到任何药物、外科手术或行为矫正都做不到的事情——真正延长我们的青春活力年华，同时推迟所有在晚年出现的经济成本高昂、会导致我们失能甚至丧生的疾病。

因此，四位研究人员预计抗衰老研究的发展会带来诸多好处，包括"巨大的经济效益"。

除了显而易见的健康效益外，延长健康寿命还将带来巨大的经济效益。通过延长生命，并且提升身体和精神能力，人们作为劳动力人口的时间会更长，个人收入和储蓄会增加，人口结构变化给老年福利计划带来的压力会更小，而且有理由相信，各国经济会蓬勃发展。衰老科学有可能产生我们所说的"长寿红利"，其形式是为个人和全人类提供社会、经济和健康等方面的好处。这种红利将从目前活着的几代人开始，并延续到以后的所有人。

作者接着列出了延长健康寿命将为个人和社会创造财富的不同途径：

1. 健康的老人会比那些受疾病困扰的老人积累更多的储蓄和投资；

2. 他们往往在社会上保持生产力；

3. 他们会引发所谓"银发市场"的经济繁荣，刺激金融服务、旅游业、酒店业的发展，推动财富向更年轻世代的代际转移；

4.健康状况的改善也会提高学校和工作出勤率,并有助于实现更好的教育和更高的收入。

然而,作者还考虑了另一种情况,即恢复年轻态的研究资源不足,进展非常缓慢。在这种情况下,与年龄有关的疾病将要求社会提供越来越多的开支:

考虑一下如果我们不这样做可能会发生什么。举例而言,仅以一种与年龄有关的疾病——阿尔茨海默病的影响为例。仅仅是由于不可避免的人口结构变化这一个原因,到本世纪中叶,美国患阿尔茨海默病的人数就将从今天的 400 万上升到 1600 万之多。这意味着到 2050 年,美国阿尔茨海默病患者的人数将超过荷兰目前的全部人口。

在全球范围内,到 2050 年,阿尔茨海默病的患病人数预计将上升到 4500 万,其中每 4 个患者中就有 3 个生活在发展中国家。目前美国每年由此造成的经济损失约为 800 亿到 1000 亿美元,但到 2050 年,预计每年用于阿尔茨海默病及相关痴呆症的费用将超过 1 万亿美元。这种单一疾病的影响将是灾难性的,而这仅仅只是冰山一角。

心血管疾病、糖尿病、癌症和其他与年龄有关的问题导致数以 10 亿计的美元被用于"疾病护理"。想象一下,如果类似的情况发生在许多发展中国家,这些国家很少甚至根本没有老年保健方面的正规培训,那又会是怎样的情景。例如,在中国和印度,老年人口到 21 世纪中叶将超过美国目前的总人口。老年人口浪潮是一个全球性的现象,看上去正在将医疗财政带入深渊。

换言之,这些研究人员预见到了伊曼纽尔所提到的财政危机。然而,尽管伊曼纽尔建议一旦到了一定的年龄,比如 75 岁,就应该(自愿)拒绝昂贵的医疗帮助,但这四位作者认为,抗衰老科学可以提供一个更好的解决方案,不需要停止任何医疗帮助:

　　各国可能会倾向于继续分别应对疾病和老年失能问题，仿佛它们互不相关似的。当今，大多数医学实践和医学研究就是这样进行的。美国国立卫生研究院从组织架构上说就是在特定疾病和失调可以分别攻克的前提下组建的。美国国家老龄化研究所的预算中，有一半以上是用于阿尔茨海默病的。但是，潜在的生物变化使每个人都容易患上可能导致失能或丧生的疾病或失调症，这是由衰老过程引起的。因此，延缓衰老的干预措施理所当然地应该成为我们的最优先事项之一。

　　当然，这种干预措施正是本书的主题。我们支持这样一种预测：我们很快就会有能够无限期延长健康的预期寿命的治疗方法。长寿红利的支持者指出，即使这种延长不是无限期的，例如只能使健康的寿命增加 7 年，从经济和人道主义的角度来看，也仍然是非常积极的：

　　我们设想的目标是切实可行的：适度降低衰老速度，就足以将所有与衰老有关的疾病和失调推迟 7 年左右。之所以选择这个目标，是因为死亡风险和衰老的大多数其他负面属性在成年人的一生中呈指数级上升趋势，约 7 年翻一番。这样的推迟将产生比消除癌症或心脏病更大的健康和长寿效益。我们相信，对于现在活着的几代人来说，这是可以实现的。

　　如果我们成功地将衰老速度减慢 7 年，那么每个年龄段的死亡、虚弱和失能风险将降低大约一半。未来年满 50 岁的人的健康状况和疾病风险将与今天 43 岁的人相当，60 岁的人将与现在 53 岁的人相似，以此类推。同样重要的是，一旦实现这一目标，这种 7 年的延迟将为所有后代带来同等的健康和长寿的好处，就像今天大多数国家出生的儿童受益于免疫接种的发现和发展一样。

量化长寿红利

反对长寿红利的观点，可以归结为三种，具体为：

第一种是绝对主义的立场，认为任何研究的积累都不可能将人类的健康寿命延长 7 年。这种立场认为，无论投资多少，类似于过去的改进都不能在现在重复。

第二种观点是，这种研究将极其昂贵，因此，延长健康预期寿命所带来的潜在经济利益将被获得这种利益的巨大成本所抵消。

第三种观点认为，长寿红利的好处只是暂时的：针对老年人的大量医疗保健支出并没有被取消，只是被推迟了。

我们断然拒绝第一种说法，即在健康长寿方面"再也不会有重大突破"。相反，有待观察的是"多少""多快"和"成本多高"。这就引出了第二种观点。这是一个值得更多关注的观点，因此，我们应该试着量化相关数据。

美国学者达纳·戈德曼（Dana Goldman）、大卫·卡特勒（David Cutler）等人撰写的一篇题为《延迟衰老带来的巨大健康和经济回报可能会成为医学研究的新焦点》（*Substantial Health and Economic Returns From Delayed Aging May Warrant a New Focus For Medical Research*）的文章，就是设法用数字量化解决问题的一次尝试。戈德曼是南加州大学公共政策和药物经济学教授，也是舍弗健康政策与经济中心主任，卡特勒则是哈佛大学经济学教授。

两位作者首先表示，如果医疗系统按照当前的轨迹继续发展，老年人的医疗保险（Medicare，即为 65 岁及以上的美国人提供医疗保险的医疗保障制度）支出占美国 GDP 的比例将从 2012 年的 3.7% 上升到 2050 年极高的 7.3%。这反映了与过去相比，老年人在失能状态下度过的时间更长：

> 虽然预防疾病延长了年轻人和中年人的寿命，但有证据表明，一
> 旦人们进入老年，健康的寿命可能不会延长。现在，失能率伴随着预
> 期寿命的延长而增高，这使健康寿命的年限不仅没有比过去更长，反
> 而可能比过去更短。

> 随着年龄的增长，人们现在比以前更不可能成为单一疾病的受害
> 者。相反，与生物衰老更直接相关的竞争性死亡原因（例如，心脏病、
> 癌症、中风和阿尔茨海默病）随着年龄的增长而在个人体内聚集。这
> 些病症增大了死亡风险，并造成了可能伴随老年而来的虚弱和失能。

作者探讨了四种不同的预案。事情如何发展取决于 2010 年至 2050 年
期间可能出现的不同类型的医疗进步：

> 1."保持现状预案"，即疾病死亡率在所述期间没有变化；

> 2."延迟癌症预案"，即在 2010 年至 2030 年期间，癌症发病率降
> 低 25%，然后保持不变；

> 3."延迟心脏病预案"，即在 2010 年至 2030 年期间，心脏病的发
> 病率降低 25%，然后保持不变；

> 4."延迟衰老预案"，即"到 2050 年，由年龄等因素造成的死亡率，
> 而非由创伤或吸烟等外部风险造成的死亡率……将下降 20%"。

其中第四种预案符合本书所捍卫的理念。正如作者所描述的那样：

> 虽然这一预案改变了患病的影响，但它与疾病预防的预案不同，
> 因为它解决的是根本性的生物衰老问题。这一预期之下，50 岁以上
> （下列疾病中的大多数在人生中出现的时期）人群中，死亡率以及慢
> 性病（心脏病、癌症、中风或短暂性脑缺血发作、糖尿病、慢性支气
> 管炎、肺气肿以及高血压）和失能的发病率在每一年都降低 1.25%。
> 这种减少是在 20 年内分阶段进行的，从 2010 年降低 0% 开始，然后

线性增长，直到 2030 年实现全面降低 1.25%。

后三种预案都会带来预期寿命的延长。2030 年 51 岁的人的预期寿命增加幅度分别为 35.8 岁（保持现状设想）、36.9 岁（延迟癌症设想）、36.6 岁（延迟心脏病设想）及 38.0 岁（延迟衰老设想）。延迟衰老方案是最为显著的，因为它影响到所有与年龄有关的疾病，而在其他两种情形下，除了干预措施所针对的疾病之外，人们仍然容易受到其他所有疾病的影响。

预期寿命的增加幅度不大，在特定疾病情形下较现状预案仅增加约 1 年，在延迟衰老情形下较现状预案增加 2.2 年。然而，在所研究的每一个模型中，更引人注目的是这些延迟所带来的财政影响。将老年人医疗保健、弱势群体医疗保健、失能保险、社会保障费用等公共项目预期成本的降低，以及生活条件改善使生产效率提高带来的预期收益合计起来，两位作者估计，到 2060 年，延迟衰老预案的经济效益将达到 7.1 万亿美元。这一效益有两个来源：

　　1. 失能老人的人数减少——在 2030 年至 2060 年期间，美国每年减少多达 500 万；

　　2. 健康老人的人数增加——同期内，美国的非失能老人每年将增加 1000 万，从而（在生产和消费两方面同时）对经济作出更大的贡献。

由于在其他两种预案（延迟癌症和延迟心脏病）之下，实现的目标差异要小得多，因此从中获得的好处也要小得多。这也是为什么应该优先考虑恢复年轻态而不是继续单独治疗疾病的另一个原因。

对于上述数字，难免会有很多人质疑。然而，即便 7.1 万亿美元这个主要数字出现重大错误，其好处仍是非常重大的。特别有趣的是，这些好处完全来自于预期寿命仅仅 2.2 年的这一极小的额外增幅。试想一下，如果额外增幅更大，带来的好处会有多大？

长寿带来的经济利益

应当指出的是，上一节所描述的节余取决于福利国家养老金制度在享受资格相关规则上的重大变化。正如戈德曼、卡特勒及其同事们所指出的：

延迟衰老将大大增加应享待遇的支出，特别是社会保障的支出。

然而，这些变化可以通过提高医疗保险的资格年龄和社会保障的正常退休年龄来抵消。

如果不改变养老金支付的起点和时间，更长的寿命将增大现有的财政困难。国际货币基金组织 2012 年的一份报告强调了这些问题的严重性。路透社的斯特拉·道森（Stella Dawson）在题为《国际货币基金：老龄化成本上升速度超过预期》（*Cost of aging rising faster than expected-IMF*）的报道中对此进行了总结：

国际货币基金组织表示，全球人口的平均寿命比预期延长了 3 年，这使养老成本提高了 50%，而政府和养老基金对这一状况还没有做好准备。

照顾年老的婴儿潮世代的支出已经开始给各国政府预算带来压力，特别是在发达经济体，到 2050 年，这些经济体当中的老年人口数量与劳动力人口数量将几乎达到 1∶1。国际货币基金组织的研究表明，这是一个全球性的问题，长寿的风险比想象的要大。

如果到 2050 年时，每个人的寿命也像过去那样，只比现在预计的长 3 年，那么社会每年需要的额外资源相当于 GDP 的 1% 到 2%。国际货币基金组织敦促各国政府和私营部门现在就为寿命延长的风险做好准备。他们指出，仅就美国的私营部门养老金计划而言，人均寿命延长 3 年就将使负债增加 9.0%。

因此,我们谈论的是巨大的数字:

为了让人们理解这成本有多巨大,国际货币基金组织估计,如果发达经济体要立即填补额外 3 年的养老金储蓄缺口,它们将不得不拿出相当于 2010 年 GDP 的 50% 的资金,而新兴经济体则需要 25%。

这些额外的成本是在各国预计到 2050 年因人口老龄化而导致的总支出翻倍的基础上产生的。国际货币基金组织表示,各国解决这一问题的速度越快,就越容易应对人们寿命延长的风险。

然而,这份报告并没有谈到在任何前瞻性展望中需要考虑的两个基本问题:

1. 寿命较长的人有潜力对经济作出更大贡献(而不是消耗资源);

2. 改变领取养老福利的起始年龄,以使其具有与平均预期寿命的变化相一致的可能性。

华盛顿布鲁金斯学会的经济学家亨利·亚伦(Henry Aaron)和加里·伯特莱斯(Gary Burtless)在他们的著作《缩减赤字:延迟退休能有多大帮助?》(*Closing the Deficit: How Much Can Later Retirement Help?*)中也提出了类似的观点。他们的结论被《洛杉矶时报》的沃尔特·汉密尔顿(Walter Hamilton)总结为:

该书指出,60 岁以上的人在过去 20 年里一直在稳步推迟退休。

从 1991 年到 2010 年,68 岁男子的就业率提高了一半以上,同龄女性的就业率提高了约 2/3。

随着人们……工作时间的延长,他们将产生更多的税收收入,从而缩减联邦预算赤字和社会保障支出。

未来 30 年,就业的增长可以使政府的收入再增加多达 2.1 万亿美元。

随着人们推迟使用社会保障和医疗保险计划,这些项目的支出可能会减少超过 6000 亿美元。将减少年度赤字带来的利息节省考虑在内，由此而来的总收益可能会在 2040 年前将政府收支缺口缩小 4 万亿美元以上。

美国耶鲁大学著名经济学家威廉·诺德豪斯（William Nordhaus）在其 2002 年出版的《国家的健康：改善健康对生活水平的贡献》(*The Health of Nations: The Contribution of Improved Health to Living Standards*) 一书中或多或少地得出了相同的结论。诺德豪斯在书中分析了 20 世纪经济表现提升的原因，他的结论是：从经济表现提升的角度看，预期寿命的提高"大约相当于所有其他消费品和服务价值的总和"。随着寿命的延长，人们的工作时间延长，生产量增加，并为劳动力和整个社会提供更多的经验。在研究的最后，诺德豪斯对自己的论点作了如下总结：

> 据初步估计，过去 100 年中寿命增长的经济价值与非医疗保健消费品和服务的增量价值差不多。

芝加哥大学的两位著名经济学家凯文·墨菲（Kevin Murphy）和罗伯特·托佩尔（Robert Topel）在 2005 年发表的《健康与长寿的价值》(*The Value of Health and Longevity*) 一文中，也计算了延长寿命的历史收益。这些经济学家进行了广泛的计算，文章长达 60 页，不过他们的结论可以在摘要中找到：

> 我们根据个人的支付意愿，制定了一个经济框架，以评估健康和预期寿命的改善程度的价值。然后，我们将这一框架应用于过去和未来死亡风险的降低，既包括总体数据，也包括各种特定的致命疾病的数据。我们计算了 20 世纪男性和女性寿命增加的社会价值，1970 年以后预防各种疾病的社会价值，以及未来关于对抗各种主要疾病的潜在进步的社会价值。寿命增加的历史收益是巨大的。在整个 20 世纪当中，无论男性还是女性，预期寿命延长的人均累积收益价值都超

过 120 万美元。1970 年至 2000 年间,寿命的延长每年让国家财富增加约 3.2 万亿美元,这一未曾被人统计过的价值相当于这一时期年均 GDP 的一半左右。自 1970 年以来,仅心脏病死亡率的降低就使生命价值每年增加约 1.5 万亿美元。

墨菲和托佩尔预计新的健康状况改善所带来的这些收益能一直持续到未来:

> 未来医疗创新带来的潜在收益也是极其巨大的。即使是将癌症死亡率略微降低 1 个百分点,其价值也将近 5000 亿美元。

然而,有两个基本问题仍未解决:

1. 实现这种健康寿命延长的成本是否会超过可能高达数万亿美元的经济效益?

2. 额外的健康寿命年限会不会转化为特别昂贵的医疗保健年限,从而使问题只是被推迟而没有得到解决?

让我们依次回答这两个问题。

恢复年轻态的开发成本

我们不可能事先准确地知道开发出能将健康预期寿命平均延长 7 年(正如前述文章《追求长寿红利》中奥尔山斯基及其同事所提出的)的恢复年轻态疗法所需的成本。其中涉及的未知因素太多,甚至无法得出任何可信的"数量级"估计。我们不知道找出与年龄有关的疾病的细胞和分子层面的关键有多困难。不过,我们可以从观察过去各种延长健康寿命的项目中获得一些信心,因为这些项目通常都能轻松地收回成本。比如,那些接种疫苗以预防与儿童相关疾病的方案就是很好的例子。基本原则是,预防远比治疗便宜得多。美国科学家布赖恩·肯尼迪在担任加州巴克衰老研究所执行董事时曾经说过，"预防成本完全可能仅相当于治疗成本的 1/20"。

上一节提到的墨菲和托佩尔的研究，作出了以下总体评价：

> 1970 年至 2000 年间，寿命的增加产生了 95 万亿美元的"总"社会价值，而医疗支出的资本化价值增长了 34 万亿美元，净收益为 61 万亿美元……总的来说，不断增加的医疗支出只吸收了寿命增加价值的 36%。

两位作者指出了他们的分析对确定未来卫生创新投资水平的意义：

> 对改善健康状况的社会价值进行分析，是评估医学研究和增进健康的创新的社会回报的第一步。健康和寿命的改善部分取决于社会的医学知识储备，而基础医学研究是其中的关键投入。美国每年在医学研究方面的投入超过 500 亿美元，其中约 40% 为联邦资助，占政府研发支出的 25%。在 2003 财政年度，用于卫生相关研究的 270 亿美元联邦支出中，绝大部分是拨给国立卫生研究院的，以实际货币计算，比 1993 年的支出增加了一倍。这些支出是否合理呢？

> 我们的分析表明，基础研究的回报可能相当大，因此，大幅增加支出可能是值得的。举例来说，我们估计癌症死亡率降低 1%，其价值约为 5000 亿美元。这也就意味着，在一定时期内，额外投入 1000 亿美元"向癌症宣战"，哪怕只有 1/5 的几率将死亡率降低 1%，而有 4/5 的概率一事无成，这样做依然是值得的。

关注概率分析是很重要的。即使成功的可能性相对较小，一项投资也可能是有意义的。这一点风险投资经理们都很清楚。只要成功所能带来的回报（如果有的话）足够大，他们便愿意接受公司商业目标的低成功概率。比如，只要一家公司的估值有一定概率扩张 100 倍甚至更高，达到几十亿美元乃至更大量级，哪怕这概率只有 5%，也依然意味着一个很棒的投资机会。

　　这种考虑问题的思路在评估保险单时也很常见。我们都有理由认为，最不可能发生的灾难也应该在保险单的覆盖范围之内。

　　如果说，只要结果足够重大，概率再小也值得关注，那么我们为什么不更多地关注那些发生概率为 50%，而且一旦发生就将创造数万亿美元经济效益的事件呢？只要恢复年轻态方案取得成功，哪怕是很小的成功，产生的效益也会是一个令人非常满意的数字。

　　2021 年，在《自然》新创建的衰老研究专门子刊《自然·衰老》(*Nature Aging*) 上，哈佛大学的澳大利亚生物学家大卫·辛克莱和两位英国经济学家，伦敦经济学院的安德鲁·斯科特（Andrew J. Scott）及牛津大学的马丁·埃利森（Martin Ellison）联名发表了一篇题为《抗衰老的经济价值》的重磅量化研究文章，估计只要将人类的预期寿命延长 1 年，就将每年节省下大约 38 万亿美元：

　　　　预期寿命的延长，以及对生物技术和"健康"老龄化的日益强调已经将一系列重要问题提到了健康科学家和经济学家们面前。通过降低发病率来让我们活得更健康与通过延长寿命让我们活得更长久，哪个选项更加可取？与根除特定疾病的努力相比，抗衰老到底能带来多少额外好处？我们分析了现有数据，以评估预期寿命的延长、健康状况的改善以及抗衰老治疗的经济价值。结果显示，降低发病率以改进健康要比进一步延长预期寿命更有价值，而抗衰老则有潜力比根除个别疾病带来更大的经济收益。我们发现，通过延缓衰老使预期寿命增加 1 年，相应的经济价值就将达到 38 万亿美元，而 10 年间则将为 367 万亿美元。总而言之，我们在改进衰老方面取得的进步越大，其未来的发展所带来的价值也就越大。

额外的资源

至少有五个潜在的资金来源可以加速恢复年轻态疗法的研究，从而实现长寿红利。

首先，让我们考虑一下目前用于防治单项疾病的所有资金，并将其与用于解决衰老基础机制的资金进行比较。在美国国立卫生研究院监督使用的近 300 亿美元的年度医学研究预算中，目前只有不到 10% 用于衰老研究，其余的经费分布在各单项疾病研究中。很多国家的卫生预算都采用了类似这样的资金分配模式，这与主流的策略——提高健康水平必须"疾病优先"——是一致的。然而，如果衰老问题在总预算中占有更大的份额（也许在未来 10 年内占到 20%，而不是不到 10%），那么尽管专门用于许多疾病的研究资金将有所减少，但这些疾病可能也不会如此普遍和严重。这将意味着采取另一种策略来改善健康状况——"衰老为先"，因为衰老会增强人体罹患疾病的倾向，并增大并发症发作的可能性。

在恢复年轻态方面取得更大进展的第二个方法是增加人们可自由支配的用于研究抗衰老疗法的时间的比例。只需要将单个研究人员的时间比例稍加提高，从总量上看，整个群体的研究时间就会有很大的增长。只要每 1000 人中有 1 个人每周多投入 4 个小时用于恢复年轻态研究，减少 4 个小时的看电视等休闲活动，那么一个国家用于恢复年轻态研究的总小时数就会猛增。如果这些努力都是为了评估别人的成果，如果相关人员对实验材料和设施的使用受到限制，那么这些努力的绝大部分就将没有什么绝对层面的意义。然而，如果建立了"年轻态恢复协作工程"的适当框架和程序，包括教育和指导活动，那么全球收益就可能是巨大的。

除了投入更多的时间外，第三个方法是鼓励世界各地的人们将更多的积蓄捐给恢复年轻态研究项目。比如，人们可以将原本捐赠给自己大学母校或者所在教区的全部资金，或者其中一部分转而捐给抗衰老领域的慈善机构。这样的做法与投资于养老金计划或者购买保险单其实异曲同工：人们捐赠的越多，其家人、邻居和其他亲近的人患老年病的可能性就越小。如果本书出版后，公众舆论的轨迹能够发生巨大变化，我们就可能会看到这类资金的增加，就像其他已经广泛开展的运动（如全球乳腺癌防治活动——粉红丝带活动）一样。

第四种方法，有更多的企业（无论大小）可能会决定在这一领域投资，因为参与长寿红利的打造意味着潜在的经济收益。毕竟，如果这些疗法能够增加生产性经济活动和减少长期缺勤的情况，从而成功创造出更多的社会财富，那么提供这些疗法的公司就理当通过某些渠道从新创造的财富中获得一部分作为回报。如果这种利益分配能够做到具体化和明确化，让那些拥有强大能力的企业获得更加可观的份额，恢复年轻态事业必将获得强大的企业界推动力。

第五种方法，现在是时候着手从整体上增加公共卫生资金，而不是只想着既有资金的重新分配了。公共资金往往可以解决私营企业资金不会覆盖的领域的问题。公共投资可以对预期回报更有耐心，因为投资利润归属全社会，而不是重新分配给股东或高管。这方面的例子之一是美国对马歇尔计划（20 世纪 40 年代启动，总规模 130 亿美元）的巨大投入，这个计划旨在重建被第二次世界大战破坏的西欧。另外两个例子分别是研制核武器帮助赢得二战胜利的曼哈顿计划，以及冷战期间首次将人类成功送上月球的阿波罗计划。

其他可比案例还包括英国对国家医疗服务体系（NHS）的公共资助。此外，欧洲对拥有大型强子对撞机（LHC）的欧洲核子研究中心（CERN）的投资亦是如此。这项持续几十年、总规模以百亿欧元计的投资，从一开始就没有考虑过短期经济利益。相反，政治家们支持欧洲核子研究中心的总体愿景，就是收集自然界的基本信息，至于由此是否可能在未来产生什么经济效益，原本也是极难预测的。据估计，仅欧洲核子研究组织的希格斯玻色子探测项目就已经花费了约 132.5 亿美元。就连互联网也是在蒂姆·伯纳斯·李（Tim Berners Lee）1989 年至 1991 年于欧洲核子研究中心的工作中诞生的。然而，我们有充分的理由在未来几十年内降低欧洲核子研究中心等几项公共计划的优先等级（还可以举出更多例子），转而增加恢复年轻态的公共研究经费。

最后，还有其他可能的资源可以为恢复年轻态做出大量的额外努力，期望至少有一部分努力最终能产生巨大的经济效益。社会需要就这些资源的分配次序和各部分的投入规模做出重要决定。

治疗衰老的成本将比人们认为的要低

我们已经看到有多种融资方式，包括公共的和私人的，这些方式的落实情况取决于政府和企业家的决定，但必不可少的，还是要得到全体公民的支持，因为衰老是影响全人类的疾病。我们决不能忘记，衰老是世界上最主要的死亡原因。

我们还解释了迄今为止医学界是如何更多地把重点放在解决衰老的症状而不是原因上的。现在，我们需要的是真正的预防医学，而不是治疗医学，唯有如此才能避免衰老的过程。与其花费 70 亿美元治疗疾病，特别是在人们生命的最后痛苦阶段，我们不如将这笔钱投资在早期预防衰老过程上。如果我们分析人类的基本构成，从基本化学成分来看，可以说人类很简单。一个成年人的身体，大约有 60％的成分都是水（虽然很大程度上取决于年龄、性别和脂肪量等因素)。当然,这些水并不是依云水或巴黎水这样的高档货,而只是最普通的水,即两个氢原子和一个氧原子的H_2O。我们有的器官含水较多,有的器官含水较少:骨骼估计含水22%,肌肉和大脑含水75%,心脏含水79%,血液和肾脏含水83%,肝脏含水86%。水的比例随着年龄的增长也有很大的变化。儿童的含水量高达75%,成年人为60%,老年人为50%。根据雀巢水公司的统计,一个平均体重60千克的成年人体内有42升水。

人体除了主要包含由氧和整个宇宙中最丰富的元素——氢组成的水以外,其他部分由少数化学元素组成,相对丰富且廉价。从表5-1中可以清楚地看到,四种基本元素(氧、碳、氢、氮)占所有原子总量的99%,同时占一个体重70千克且处于人类平均年龄的普通人重量的96%。

表5-1 人体的构成(平均70千克的成年人体)

元素	原子数	原子百分比(%)	体重(%)	质量(公斤)
氧	8	24	65	43
碳	6	12	18	16
氢	1	62	10	7.0
氮	7	1.1	3.0	1.8
钙	20	0.22	1.4	1.0
磷	15	0.22	1.1	0.78
钾	19	0.033	0.020	0.14
硫	16	0.038	0.020	0.14
钠	11	0.024	0.015	0.095
氯	17	0.037	0.015	0.010
其他50种元素	3—92	0.328	1.430	0.035

资料来源:基于约翰·埃姆斯利(John Emsley)的数据(2011年)

虽然我们身体里的氧原子比氢原子占比少，但氧原子比氢原子重。氧也是地壳中含量最丰富的元素，在人体主要存在于水中，也是所有蛋白质、核酸、碳水化合物和脂肪的基本成分。

虽然人体含有 60 多种不同类型的化学元素，但大多数元素的含量都很低。人体不含氡，但之后从锂到铀的"微量"成分都可以在人体内找到。

据估计，宇宙由大约 73% 的氢原子和 25% 的氦原子组成。所有其他"较重"的原子（原子序数从 3 开始）勉强代表了已知宇宙中剩余的 2%。重原子被认为是宇宙之初恒星爆炸的结果，所以我们其实是"宇宙尘埃"或"星尘"，正如美国物理学家卡尔·萨根（Carl Sagan）在他的名著《宇宙》（*Cosmos*）和同名电视纪录片中所描述的那样。

简而言之，当我们知道如何在原子和分子层面修复物质时，正如我们开始在生物层面上做的那样，维护和保养基本的生物体，例如人类，将是简单而廉价的。如果我们将纳米技术视为"人工"生物学的一种形式，那么我们很有可能在未来几十年内成功修复原子。

美国工程师埃里克·德雷克斯勒在 1986 年出版了他的《创造的发动机：即将到来的纳米技术时代》（*Engines of Creation: The Coming Era of Nanotechnology*）一书，普及了原子和分子制造的理念。在这部著作中，德雷克斯勒在麻省理工学院人工智能专家马文·明斯基（Marvin Minsky）的帮助下，正式确立了分子纳米技术的基础，该项目也构成了他的博士论文的一部分。

2013 年，德雷克斯勒写了《彻底的丰饶》（*Radical Abundance*），解释了纳米技术的惊人进步将使我们能够以极低的成本（可能每千克只需要一美元）来合成、分解和重组物质。换言之，有了先进的纳米技术，在未来的几十年后，修复一个 70 千克的人可能只需要 70 美元的成本，甚至更少。如果我们把组成一个人的所有元素加起来，就会发现所有化学元素的成本总共还不到 100 美元。

　　除非我们要求人体里装的是依云水或巴黎水，否则人体所含化学成分的市价真的很低。人类是由一些地壳中最丰富的元素组成的：不是由钚（原子序数 94）与钻石和黄金镶嵌而成的反物质组成，而是基本上由水组成的，还有少量的碳和氮（以及"微量"的其他元素）。我们身体的成分其实就是我们通过呼吸和饮食，从空气、水和食物当中获取的那些东西。

　　在不断涌现的发现推动下，生物学和医学持续飞速发展。臭名昭著的医学放血疗法在世界某些地区使用了不知多少个世纪，甚至持续到 20 世纪中叶，但在今天却被认为是近乎野蛮的。再过一些年，我们对目前的放疗和化疗也会有同样的看法。如果我们稍微夸张一点，届时来看，试图用放疗或化疗来杀死肿瘤就像用大炮杀死蚊子一样。希望放疗和化疗很快就能像过去的放血疗法一样，彻底成为历史，载入野蛮疗法的条目。

　　要想在治疗衰老方面取得进展，我们必须思考基本原理。具有南非、加拿大和美国三重国籍的著名工程师和发明家埃隆·马斯克（Elon Musk）曾解释说，他的成功是由于他固守第一性原理，而不是做类比推理。当我们进行类推思考时，我们会复制其他想法，导致只能获得线性进展。当我们从基本原理开始思考时，我们就可能预见到指数级的变化，达到科学的极限。马斯克给出了物理作为基础推理科学的例子：

　　　　我认为从第一性原理出发，而不是通过类比来推理是很重要的。我确实认为物理学是一个很好的思维框架。大致来说就是，事物一层层剥开，直至其最基础的事实，然后由此开始进行推理，而不要通过类比来推理。

　　　　可是，在人生的大部分时间里，我们都在做类比推理，这本质上意味着模仿别人做过的事情，只不过稍有变化。

　　马斯克继续以电动汽车的电池为例，解释了为什么如果我们从第一性原理角度思考，就能够判断出它们的成本会继续快速下降：

有人可能会说："电池组真的很贵，而且永远都是这样……从历史上看，它的成本是每千瓦时 600 美元。未来也不会比这好多少。"

从第一性原理出发，你就会说："电池是由什么物质构成的？这些材料成分的市值是多少？"它有钴、镍、铝、碳，一些分隔用的聚合物和一个密封罐。你应该把它们拆分为各种原材料，然后问问："如果我们在伦敦金属交易所买下这些东西，每样东西的价格是多少？"

每千瓦时大概是 80 美元。所以很明显，你只需要想出巧妙的方法，把这些材料组合成电池单元的形状，你就可以拥有比人们想象的便宜得多的电池。

这种思考方式让马斯克彻底改变了支付行业、太阳能行业、电动汽车行业、航天行业、交通行业和隧道行业。似乎还嫌这一切不够，马斯克目前正致力于通过开发脑机接口和开放平台来推广友好的人工智能。

如果我们把注意力放在基本原理上，就会发现人体并没有那么复杂，我们可以通过纳米技术等新技术来修复人体。人体也是廉价的，当我们掌握了方法的时候，修复廉价的东西就会很廉价。未来也不会有放血、化疗和放疗。今天我们还知道有一些细胞和生物体是不会衰老的，这证明了不衰老在生物学上是可能的，因为它已经在自然界中发生了。现在我们必须通过基础原理来理解和复制不衰老。

正如库兹韦尔所解释的那样，所有的技术在一开始都是昂贵的、糟糕的，但当它们普及之后就会变得更便宜、更好。我们都知道手机的例子。当它们上市的时候，第一批机型的价格是数千美元，它们体积巨大，性能较差，电池很快就耗尽了，而且这些设备只能起到拨打或接听电话的作用。今天，得益于技术的进步和全面整合，手机既便宜又好用，而且获得了"智能手机"的新名字,因为它们通过更多更好的应用程序来执行无数的任务,其中许多都是免费的。现在,世界各地的每个人都可以拥有手机,只要他们想的话。

在生物技术层面,从1990年开始到2003年结束的人类基因组测序工作更令人印象深刻。具体而言,第一次人类基因组测序用了13年时间,花费了约30亿美元。在科学技术持续的指数级进步之下,很可能用不了几年,基因组测序的费用就将只需10美元,而且一分钟就能搞定。与未来智能手机连接的基因组测序设备可能很快就会被开发出来。

另一个例子是人类免疫缺陷病毒(HIV,艾滋病病毒),人类花费数年时间才将这种病毒最终确认并识别出来,它甚至一度因直接攻击感染者的免疫系统而被认为是"死刑判决"。由于技术变革的加速,库兹韦尔强调:

> 变化的速度是指数级的,而不是线性的。所以50年后的情况将大不相同。这是相当惊人的。我们花了15年的时间对HIV进行测序,而对SARS进行测序只用了31天。

> 我们每年都在成本不变的基础上将电脑的性能翻倍。25年后,电脑的功能将比现在强大10亿倍。与此同时,我们正在缩小所有技术的规模,电子和机械,每10年缩小100倍,也就是25年内缩小10万倍。

人们花了若干年时间来识别艾滋病病毒,又花了若干年时间来确定病毒的序列,最后花了若干年时间来开发第一批治疗方法。第一批抗艾滋病病毒疗法每年花费数百万美元,但在迅速普及后就降到每年几千美元,然后是几百美元。在印度等国家,有只需几十美元的抗艾滋病病毒仿制药。再过几年,我们可能只用几美元的治疗方法就能完全治愈。今天,艾滋病已经不再是一种致命的疾病,而是成为了糖尿病那样的慢性可控的疾病。

在衰老方面，我们也必须设立同样的目标：使其成为一种可控制的慢性病，并在以后彻底治愈它。得益于指数级的进展，我们甚至有可能在衰老成为慢性病之前就将其治愈。

那些已经在其他动物身上证明行之有效的技术，开始进行人体试验是必不可少的一步。这也是 SENS 研究基金会新项目（编号 21）的目标之一。

就治疗衰老而言，我们必须着力于投资研究其成因，只有这样才能避免因为其症状而产生的大量支出。英国生物地理学家奥布里·德格雷在接受采访时评论说，在美国，90% 的死亡和至少 80% 的医疗费用是由于衰老造成的。然而，投入衰老研究和治疗的资源却微乎其微，如果没有更多的公共资源或私人支持，像 SENS 这样的基金会能做的还远远不够。举个例子，我们比较一下以下预算：

国立卫生研究院预算：约 300 亿美元

国立衰老研究所预算：约 10 亿美元

衰老生物学部预算：约 1.5 亿美元

转化性研究支出（最高）：约 1000 万美元

SENS 研究基金会预算：约 500 万美元

让我们再次记住，全球医疗开支每年约为 7 万亿美元，而且还在不断增加。遗憾的是，几乎所有的开支都用于生命的最后几年，而且并没有取得多大的成功，因为最后病人也会死亡，而且往往是在非常悲惨的情况下死亡。我们必须重新思考整个卫生系统，并投资于防患未然，这显然好过在木已成舟时去耗费资金。常言道，"预防胜于治疗"。

要想朝着正确的方向发展，我们还必须改变自己的心态，接受对死亡的全新定位——这是个可怕的敌人，也是全人类最大的敌人，但我们可以打败它。如果我们抛弃对死亡的恐惧，全心全意行动起来，那么我们最终就能让死亡这个大敌死亡。

第六章　对死亡的恐惧

人害怕死亡，因为他热爱生命。

> 费奥多尔·陀思妥耶夫斯基（Fyodor Dos-
> toyevsky），1880 年

所有伟大的真理都始于对神灵的亵渎。

> 萧伯纳（George Bernard Shaw），1919 年

我不相信有来世的生活，但我还是带了换洗内衣。我不害怕死亡，
我只是不想亲身经历而已。

> 演员、编剧、导演，伍迪·艾伦（Woody Al-
> len），1971 年

技术正在加速发展。因此，恢复年轻态即将突飞猛进。工业革命后出
现的社会进步浪潮——经济的增长、更好的教育、更活跃的社会流动、更
好的医疗保健、更丰富的机会——都将以比之前更快的速度持续下去。越
来越多的人愿意并有能力参与研发活动，加入多种技术融合部门，成为一
个庞大的全球扩展网络的一部分：

　　1. 现在，大学和其他地方培养的工程师、科学家、设计师、分析

师、企业家和其他变革推动者比以往任何时候都多；

2. 高质量的线上教育材料通常可免费获得，这意味着这些初出茅庐的技术人员的起点比仅仅几年前的大多数前辈都要高；

3. 在职业生涯的后期阶段，人们可以利用一些自由支配的空闲时间，进入高成长的新领域（也许最初只是随便浏览），这尤其适用于那些已经从以前的工作中退休的人，或者那些已经被裁员但仍然拥有许多技能的人；

4. 这些不同的研究人员之间可通过无数的线上交流渠道，如维基网站、数据库、人工智能平台等联系，这意味着聪明的研究人员可以更快地发现世界其他地方正在发生的有前景的分析思路和方法；

5. 免费的开源软件日益普及，有助于进一步鼓励更广泛的参与。

基于这种积极的网络效应——更多的人，更好的教育，更好的网络，建立在彼此的解决方案之上——我们得出结论：在其他条件不变的情况下，技术进步的总体步伐可能会不断加快。信息技术、智能手机、3D 打印、基因工程、大脑扫描等领域过去几十年间取得的快速突破，很可能在未来几十年内被许多其他领域的类似快速突破迎头赶上（如果不是超越的话）。至关重要的是，这种模式适用于医疗创新，特别是恢复年轻态的创新。

当然，许多障碍依然存在，可能妨碍潜在的医学突破的进展，包括监管障碍、系统复杂性和系统惯性等。然而，也有许多受过良好教育且有能力的人正忙于探索这些障碍的可能解决方案和变通办法。本着"分而治之"的精神，他们正在致力于改进工具、知识库、测试模块、方法、替代监管途径以及医疗大数据的人工智能分析等。他们可以基于彼此的洞见，创造性地提出新的想法。当他们取得良好的成果时，大公司就可能与他们合作，为他们的想法提供额外推动力。

我们周围存在许多恢复年轻态取得成就的早期迹象。这个领域再也不可能像过去那样，被一些评论家斥为江湖骗术或者徒有其表的炒作了。许多有趣的方向都有待进一步的研究和开发。当然，其中一些研究方向可能会无果而终，但没有理由认为这一领域将会一直颗粒无收。

当然，继续这项工作有强大的经济原因。在其他条件相同的情况下，从恢复年轻态中受益的人将为经济和整体社会资本作出更多的贡献。加速投资于恢复年轻态工程，对社会具有很强的经济意义。

如果某件事有很明显的经济效益，我们通常认为整个社会都应该同意，并异口同声地说"咱们开干吧"。可是，恢复年轻态的情况并非如此。相反，事实是它面临各种反对。现在是时候更深入地挖掘这种反对的根源了。

形形色色的反对意见

人们通常对恢复年轻态有一系列反对意见。其中最常被提起的是：

恢复年轻态能否解决不治之症？

物理原理，比如熵增定律，难道不会让恢复年轻态变得不可能吗？

恢复年轻态计划如此复杂，难道不是需要几个世纪才能完成吗？

人类的寿命没有自然的极限吗？

恢复年轻态难道不会带来可怕的人口大爆炸吗？

长寿的人难道不会阻碍必要的社会变革吗？

如果没有衰老和死亡，人们有什么动力去完成任何事情？

难道富人不会从恢复年轻态中获得大到不成比例的好处吗？

致力于恢复年轻态不是利己主义吗？

针对以上的每一种质疑，恢复年轻态工程都有一个强有力的答案。事实上，我们已经通过本书给出了一系列很棒的回答。然而，这些好的答案本身似乎不足以改变批评者和怀疑者的想法。这背后有着更深层次的原因。

为了理解正在发生的事情，我们需要将潜在动机与支持依据区分开来。社会心理学家乔纳森·海特（Jonathan Haidt）在他的《象与骑象人：幸福的假设》（*The Happiness Hypothesis*）一书中用大象和骑象人的关系进行了生动的比喻：有意识的头脑就像一个人，骑着一头强大的大象——潜意识。海特在书的第一章中详细介绍了这个比喻：

为什么人们一直在做……愚蠢的事情？为什么他们不能控制自己，只能不断去做他们明知道对自己没有好处的事情？以我为例，我可以很容易地鼓起意志力忽略菜单上所有的甜点。但如果甜点放在桌子上，我就无法抗拒。我可以下决心专注于一项任务，直到完成它才起身，但不知怎的，我发现自己会走进厨房，或以其他方式拖延。我可以下决心在早上 6 点起床写作，然而当我关掉闹钟后，我反复命令自己起床却没有任何效果……

正是在一些更重要的人生决定中，比如约会，我开始意识到自己有多么无能为力。我会清楚地知道我应该做什么，然而，即使我告诉我的朋友我会这样做，另一部分的自我却隐约意识到我不会去做。负罪感、欲望或恐惧往往比理智更强大……

关于理性选择和信息处理的现代理论并不能充分解释意志的软弱。但关于控制动物的古老隐喻却对此解释得很好。当我对自己的软弱感到惊讶时，我想到了自己的形象：我是一个骑在大象背上的人。我手里握着缰绳，通过向这边或那边拉，我可以告诉大象转向、停下或前进。我能指挥事情，但这所有的一切只有当大象没有自己的欲望时才可以奏效。当大象真想做某事时，我根本不是它的对手。

骑象人可能认为自己是能控制大象的，但大象往往有自己的坚定想法，特别是在喜好和道德方面。在这种情况下，有意识的头脑更像是律师而不是司机。海特继续写道：

> 道德判断就像审美判断。当你看到一幅画时，你通常会立刻自动知道你是否喜欢它。如果有人让你解释你的判断，你就会夸夸其谈。你其实并不知道为什么你认为某件事物是美的，但你的大脑信息翻译模块（骑象人）擅长编造理由……你寻找一个合理的理由来喜欢这幅画，然后你抓住了第一个有意义的理由（也许是关于颜色、光线或画家在小丑闪亮的鼻子上的倒影）。道德上的争论也是一样的：两个人都对一个问题有强烈的感觉，他们的感觉是第一位的，他们的理由都是匆忙找出来，用于彼此攻击的。当你反驳一个人的论点时，他通常会改变主意并同意你的观点吗？当然不是，因为被你驳倒的观点并非是构建那个人立场的基础。实际上，那个人是先有立场，再根据立场找理由的。

> 如果你仔细听道德争论，你有时会听到令人惊讶的事情：实际上是大象反向牵着缰绳，引导着骑象人。是大象决定什么是好或坏、美或丑。第六感、直觉和仓促判断不断地自动发生……但是只有骑象人才能把句子串在一起，创造出给别人的论点。在道德争论中，骑象人不仅仅是大象的顾问，还成为大象的律师，在舆论法庭上努力说服其他人相信大象的观点。

在他的后续著作《正义之心》（*The Righteous Mind*）中，海特在这个比喻的基础上提出了道德心理学的基石原则：直觉在先，策略性推理在后。

道德直觉几乎是瞬间自动产生的，远在道德推理有机会开始之前，而那些最初的直觉往往会驱动我们后来的推理。如果你认为道德推理是我们为找出真相而做的事情，那么当人们不同意你的观点时，你会不断地感到沮丧，并埋怨他们是多么愚蠢，带有偏见，以及不合逻辑。但如果你认为道德推理是人类进化的一种技能，是为了推进我们的社会议程——为我们自己的行为辩护，为我们所属的团队辩护——那么事情就好解释了。关注你的直觉，不要仅仅从表面上看其他人的道德观点。这些观点大多是在动态中形成的事后构建，是为推进某些"战略性"目标而精心设计的。

这个重要的比喻在说思想是分裂的，就像骑象人骑在一头大象上，他的工作是为大象服务。骑象人是我们有意识的推理，即一连串的文字和图像来撑起我们的意识。而大象则是其他99%的心理过程，即那些发生在意识之外，但实际上控制着我们大多数行为的过程。

恢复年轻态项目面临的最大挑战不是批评者所提出的支持依据，相反，迫切需要重新调整的是引导这些批评者的潜在动机，而他们自己往往没有意识到这些动机。我们不需要与骑象人争论。相反，我们必须找到直接搞定对方的大象的方法。

管理恐惧

动物可以感受到恐惧是一个基本事实。当面对明显的死亡威胁时，动物的新陈代谢速率会提升档位，腺体产生肾上腺素和皮质醇激素，心跳加速，瞳孔扩大以获取更多关于即将到来的危险的信息，流向肌肉和肺的血液增加，这只动物做好了战斗或逃跑的准备。为了最大限度地利用能量来进行紧急的自我保护活动，其他的身体工作程序被减缓，包括食物的消化。边缘视觉被削弱，使动物能够更充分地集中于眼前的威胁，听力也会随之减弱。

恐惧是当动物切实受到迫在眉睫的致命威胁时起着至关重要作用的一种状态。在这种状态下，身体被优化以应对眼前的挑战。然而，虽然恐惧已经存在多时，动物应对恐惧的状态还是不够优化。相反，当处于恐惧状态时，注意力受到限制，思维模式狭窄，消化受到影响，身体可能会出现抽搐和颤抖。人甚至可能不受控地释放膀胱和括约肌内的东西，这也许可以带来好处，让潜在的攻击者感到不适并离开，但在其他时间，这显然不利于健康的社会生活。

人类提前预知死亡的能力——也就是说，在没有任何迫在眉睫的危险的情况下——给人体恐惧系统的管理带来一个问题：如果对死亡的恐惧消耗了全部精力，正常身体机能就不可能运转了。更糟糕的是，动物心理学的另一个方面是恐惧具有传染性：如果一个群体中的一个动物在附近发现了一个捕食者，那么整个群体就可以迅速而明确地做出反应。同样地，如果一个人惊慌失措，他的情绪也会迅速蔓延，即使没有任何引起恐慌的客观原因。

因此，管理恐惧是人类社会的一个关键问题。这种情况可以追溯到史前时期，那时人类开始获得自我意识、计划和内省反思的能力。观察到那些年轻时期身体非常健康的群体成员日益衰弱，早期的人类会被这一现象所震惊，即类似的逐渐衰退正在等待着他们，以及他们所爱和珍惜的所有人。换言之，人类对死亡的恐惧从一种个人生存所必需的偶然状态，转变成了一种不必再需要任何外部威胁，任何时刻都能在脑海中出现，使人陷入崩溃和恐慌的东西。

还有，在其他条件不变的情况下，面对来自捕食者或其他人类竞争者的威胁而产生的有意识的死亡预期，往往会引发强烈的风险规避倾向。降低短期风险的行为，比如长期隐藏在洞穴深处，很可能不是群体长期发展的最佳选择。

因此，我们可以合理推测，那些幸存下来的人类群体往往是开发出了社会和心理工具来管理对死亡预期的恐惧的群体，不然他们早就被进化过程淘汰了。这些工具以各种方式否认了死亡威胁的可怕性。这些工具包括神话、部落主义、宗教、迷幻以及通灵。在之后的时代，这些工具还包括了文化习俗和思维模式，它们提供了各种不同的超越肉体死亡的承诺，比如关于我们的记忆会永存，比如我们所属的更大族群会永存等。这些思维模式与我们的社会哲学要素紧密相连，即我们认为我们是谁，我们如何融入我们的社会，以及我们的社会如何融入更大的宇宙。

因此，我们的社会哲学提供了一种重要的精神稳定因素，以对抗一直潜伏着的对死亡的存在性恐惧。然而，这就意味着任何挑战我们社会哲学的东西，任何暗示我们的哲学存在重大缺陷的东西，本身都是对我们心理健康的威胁。意识到这一点，我们内心的大象可能会失控，导致我们做出各种非理性行为，然后我们内心的骑象人（或曰律师）就会匆匆忙忙地将这些行为合理化。

我们刚才所描述的理论，拜哲学家厄内斯特·贝克尔（Ernest Becker）获 1973 年普利策奖的著作《死亡否认》（*The Denial of Death*）所赐，现在已经广为人知。

超越死亡否认

贝克尔在《死亡否认》一书的开篇写下了如下文字：

约翰逊博士曾言，展望死亡令人聚精会神；本书主旨说明，展望死亡绝非如此简单。死亡之观念，即死亡恐惧，折磨着人这种特殊动物，其程度无可比拟。死亡恐惧是人类活动的主要动力，它决定着人类活动的基本取向。以这样或那样的无意识手段，人类竭力否认死亡之宿命，试图以此逃避死亡之宿命。

《今日心理学》（*Psychology Today*）的特约编辑萨姆·基恩为《否认死亡》作了前言，称"四条线索组成了贝克尔的哲学"：

世界令人恐惧。

人类行为的基本动机是我们的生物性需要：是控制基本焦虑的需要，是否认死亡恐惧的需要。

既然死亡恐惧如此压倒一切，我们就图谋让它保持在无意识状态。

以除灭罪恶为主旨的英雄事业导致悖谬的后果：给世界带来更多的罪恶。

贝克尔的理论影响深远，它是少数几种试图展示人类历史是由我们往往不愿承认的力量所塑造的理论之一：

伽利略认为地球不是宇宙的中心，而只是茫茫宇宙中的一颗普通行星。

达尔文表明，人类并非是由神创造的，而是从其他低等猿类进化而来的。

马克思强调了阶级冲突和社会异化的作用。

弗洛伊德强调了性压抑。

贝克尔强调了我们否认死亡现实的欲望。

与上述伟大理论所受的遭遇一样，贝克尔的理论也面对着批评者的质疑：证据何在？遗憾的是，贝克尔自己无法直接回应批评者了，因为他早在《否认死亡》出版之前就因结肠癌去世了。萨姆·基恩在前言中描述了他第一次见到贝克尔时的情景，而那时贝克尔已处于弥留之际：

当我走进病房，厄内斯特·贝克尔开口便说："你在我生命的尽头逮着我了。我有了一次机会去表明：一个人怎样死，怎样面对死；他是否死得有尊严、勇敢；围绕死亡他有些什么样的思想；他如何接受自己的死亡。"……

尽管是第一次见面，我们立即切入了话题。死亡迫在眉睫，他已极度衰弱，哪还有寒暄的念头。我们面对垂死谈论死亡；面对癌症谈论罪恶。那天来了，厄内斯特精疲力竭，谈话也无法再进行。我们局促不安地待了几分钟，因为，要说出最后那句"再见"是多么难受。我们俩都清楚：谈话刊登出来时，他已看不到了。令人稍感慰藉的是，床头柜上的一纸杯药用雪莉酒为我们提供了终别仪式。我们同饮一杯酒，随后我就离开了病房。

不过，其他研究人员已经加入进来，并提供了大量的经验证据来充实贝克尔的理论——这些证据来自一个有时被称为"实验存在主义心理学"的领域。这项新的工作在 2015 年出版的《怕死：人类行为的驱动力》中得到了全面的总结，该书是由社会心理学家杰夫·格林伯格（Jeff Greenberg）、汤姆·匹茨辛斯基（Tom Pyszczynski）和谢尔登·所罗门（Sheldon Solomon）所著。

这本书原名《果核里的虫子》（*The Worm at the Core*），来自哲学家威廉·詹姆斯（William James）1902 年出版的《宗教经验种种》（*The Varieties of Religious Experience: A Study in Human Nature*）一书。《怕死》的作者们引用了詹姆斯的著作，并评论道：

现在有足够的证据表明，威廉·詹姆斯一个世纪之前就提出的说法确凿无疑，即死亡的确是人类内心最深的恐惧。意识到我们人类终将死亡对于我们的思想、情感、行为以及生活的方方面面都有深刻且普遍的影响——无论我们是否意识到，事实都是如此。

在人类历史的长河中，对于死亡的恐惧引导着艺术、宗教、语言、经济、科学的发展。它让埃及的金字塔高高耸立，让曼哈顿区的世贸双塔遭到了破坏，它促成了全球的大小冲突。从更为个人的层面来说，认识到死亡终至，使得我们钟爱昂贵的轿车，将自己晒成不健康的肤色，刷爆信用卡，像疯子一样飙车，渴望和假想敌大打出手，渴望出名，哪怕转瞬即逝，即便要在《幸存者》（Survivor）电视系列节目中喝牦牛的尿液也在所不惜。

恐惧管理理论

格林伯格、匹茨辛斯基和所罗门创造了一个缩写词"TMT"，来代表恐惧管理理论（Terror Management Theory），这是他们对厄内斯特·贝克尔思想的发展。厄内斯特·贝克尔基金会网站载有 TMT 的描述：

TMT 认为，尽管人类和所有生命形式一样，形成了一种服务于繁殖的自我保护的生物倾向，但我们的象征性思维能力是独一无二的，它培养了自我意识，以及反思过去和思考未来的能力。这促使人们认识到，死亡是不可避免的，而且由于无法预料或控制的原因，随时都可能发生。

死亡意识会导致潜在的使人衰弱的恐惧，而后者是受到文化世界观的发展维持"管理"的：由个体共享的人类共同构建的关于现实的信念，通过赋予意义和价值来最小化恐惧。所有的文化都通过解释宇宙的起源，制定适当的行为准则，并保证那些行为符合文化要求的人能够获得永生，提供了一种生命有意义的感觉。字面意义上的不朽是由所有与宗教相关的灵魂、天堂、来世和转世这些概念所提供的。象征意义上的不朽则是通过成为一个伟大国家的一员，积累巨大的财富，取得引人注目的成就，或者生儿育女来实现的。

心理上的平静也要求个人在一个有意义的世界中把自己视为有价值的人。这是通过具有相关标准的社会角色来实现的。自尊是由于达到或超过这些标准后产生的个人意义感。

该网站还总结了支持 TMT 理论的三条经验证据：

1. 自尊的焦虑缓冲效应是建立在科学研究之上的，即暂时提高自尊会带来较低的自我报告焦虑和生理唤醒；

2. 通过让人们思考自己的死亡（或观看死亡有关的图像，在殡仪馆前接受采访，或潜意识中接触"死的"或"死亡"等词语）来突出死亡，会强化人们捍卫自己文化世界观的努力，让他们党同伐异；

3. 研究表明，当珍视的文化信仰或自尊受到威胁时，无意识的死亡思想更容易在脑海中浮现，这证实了文化世界观和自尊对存在感的意义。

TMT 已经产生了实证研究（目前有超过 500 多项研究），这些研究涵盖了许多其他形式的人类社会行为，包括攻击、刻板印象、对结构和意义的需求、抑郁和精神病理学、政治偏好、创造力、性、浪漫和人际依恋、自我意识、无意识认知、殉道、宗教、群体认同、厌恶、人与自然的关系、身体健康、冒险和法律判断。

总之，许多人反对延长健康寿命，这些想法有着深刻的根源。人们可以为他们的反对提供看似理智的合理化解释（例如，"人类将如何应对数以千万计的极度衰老而暴躁的人"），但这些合理化解释并不是他们所持立场的驱动因素。

相反，他们反对延长健康的寿命，其实是因为我们所谓的信仰。科罗拉多大学的汤姆·匹茨辛斯基在 SENS6 会议上发表了题为《理解反对长期延长人类寿命的悖论》(*Understanding the Paradox of Opposition to Long-term Extension of Human Life*) 的演讲，解释了这种态度。

反对延长寿命的悖论

匹茨辛斯基在他的演讲标题中提到的"悖论"就是：没有人想死，但许多人反对通过逆转衰老过程来长期延长人类寿命。匹茨辛斯基的解释是，这些人之所以反对我们可以拥有更长健康寿命的理念，是因为一个根深蒂固的"焦虑缓冲系统"——一个文化和哲学的混合体——在运作。这种"焦虑缓冲系统"最初其实是对一个令人不安的根本事实的适应性反应，这一事实便是，我们深深渴望的无限长的健康生活是无法实现的。

从古到今，我们一直渴望着拥有无限健康的生命，但是这种渴望持续与我们在身边看到的所有现实都有着天壤之别。死亡看上去完全不可避免。为了减轻在这种认识下因恐惧而崩溃的风险，我们需要将现实合理化，并找到方法防止我们对自身生命有限性和死亡进行有害无益的思考。这就是我们文化发端的关键所在，创造和维持了我们精心设计的焦虑缓冲系统。因为满足了一种重要的社会需求，我们的文化在这些方面已经根深蒂固。

我们的文化经常在意识层级以下运作。我们发现，自己总是被各种根本的信念所驱使，而不知道其前因后果。然而，我们在这些信念中找到了慰藉，尤其是当"其他和我们相似的人"也支持这些信念时，我们还获得了一种社会认同感。这种信仰（没有充分理由支持的确信）帮助我们保持心智健全，维持社会正常运转，哪怕它准备让我们作为个人独自去面对衰老和死亡。

要明确的是，这里所描述的"信仰"，作为继续接受衰老的思维范式的内在因素，在任何特定个体的层面，可能涉及对类似许多宗教所描述的那种超自然的"死后生命"的确信。不过，在所有情况下，这种"信仰"都涉及到同一个观点：一个社会的良好成员在他们的末日来临时应该接受死亡；如果个人无视这一原则，社会就不能正常运作；个人生命的根本意义是与他们所属的社会或传统的长期繁荣密不可分的。

如果有任何新的想法对这种信仰提出挑战，信徒们往往会被迫对这些想法嗤之以鼻，甚至来不及花一点时间分析。他们的动机是维护他们的核心文化和信仰，因为这就是他们生命意义的基础。他们反对新的想法，即使这些新的想法能够为他们对长寿和健康生活的根本性欲望提供更好的解决方案。矛盾的是，正是对死亡的恐惧使他们对挑战死亡的想法感到不安。即便他们没有看到这些想法之间的实际心理联系，这些想法也会让他们产生疏离感。总之，他们的信仰使他们失去了理性。

匹茨辛斯基认为，另一个形象的比喻是把我们的"焦虑缓冲系统"看作是一种心理免疫系统，它试图摧毁可能导致我们精神痛苦的新想法。就像我们的身体免疫系统一样，我们的心理免疫系统有时会出现故障，并攻击一些实际上会给我们带来更大健康的东西。

奥布里·德格雷的著作也涉及到了这方面的内容。他在 2007 年出版的著作《终结衰老》的第二章中指出：

> 有一个非常简单的原因可以解释为什么这么多人如此强烈地为衰老辩护——这个原因现在看来站不住脚，但不久前还是完全合理的。直到不久前，还没有人知道如何战胜衰老，所以衰老确实是不可避免的。当一个人面对一种像衰老一样可怕，一样让人束手无策的命

运时，无论面对者是你本人还是他人，将它完全推出自己思考范围之外，或者平静地接受，而不是将悲惨到短暂的一生都投入到对它的关注当中，这绝对是有重大心理意义的。事实就是，为了维持心态稳定，一个人必须在这个问题上放弃所有的理性姿态，而且不可避免地要采取不合理到尴尬地步的沟通方法来支持这种非理性——这只是小小的心理代价……

在分析当中，德格雷还提到了"支持衰老的迷幻"，即他描述的"如此多的人所表现出的极度非理性"。其他作家提到了"死亡主义"的概念，例如，网站"对抗衰老！"（Fight Aging!）已经发布了他们的"反死亡主义者常见问与答"。目前看来，"接受衰老的思维范式"的说法更可取，因为它没有那么强的贬义，可以让当下已经白热化的讨论适度降温。

掌控那头大象

让我们回到乔纳森·海特提供的关于改变代表我们潜意识倾向的"大象"方向的绝佳建议。如果我们认识到这些倾向是有缺陷的，就像接受衰老的思维范式一样，我们能做些什么来改变它们？以下是他的书《正义之心》第三章中提到的"大象规则"：

大象远比骑象人有力量，但大象不是一个绝对的独裁者。大象什么时候会听得进道理？我们改变自己在道德问题上的看法，主要方式就是与他人互动。我们不擅长寻找挑战自己信念的证据，但其他人可以帮我们这个忙，就像我们非常善于发现别人信念中的错误一样。当讨论充满敌意时，改变的可能性很小。大象向远离对手的方向倾斜，而骑象人则疯狂地反驳对手的指责。可是，如果存在喜爱、钦佩或意图取悦对方，那么大象就会向那个人倾斜，而骑象人就会试图在对方的论点中找到真相。大象可能不会经常因为骑象人的反对而改变方向，但很容易被其他友好的大象，或友好的大象上的骑象人给它的充分理由所左右……

在正常情况下，骑象人会听从大象的指示，就像律师听从委托人的指示一样。但如果你强迫两人坐在一起聊个几分钟，大象实际上会接受骑象人的建议和来自外部的观点。直觉是第一位的，在正常情况下，直觉会促使我们基于社交需要进行策略性推理，但我们也有办法改变直觉和推理的关系，让其更像是一条"双向道"……

在道德心理学中，大象（下意识的自动过程）是大多数行为发生的地方。推理当然很重要，特别是在人与人之间，尤其是当推理触发新的直觉时。大象居于统治地位，但它们既不愚蠢也不专制。直觉可以通过推理来塑造，特别是当推理出现在友好的谈话或感染力强烈的小说、电影或新闻故事中时。

这就为我们提供了三种方法，来改变大象在类似延长健康寿命的结果到底是令人向往还是难以接受这样具有争议性的问题上的观点。人们更有可能在潜在的困难话题上接受建议，如果这些建议：

1. 来自那些被认为是"我们中的一员"的人——也就是说，一个来自相似群体的朋友，而不是一个陌生的外人；

2. 由"扣人心弦的小说、电影或新闻故事"支持；

3. 在大象认为自己的需要得到了很好的理解和支持的背景下。

这些条件中的第一个符合众所周知的科技行业营销原则——即企业需要改变其营销方式，同时跨越一套新技术的少数早期采用者和更大的"早期多数"市场之间的鸿沟。杰弗里·摩尔（Geoffrey Moore）出版于1991年的《跨越鸿沟》（*Crossing the Chasm*）一书让这一理念广为人知，而该书自身又借鉴了埃弗雷特·罗杰斯（Everett Rogers）1962 年的《创新的扩散》（*The Diffusion of Innovation*）的丰富观察。其关键的洞见如下：尽管一个新想法总是不难找到愿意着眼未来的早期采纳者，但它是否能够进入主流市场，依然取决于众多的实用主义者，后者有着强烈的从众本能。一般来说，这些人只有在他们看到自己所属群体中已经有人采纳和认可某个解决方案或理念时才会接受它。

这里便隐藏着一层重要的含义。一项全新的事业，比如预期的恢复年轻态范式，虽然能够靠着主张和口号成功吸引一群最初的支持者，但是想要让潜在的主流支持者做好倾听的准备，这些主张和口号自身往往需要首先改变。比如，谈论永生或意识上传之类的言论，虽然对恢复年轻态的早期支持者很有吸引力，但在运动进入寻求更广泛支持者的阶段时，其效果就可能适得其反了。那些本来可以为长寿红利背书的人完全可能在听到消灭死亡的言论后避而远之。

上述三个条件中的第二条和第三条来自前文提及的 SENS6 会议上的另一位发言者。这位发言者是昆士兰大学的梅尔·安德伍德（Mair Underwood）。她的发言题为《社会在延长生命方面需要什么保证？社会态度研究与电影画面分析发现的证据》。

安德伍德的演讲指出，在《珍爱泉源》（*The Fountain*）、《飞越长生》（*Death Becomes Her*）、《挑战者》（*Highlander*）、《夜访吸血鬼》（*Interview with the Vampire*）、《香草天空》（*Vanilla Sky*）、《道林·格雷》（*Dorian Gray*）等很多广受欢迎的电影中，潜在的恢复年轻者在人物刻画上多少都受到了丑化。这些电影暗示，想要恢复年轻者在情感上是不成熟的、自私的、不计后果的、刁难人的、心胸狭隘的，总体来说是不讨人喜欢的。与此同时，这些电影中的英雄——那些被描绘成冷静、理性、值得称赞和心理健康的人物——都自愿选择不延长他们的生命。

与之相反的是，认可延长寿命的电影就不那么多见了，由朗·霍华德（Ron Howard）导演的《茧》（*Cocoon*）也许就是最著名的例子了。毫无疑问，负面刻板印象在流行电影中普遍存在的一个原因，是反乌托邦往往比乌托邦更叫座。然而，好莱坞的刻板印象又是来自于已存在的文化规范。因此，这些电影其实是反映并放大了已经在普通大众中广泛传播的关于寿命延长的观点：

1. 延长寿命将是无聊和重复的；

2. 长期的关系会变得糟糕；

3. 延长寿命意味着慢性病的延长；

4. 延长寿命的分配不会公平。

为了抵消这些负面观点的影响，并帮助社会从接受衰老的思维范式中跳脱出来，安德伍德给了恢复年轻态支持群体以下建议：

1. 不要在延长寿命的话题上指责公众"愚蠢得惊人"；

2. 保证延长寿命的科学技术及其分配是符合道德和受到监管的，而且理当如此；

3. 缓解社会对于延长寿命是"不自然的"或"扮演上帝"的担忧；

4. 保证延长寿命包括延长健康寿命；

5. 保证延长寿命并不意味着性能力或生育能力的丧失；

6. 保证延长寿命不会加剧社会分化，延长寿命的人不会成为社会的负担；

7. 创建理解寿命延长的新文化框架。

我们一直致力于在本书中遵循这些建议。我们有必要传达积极的愿景，即在恢复年轻态的觉醒中可能出现的那种社会：拥有一个不仅理解寿命的延长，还理解生命的扩展一个全新的文化框架。为了走向死亡的终结——永生，我们必须先超越对死亡本身的恐惧。

第七章 "好范式""坏范式"和"专家范式"

我拼死也要永远活下去。

> 美国喜剧演员与电影明星，格鲁乔·马克斯
> （Groucho Marx），1960 年

如果生命不是永恒的，我又何必出生？

> 剧作家，尤金·伊涅斯科（Eugène Ionesco），
> 1962 年

这些科学的见解似乎处于不确定性的边缘，但是它们看上去依然是如此深奥，如此令人叹为观止，因此，简单认为一切都只是上帝安排，作为观察人类为善与恶而斗争的舞台的理论依然是不足采信的。

> 美国物理学家，理查德·费曼（Richard Feynman），
> 1963 年

对于正反方都拥有根深蒂固的思想和社会根源的辩论来说，改变任何一方的观点都将是一项艰苦的工作。关于是接受衰老的必然性，还是接受创造一个没有衰老的"超人"社会的可能性的争论，无疑就是如此。但我

们可以从类似的一些曾经同样棘手但最终圆满落幕的辩论例子中找到一些鼓励，或吸取一些教训。

视觉错觉和心理范式

我们都熟悉视觉错觉，它可以通过两种不同的方式来感知。例如，一张图可以是鸭子，也可以是兔子，这取决于我们怎么看它；另一张图可以是一个花瓶，也可以是两张相视的脸。还有一张图是动态的，让人烦恼的是，图中的芭蕾舞者既可以被看作是顺时针旋转的，也可以被看作是逆时针旋转的。在所有这些例子中，人们都不可能同时接受两种观点。我们的大脑可以从一个视角跳到另一个视角，但不能同时容纳两个视角。

在科学的发展过程中，有时也会发生类似的事情，差别只是在于，在这种情况下，从一个视角转向另一个视角的努力可能会更加困难。这些时候，两种相互冲突的视角，实质上是在特定的知识领域中的两种不同的科学理论。例如 16 世纪，居于正统地位的亚里士多德理论认为，当物体受到的外力消失，它就会停止运动，但伽利略却提出了挑战性的新观点，即物体这时还将保持匀速直线运动状态。还有，20 世纪初爆发过类似的理论交锋，曾经占主导地位的理论认为，各大陆的位置在整个地球史上一直都是固定的，全新理论则认为，地球上曾经只有一块完整的联合古陆，解体之后才形成了今天这些大陆的前身，并逐渐漂移开来，而当初，南美洲与非洲曾经是一体。

我们下面会简单介绍一些医学领域中科学范式相互冲突的例子，并着力研究"接受衰老"的思维范式与"期待恢复年轻态"的思维范式之间的冲突。不过首先，我们应该更充分地了解一下大陆漂移理论这一有趣且具有启发性的案例。当时，面对"太大、太统一、太雄心勃勃"的大陆漂移说，主流地质学家们的敌意一度看上去还是颇有正当理由的。这一事实足以构成充分的理由，让现在批评恢复年轻态理论的人先停下来思考一番，而不是条件反射般认定这理论就纯粹是天方夜谭。

科学上的敌意

在 20 世纪成长的孩子，看到世界地图时，谁没有因为南美洲和非洲的轮廓相似而惊奇过呢？有没有可能这两块巨大的陆地曾经是一个更大的整体的一部分，而后不知何故分裂了？另一个同样天真的想象当初也曾经同样被视为荒诞不经——北美的东海岸与北非和欧洲的西海岸轮廓大致匹配。这是一个奇特的巧合，还是某种更深层的原因的提示？

主流地质学家抵制这种想法。在他们看来，陆地是固定的，坚实的。天真的学童可以有相反的想法，但严肃的科学家是绝对不可以的。

即使在阿尔弗雷德·魏格纳（Alfred Wegener）和亚历山大·杜托伊特（Alexander du Toit）都著书立说，拿出越来越多资料支持现在的大陆一定是因为某种原因从史前的统一大陆分离并漂移出来的观点时，正统思想也对这些证据不屑一顾。魏格纳和杜托伊特指出，在相距甚远的各大洲不同边缘的动植物化石有惊人的相似之处，它们在过去一定是相邻的。此外，即便是这些大陆边缘的岩层也以令人惊讶的方式匹配，例如，爱尔兰和苏格兰部分地区的岩石与加拿大新不伦瑞克和纽芬兰的岩石非常相似。

然而，魏格纳是个"外行人"。他的博士学位是天文学的，而他的专业是气象学，他并没有地质方面的专业背景。他凭什么来颠覆传统思维？事实上，他在马尔堡大学的讲师职位是没有报酬的——这被视为他不够权威的另一个原因。魏格纳的批评者发现了足够的开火目标：

> 在各大洲边缘精心剪下的地图纸板轮廓显示，所谓的"匹配"远没有那么紧密贴合，两者间的一致性绝不像第一眼看上去那样令人信服。

魏格纳作为一名北极探险家和一名高空热气球驾驶员的背景也成为了嘲笑的目标，对方宣称他患有"偏离极点瘟疫"和"移动地壳疾病"。

当时没有明确的机制来解释大陆是如何漂移的，因为陆地被认为是固定的。

1926年，芝加哥大学的正统派地质学家罗林·张伯林（Rollin Chamberlin）在纽约举行的美国石油地质学家协会会议上大声疾呼：

> 如果我们要相信魏格纳的假设，我们必须忘记在过去的70年里所学的一切，从头再来。

在同一次会议上，耶鲁大学的地质学家切斯特·朗威尔（Chester Longwell）呼吁：

> 我们坚决要求以极度的严格来检验这一假设，因为对该假设的接受将意味着对已经存在了很久，并成为我们当代科学不可分割的一部分的既有理论的抛弃。

几十年后，理查德·康尼夫（Richard Conniff）在《史密森尼》期刊上写了一篇题为《当大陆漂移说被认为是伪科学时》（*When Continental Drift Was Considered Pseudoscience*）的文章，回顾道：

> 年长的地质学家对后辈发出了警告，任何对大陆漂移说感兴趣的迹象都会使他们的职业生涯走向毁灭。

著名的英国统计学家和地球物理学家，同时也是剑桥大学教授的哈罗德·杰弗里斯（Harold Jeffreys）是大陆漂移说的另一个强烈反对者。他认为，大陆漂移是不可能的，因为任何力量都不足以在地球表面挪动大陆板块。他这可不是说说而已。正如宾夕法尼亚州立大学网站上杰弗里斯的传记页面上所记录的，他进行了大量的计算工作来支持自己的观点：

> 他对该学说的主要异议是魏格纳关于大陆如何移动的观点。魏格纳表示，当大陆移动时，它们是在穿过海洋地壳前进的。杰弗里斯计算后得到的结论是，地球太硬了，不可能发生这种情况。根据杰弗里斯的计算，如果地球构造很弱，足以让板块穿过海洋地壳，那么山脉就会在自身的重量下崩塌。
>
> 魏格纳还说，由于潮汐力影响到地球内部，大陆向西移动。杰弗里斯的计算再次表明，如果潮汐力真的如此强大，就将使地球在一年内停止自转。总而言之，杰弗里斯认为，地球太硬，不允许任何重大的地壳运动发生。

对于两块遥远大陆上的植物群和动物群为何能够表现出显著的相似之处，反对大陆漂移说的人提出了自己的看法。例如，有关大陆可能曾经通过细长的陆地桥梁连接，类似于曾经穿越白令海峡，连接阿拉斯加和西伯利亚的陆桥。

简而言之，存在着两种相互冲突的观点——两种相互竞争的范式。每一种范式都面临着它无法以任何完全令人满意的方式回答有关的问题——正统派无法解释巧合问题，新学说无法解释机制问题。在这种情况下，主流科学家的观点至少在一定程度上其实是取决于他们的生活哲学，而不是任何一项证据的内在意义。科学历史学家内奥米·奥雷斯克斯（Naomi Oreskes）指出了一些因素，后者至少对一些主流美国地质学家来说特别重要：

> 对美国人来说，正确的科学方法是实证的、归纳的，而且需要根据其他解释的可能性来权衡观察到的证据的真实性。好的理论也是适度的，紧扣研究对象……好的科学是反专制的，就像民主一样。好的

科学是多元的，就像自由社会一样。如果好的科学为好的政府提供了榜样，那么坏的科学就会威胁到它。在美国人看来，魏格纳的成果就是坏的科学：先提出理论，然后为它寻找证据。它在单一的解释框架上过快就下了结论。它太大，太统一，太雄心勃勃。总之，它被认为是专制的……

美国人拒绝大陆漂移说也是因为均变论的原则。直到 20 世纪初，这种用现在来解释过去的方法论在历史地质学的实践中依然根深蒂固。许多人认为这是解释过去的唯一方法，是均变论使地质学成为一门科学，因为如果没有它，还有什么证据能证明不是上帝在七天内创造了地球，难道要靠化石之类的吗……然而，根据大陆漂移理论，热带纬度的大陆过去不一定有热带动物，因为大陆和海洋的重新组合可能会改变一切。魏格纳的理论带来了一些萦绕在人们心头的忧虑，即现在并不是通往过去的钥匙，而只是地球历史上的一个时刻，和历史上的其他时刻没有任何区别。这不是美国人愿意接受的想法。

大陆漂移说终获认可

深度学习先驱杰弗里·辛顿（Geoffrey Hinton）提供了对大陆漂移思想根深蒂固的抵制的补充说明。他讲述了他父亲的经历，他的父亲是一位昆虫学家：

我父亲是一位相信大陆漂移说的昆虫学家。在 20 世纪 50 年代早期，这还被认为是无稽之谈。到了 50 年代中期，这种学说才卷土重来，被普遍接受。然而，早在三四十年前，一个叫阿尔弗雷德·魏格纳的人就已经想到了这些，然而遗憾的是，他生前没有看到这一天。

这一学说是基于一些非常天真的想法，比如非洲和南美洲的边缘在一定程度上是契合的，所以地质学家只是对它嗤之以鼻。他们称之为胡说八道，或者是白日做梦。

我记得我父亲参与过一场非常有趣的辩论，是关于一种不能走得很远，也不会飞的水甲虫的。在澳大利亚的北部海岸有这种甲虫生活，在数百万年的时间里，它们甚至不能从一条小溪移动到另一条小溪。而研究发现，在新几内亚的北部海岸有相同的水甲虫，与澳大利亚的相比只有轻微的不同。对此，唯一说得通的解释就是，新几内亚岛是从澳大利亚大陆上脱离下来的，而且还翻转了一下，换言之，新几内亚岛的北部海岸和澳大利亚北部海岸曾经是相连的。如果能够看到地质学家对"甲虫挪不动大陆"这一论点的反应，那将会非常有趣。可是，他们拒绝研究这一证据。

以上的描述可能会导致一个结论，即无法解决的僵局已经达成，分属于不同范式的人们甚至不愿意看一眼他们无法解释的证据。事实上，僵局持续了几十年。幸运的是，后来良好的科学风气逐渐成为主流。尽管一些科学家个人依然顽固不化，但科学界作为一个整体，对重大的新证据出现的可能性保持了开放的态度。

首先，在20世纪50年代，地质学家开始把更多的注意力放在古地磁学这一新兴领域上。这一领域研究岩石或沉积物中磁性物质的指向。这种指向在史前岩石中与近代岩石中是不同的，由于测量技术的改进，这种有趣的差异模式日益明显。科学家们由此得出结论：要么这些岩石形成时，地球的磁极处于不同的位置，要么地球的大部分岩石在千万年中移动过。地质学家对这一领域的研究越深，他们发现的大陆漂移说的支持论据就越多。例如，来自印度的岩石样品强有力地表明，印度以前位于赤道以南（而现在它完全位于赤道以北）。

其次，对海底海沟以及深海热泉和海底火山的检测进一步提供了地下流体显著活动的证据。这帮助建立了大陆板块是由海底扩张推动分开的概念。对许多科学家来说，促使他们做出结论的是一项特定测试的结果。奥雷斯克斯讲述了这个故事：

> 与此同时，地球物理学家已经证明，地球磁场的两极曾经反复且频繁地倒转过。磁极倒转加上海底扩张构成了一个可验证的假设：如果在地球磁场倒转的同时海底扩张，那么形成海底的玄武岩将以一系列正向和反向磁化岩石组成的平行"条纹"的形式记录这些事件。

> 自第二次世界大战以来，美国海军研究办公室一直支持用于军事目的的海底研究，并收集了大量的磁测数据。美国和英国的科学家仔细研究了这些数据，到 1966 年……这个假设得到了证实。1967—1968 年，大陆漂移和海底扩张的证据被统一到一个全球框架之下。

最后，随着越来越多的数据与更精细、更复杂的海底扩展模型和由此产生的大陆漂移联系起来，科学共识发生了相对迅速的变化。

与此同时，那些先前使一些科学家倾向于反对大陆漂移说的强有力的哲学立场——比如偏爱"适度"理论，偏爱均变论而非任何灾变论——已经失去了生命力，已经无法独力推翻那些具有强大解释和预测能力的理论。

洗 手

在大陆漂移案例中适用的原则也适用于医院洗手消毒案例。如果说，在第一个案例中，阿尔弗雷德·魏格纳是科学悲剧的受害者——他于 1930 年在格陵兰悄无声息地死去，远远早于他的假说得到广泛认可，那么伊格纳兹·塞麦尔维斯（Ignaz Semmelweis）则是第二个案例中的受害者。

塞麦尔维斯收集了一些实验数据来支持改善医院的卫生条件，但他的学说在当时并没有得到什么尊重。他变得严重抑郁，被关在一个精神病院里，在那里他被警卫殴打，还被穿上了拘束衣。他在进入精神病院的两周后就去世了，享年47岁。

大约20年前，即1846年，年轻的塞麦尔维斯被任命为维也纳总医院产科的一名重要的医疗助理。该医院有两个产科诊所，市民们已经知道其中一个诊所的死亡率（10%及以上）大大高于第二个诊所（4%）。第一个诊所中，大量女性死于产褥热。塞麦尔维斯花了很多精力，试图找到产生这种差异的原因。他最后观察到，在第一个诊所实习的医科学生在到产科病房检查孕产妇之前，经常进行尸体解剖工作；在第二个诊所没有这样的学生。这是一个敏锐的经验观察。

根据他的观察，塞麦尔维斯推测，第一个诊所中的实习医生手上携带的某种来源于尸体的微观物质是造成该诊所高死亡率的原因。他引入了一套严格的使用氯石灰溶液的洗手系统。这一过程可以去除医生手上的尸体气味，这是使用肥皂和水的常规清洗无法做到的。孕产妇死亡率急剧下降，并在一年内降为零。

从现代的视角来看，我们可能会觉得理当如此，相反，我们倒会对以前的医生不常洗手感到惊讶。然而，我们需要看到，这一切是发生在路易斯·巴斯德提出"细菌致病学说"的几十年前。当时，人们普遍认为疾病是通过"不洁空气"（瘴气）传播的。事实上，由于缺乏对细菌的认识，当时的医学正统派拒绝了塞麦尔维斯关于更广泛地引入严格的洗手方法的建议。

就像100年后阿尔弗雷德·魏格纳受到的种种批评一样，当时很多科学家认为塞麦尔维斯的主意太出格了：管得太远，也太容易造成混乱。塞麦尔维斯声称，一个单一的原因，即糟糕的卫生状况，是造成医院疾病的很大一部分原因。这与当时流行的医学理论背道而驰，后者认为，每个病人的疾病都有其独特的原因，因此需要有为其量身定制的诊断和治疗，把一切都归咎于糟糕的卫生状况的想法太奇怪了。

下功夫洗手的做法似乎也至少得罪了一部分医生，他们自以为是绅士级别的个人卫生，在新理念之下不知何故就似乎低于标准了，这让他们觉得受到了冒犯。他们更不能接受的是，他们个人居然对他们所检查的病人的死亡负有责任。

1848 年，塞麦尔维斯失去了在维也纳总医院的职位。那一年正是欧洲大革命之年，医院负责人在政治上是保守派，越来越不信任塞麦尔维斯，因为塞麦尔维斯的一些兄弟积极参与了匈牙利脱离奥地利的独立运动。这种政治分歧加剧了已经充满矛盾的人际冲突。塞麦尔维斯离开了医院，卡尔·布劳恩（Carl Braun）接替了他的工作。值得注意的是，塞麦尔维斯在任时制定的卫生措施，大部分都被布劳恩废除了。布劳恩后来出版了一本教科书，列举了 30 种不同的产褥热病因。塞麦尔维斯发现的机制，即由从尸体中带来的微观物质导致的中毒，被列为并不受重视的第 28 种。诊所的孕产妇死亡率再次上升，因为对适当卫生的关注被改善通风系统的偏好所取代，而这种偏好正是当时的主流不洁空气范式的产物。因此，在这家诞生了突破性见解的医院里，正统派传统的压倒性力量最终还是导致了许多妇女不必要的死亡。整个欧洲都沿袭着类似的令人沮丧的模式，直到约翰·斯诺（John Snow）、约瑟夫·李斯特（Joseph Lister）和路易斯·巴斯德等人的研究积累了大量支持细菌致病学说的独立证据。到了 19 世纪 80 年代，彻底的消毒清洗已成为标准惯例，不洁空气范式被细菌理论所推翻。

医疗行业的既定做法与职业的基本原则"首先，不伤害"相去甚远，这不是第一次，也不会是最后一次。医生的错误思维导致了糟糕的卫生状况，因此造成了大量不必要的伤害。这种违背希波克拉底誓言的行为固然是因为知识的阙如（细菌致病理论尚未诞生），但同时也是受先前的习惯和思维方式的影响。

在我们看来，接受衰老的思维范式其实也是一样。它之所以持续存在，固然是因为知识的阙如（恢复年轻态生物技术所取得的进展有限），但同时也是由于受到先前的习惯和思维方式的影响。当然，那些沉浸在这种范式中的人往往不会这么看。

医学范式转换与抵制

伊格纳兹·塞麦尔维斯经常被认为是"循证医学"这一更广泛原则的主要先驱之一。他通过发现医务人员的行为差异和观察死亡率的变化来检验他关于产褥热病因的假设。他的观察排除了两个诊所死亡率差异的一些潜在原因——不同的社会经济地位，母亲在分娩时采取的不同的身体姿势等。当新的消毒洗手常规被引入时，结果是戏剧性的。

然而，正如我们所见，这一证据未能被与之相竞争的范式所采纳，后者认为不洁空气更可能是致病的罪魁祸首。这种范式的支持者重新解释了死亡率的变化，说这可能是因为其他的原因——比如改善了通风。不幸的是，当时并没有进行严格的测试来分辨这些不同理论的真伪。虽然那时已经有了塞麦尔维斯这样有远见的人，但是我们今天应用于医学疗效试验的原则却还没有得到透彻的理解。这些原则包括：

1. 对照——接受新治疗的病人与不接受该治疗的"对照组"进行比

较（他们可能会接受安慰剂代替），但在其他条件上这两组患者应当尽可能保持一致；

2.相似随机化——在"对照组"和"试验组"之间随机分配患者，以防止选择中的偏差（有意识或无意识的）破坏结果；

3.统计意义——设计测试以避免被不时自然发生的概率偏差所误导；特别是小样本量的测试几乎没有价值；

4.重复性——每次都由不同的临床医生参与的重复试验；如果出现相同的结果，这将更有力地说明拟建议的治疗的潜在可靠性。

事实上，"循证医学"一词只有几十年的历史。关于它的第一篇学术论文发表于1992年。这个术语是为了区别于"临床判断"的普遍实践而引入的。"临床判断"指的是医生根据自己的预感和直觉来决定潜在的治疗方法，而预感和直觉又反过来受医生个人的长期经验所训练。"临床判断"的另一个常用术语是"医学艺术"。

1972年，苏格兰医生阿奇·科克伦（Archie Cochrane）的著作《有效性与效率：对卫生服务的随机反思》（*Effectiveness and Efficiency: Random Reflections on Health Services*）强调了依赖"临床判断"的弊端。科克伦对他的医疗同行的许多想法和实践持强烈的批评态度。他指出：

1.早期公共卫生改善在很大程度上是由于卫生等环境因素的改善，而不是医疗本身的改善；

2.医生承受着来自患者的巨大压力，即患者要求为其开具处方或提供一些其他治疗，尽管没有临床证据证明这种基于"临床判断"的治疗方法的有效性，他们很可能会照做；

3.有些患者在接受特定疗程的治疗后恢复，这一事实并不能证明"临床判断"的有效性；相反，恢复可能是由其他因素造成的（包括身体有自愈的功能）；

4.有些患者认为某些疗程的治疗后他们的状况得到好转,同样的,这一事实并不能证明"临床判断"的有效性。

科克伦指出,在他写这本书的时候,一般人信奉的价值观是更可能被"观点"而不是"实验"所打动:

在测试假设时,公众和一些医学人士似乎仍然对"临床判断"的观点、观察和实验的相对价值存在相当大的误解。

在过去的20年里,单词用法的两个最显著的变化是,与其他类型的证据相比,"观点"(Opinion)一词的频率有所提升,而"实验"(Experiment)一词的频率则有所下降。"观点"的升级无疑有许多原因,但我确信,其中最有力的原因之一来自电视采访者和制片人。他们希望一切都是简短的、戏剧性的、非黑即白的。任何关于证据的讨论都被认为是冗长、枯燥和乏味的。我很少听到电视采访者问别人某一特定陈述的证据是什么。好在这通常无关紧要,电视采访者只是想娱乐大众(因此他们才会对流行歌手关于神学的看法感兴趣),但当他们处理医疗问题时,对证据的考察可能是很重要的。

"实验"一词的命运是非常不同的……它已经被记者接管并降级……现在使用中更倾向于古老的原意,即"尝试任何事情的行动",因此无休止地在"实验"剧院、"实验"艺术、"实验"建筑和"实验"学校中被提到。

对于医疗实践,科克伦不乏溢美之词。他描述了一些积极的例子,可以作为未来调查的模板。例如,结核病有效治疗方法的开发,其中包括在第二次世界大战后的岁月里广泛使用的随机对照试验。他赞扬医生在组织不同"治疗性"或"遏制性"治疗实验时采取了对照实验的方法,远远领先于其他专业人士,如法官和校长。然而,正如科克伦指出的那样,通过仔细的实验,一些极度流行的观点最终被证明是错误的,这样的例子在医学史上不胜枚举：

1. 扁桃体切除术，特别是针对儿童的扁桃体切除术，曾经被认为是一种近乎万能的方法，并被广泛应用，但在 1969 年对相关证据进行了一次批判性评价后［在一篇题为《惯例手术——包皮环切术和扁桃体切除术》(Ritualistic Surgery — Circumcision and Tonsillectomy) 的文章中］，现在这种手术的频率要低得多。

2. 硫代硫酸金钠 (Sanocrysin) 是一种金化合物，在 20 世纪 20 年代作为结核病治疗药物在美国流行；一位医生在 1931 年发表了一项基于 46 名患者的试验结果，并宣称该药物是"杰出的"。然而，该试验没有对照组；所有 46 名患者都接受了该药物治疗。同年，底特律的一群其他医生从 24 名结核病患者中随机选择 12 名组成子集进行了药物试验。剩余的对照组病人在自己不知情的情况下接受的只是无菌水注射（安慰剂治疗）。这一次的结果是决定性的：对照组患者更有可能存活。之前被誉为特效药的硫代硫酸金钠被证明名不副实。

3. 强迫卧床休息是另一种长期流行的结核病治疗方法，直到 20 世纪 40 年代和 50 年代的测试表明，这种方法实际上是有害的而不是有益的：仰卧的病人会因为咳嗽而产生额外的并发症。这项研究结束后，世界各地的相关疗养院纷纷关闭。

与此同时，科克伦还展示了一些案例，这些案例中所谓的临床专业知识并不像其从业者所声称的那样可靠。德劳因·伯奇 (Druin Burch) 在他 2009 年出版的《药物简史》(Taking the Medicine) 中讲述了以下情节：

心电图 (ECGS) 是对心脏电活动的记录……心脏病学家声称自己的心电图阅读能力超过其他医生。科克伦随机抽取了一些心电图，并将其副本发给四位不同的高级心脏病专家，询问他们曲线说明了什么。科克伦比较了这些专家的意见，发现这些专家只在 3% 的部分上达成了一致。虽然他们坚信自己能够通过读图发现"真相",但是这份信心其实并不成立。至少在每100次当中,有97次都有专家读错了。

科克伦对牙科教授进行了类似的测试,在让他们评估相同的口腔时,他发现诊断技巧只能在一件事上始终达成一致:牙齿的数量。

在1988年科克伦去世后,为了纪念他,科克伦的姓氏于1993年被用于命名和注册了一个新成立的组织,即科克伦协作组织(Cochrane Collaboration)。该组织将其工作描述如下:

1.科克伦的存在是为了使医疗保健决策变得更好;

2.在过去的20年里,科克伦帮助改变了人们做出健康决策的方式;

3.我们从研究中收集和总结最好的证据,以帮助您做出明智的治疗选择;

4.科克伦适合任何对使用高质量信息来做健康决策感兴趣的人,无论您是医生或护士,病人或护理者,研究人员或资助者,科克伦的证据都为您提供了一个强大的工具,以提高您的医疗保健知识和决策能力;

5.来自130多个国家的3.7万名科克伦证据贡献者共同努力,提供可信的、可获取的、不受商业赞助和其他利益冲突影响的卫生信息。

科克伦协作组织,致力于实现由阿奇·科克伦等人开创的循证医学的愿景,这在现在被认为是一项极其重要的任务。截至2009年,科克伦协作组织官网上的《科克伦评论》(Cochrane Reviews)以每三秒一次的速度被下载。目前最受欢迎的下载内容是关于以下主题的相关证据的回顾:

1.针灸治疗紧张型头痛;

2.助产士主导的连续性模式与其他产妇护理模式的对比;

3.预防社区老年人跌倒的干预措施;

4.预防健康成年人流感的疫苗。

在这些领域,以对实验证据的仔细调查来辅助直观的"临床判断"是非常有用的——这些证据往往证伪了那些专家的预期。

如果不了解循证医学的历史,很难想象它在被更广泛地接受之前受到了多大的敌意。最初对临床判断的批评被广泛抵制:

> 资深医学专业人士担心,他们来之不易的隐性知识会被非黑即白的循证医学运动低估。

> 这些专业人士坚持认为,病人需要作为个人来对待,而不是像新的医学教科书中所描述的那样,被强行归入少数机械分类之一。

放　血

让我们看看最后一个颇具说明力的例子——放血。放血,即从病人体内取出血液——通常使用水蛭,作为一种治疗方法被广泛提倡已有2000多年。它被推荐用于治疗包括痤疮、哮喘、糖尿病、痛风、疱疹、肺炎、坏血病、天花和肺结核在内的一系列疾病。其早期的著名支持者包括古希腊的希波克拉底(Hippocrates)和古罗马的盖伦。漫长的时间中,这种做法也不时会遭遇一些著名的批评者,包括在17世纪20年代发现人体血液循环规律的威廉·哈维(William Harvey),但放血仍继续被广泛使用。D·P·托马斯(D.P. Thomas)2014年在《爱丁堡皇家内科医学院学报》(*Royal College of Physicians Edinburgh*)上写道:

> 早期的医生对于采用放血疗法的热情在今天看来着实令人吃惊。

巴黎医学院院长盖伊·帕廷（Guy Patin，1601—1672），进行了 12 次放血来治疗他妻子的胸部"肿块"，20 次放血来治疗他儿子的持续发烧，7 次放血来治疗他自己的"头部感冒"。查尔斯二世（Charles Ⅱ，1630—1685）在中风后被采用放血的疗法，乔治·华盛顿（George Washington，1732—1799）将军患有严重的喉咙感染，曾在几个小时内被放血 4 次。从他身上抽取的血量估计在 5—9 品脱之间。虽然他是个强壮的人，但他的身体也经不起医生的错误治疗，这种治疗似乎也加速了他的死亡。

托马斯接着提到本杰明·拉什（Benjamin Rush）的例子：

> 本杰明·拉什（1746—1813）是一位杰出的美国医生，也是《独立宣言》的签署人之一，他坚信放血是最好的治疗方法……在 1793 年费城黄热病流行期间，拉什对他的病人进行了放血和清血……

> 拉什的方法是一个有益的警示，提醒人们对传统方法的价值持有坚定信念的危险，并强调对所有形式的治疗进行批判性、循证评估的必要性。

19 世纪人们开始收集有关放血效果的系统证据。法国人皮埃尔·查尔斯·亚历山大·路易斯（Pierre Charles Alexandre Louis）分析了 1828 年 77 例肺炎患者的数据，结果显示放血治疗往最好里说，对康复的贡献也微乎其微。然而，许多执业医师却忽视他的调查结果，宁愿依靠他们自己的个人经验，同时坚持相信可追溯自希波克拉底和盖伦的传统疗法的力量。

19 世纪下半叶，爱丁堡大学的约翰·休斯·贝内特（John Hughes Bennett）评估了美国和英国医院存活率的附加数据。他指出，举例来说，他在爱丁堡皇家医院工作了 18 年，在他自己治疗的 105 例肺炎标准病例中，没有进行任何放血治疗，也没有一个病人死亡。相比之下，在医院其他医生治疗下接受放血治疗的患者中，至少有三分之一死亡。但尽管有这些数据，休斯·贝内特还是遭到了同行的激烈批评。托马斯评论道：

从今天的角度来看，路易斯和贝内特开创性工作中最令人惊讶的方面，也许是医学界接受他们强有力证据的速度是多么缓慢，特别是在肺炎的治疗方面。贝内特当时正试图引入一种更科学的方法来识别和治疗疾病，包括实验室观察和结果统计分析。然而，这种方法与更传统的临床医生的方法相冲突，后者继续依靠自己的经验，仅基于临床观察。尽管越来越多的人对这种治疗产生怀疑，但关于放血的争论一直持续到 19 世纪下半叶，甚至持续到 20 世纪。

杰瑞·格林斯通（Gerry Greenstone）2010 年在《不列颠哥伦比亚医学》（*British Columbia Medical Journal*）期刊上撰文，反思了为什么放血持续这么长时间，一直持续到 20 世纪中叶的问题：

我们可能会想，为什么放血的做法持续了这么长时间，特别是当维萨柳斯和哈维分别在 16 世纪和 17 世纪的发现暴露了盖伦的解剖和生理学的重大错误之后。然而，正如 I·H·克里奇（I.H. Kerridge）和 M·罗威（M. Lowe）所说的："放血疗法存在如此之久并不是心智异常——它是社会、经济和认知压力的动态互作的结果，这一过程持续决定着医疗实践。"

以我们目前对疾病生理学的理解，我们可能会忍不住嘲笑这种治疗方法。但是 100 年后，医生会怎么看待我们现在的医疗实践呢？他们可能会惊讶于我们对抗生素的过度使用，我们的多药倾向，以及像放疗和化疗这样迟钝而生硬的治疗。

所谓"100 年后"也就是那么一说。在我们看来，也许只要 10—20 年的时间，医生们就很可能会在回顾当今的实践时会因为一个发现而深感惊讶——衰老受到的关注如此之少，而恢复年轻态生物技术则更少有人会感兴趣。

不过，正如我们已经看到的，范式具有深远的影响。上面引用的 I·H·克里奇和 M·罗威的话也表达了同样的观点：医疗实践产生于"社会、经济和认知压力的动态互作"。

当然，不仅仅是专家，每个人都可能犯错。为了讽刺地结束这一章，让我们记住美国选美皇后海瑟·怀特斯通（Heather Whitestone）的惊人表现，她是 1994 年的亚拉巴马州小姐，并在 1995 年摘得"美国小姐"桂冠。当在选美比赛中被问到她是否想要长生不老时，她回答说：

> 我不会永远活着，因为我们不应该永远活着，因为如果我们应该永远活着，那么我们早就会永远活着了，但我们不能永远活着，所以我不会永远活着。

第八章　B 计划：冷冻保存

死后才被冷冻保存是第二糟糕的事，最糟糕的事是连死后都没有被冷冻保存。

编剧、演员、制片人，本·贝斯特（Ben Best），

2005 年

假如人体冷冻真是一个骗局的话，它本应该有更好的营销，也更受欢迎的。

加州大学伯克利分校机器智能研究所联合创始人，

埃利泽·尤德科夫斯基（Eliezer Yudkowsky），

2009 年

人体冷冻是一场试验，你是想加入"对照组"还是"试验组"呢？

计算机科学家、阿尔客生命延续基金会董事，

拉尔夫·默克尔（Ralph Merkle），2017 年

我们估计，实现人类恢复年轻态的第一批生物技术疗法将在本世纪20 年代实现商业化，纳米技术疗法在 2030 年实现商业化，然后到 2045年完全实现控制和逆转衰老。不幸的是，在那之前，人们还会继续死去。

对于大多数人来说，恢复年轻态都来得太晚了。之所以说已经太晚了，要么是因为他们已经在本世纪或之前的某个世纪老了、死了，要么是因为他们虽然还活着，但很可能会在有效的恢复年轻态疗法被广泛应用之前死去。不管怎样，他们都属于"BR时代"——"前恢复年轻态时代"（the Before-Rejuvenation Era）。

然而，在广泛的恢复年轻态推动者人群中，一些研究人员提出了大胆的建议——BR时代的人也许还有重生的希望。

总的来说，这些想法形成了一套激进的替代方案，并补充了我们在本书前几章中讨论过的"A计划"方案（注：关于"A计划"的方案，参见第四章中"神奇旅程"一节）。

通往永恒的桥梁

正如我们前面所讨论的，无限寿命在几十年后是可能的，但在那之前我们能做些什么呢？可悲的事实是，在未来的若干年里人们还会继续死去，而我们今天知道的能相对较好地保存自己的最佳方法，就是冷冻保存。我们可以说，在"A计划"到来之前，冷冻保存是人类实现永生的"B计划"。

人类当代的冷冻保存，或简单地称为冷冻，始于1962年。当时，美国物理学家罗伯特·埃廷格（Robert Ettinger）发表了《永生的前景》（*The Prospect of Immortality*）一书，谈到了冷冻患者，等待未来更先进的医疗技术来治愈包括衰老在内的疾病的思路。虽然人类的冷冻保存在当时可能是致命的，但埃廷格认为，今天的致命在未来也可能是可逆的。同样的论点也适用于死亡过程本身，即临床死亡的早期阶段在未来可能是可逆的。

结合这些想法，埃廷格提出，冷冻刚去世的人可能是一种拯救生命的方法。基于这些想法，埃廷格和其他四位同事于 1976 年在密歇根州底特律成立了人体冷冻研究所。第一个病人是埃廷格的母亲，她于 1977 年被冷冻保存。她的身体被冷冻在液氮的沸点下（-196℃）。

与此同时，在加利福尼亚，弗雷德·张伯伦和琳达·张伯伦（Fred and Linda Chamberlain）于 1972 年创立了另一个冷冻保存机构，名称为阿尔科生命延续基金会（Alcor Life Extension Foundation）。他们的第一个病人出现在 1976 年，是弗雷德·张伯伦的父亲，他接受了只有头部被冷冻保存的神经冷冻保存。阿尔科于 1993 年搬到亚利桑那州的斯科茨代尔，远离地震频发的加州，其主席多年来一直是英国哲学家和未来学家马克斯·莫尔（Max More），他解释说：

> 我们把它看作是急诊医学的延伸……我们只是在当今医学对病人放弃的时候接手。你可以这样想：50 年前，如果你走在街上，有人在你面前倒下，停止了呼吸，你会对他进行检查，判断他已经死了，然后处理后事。今天我们不会这样做，而是采取心肺复苏之类和其他各种急救手段。我们现在知道了，50 年前我们以为的"死人"，实际上还没死。人体冷冻同理，我们只需要阻止他们的情况变得更糟，等待未来更先进的医疗技术解决问题。

> 几个病人决定只保存头部。有些人这样做是出于经济原因；另一些人则认为，人类的身份和记忆都储存在大脑中，因此没有必要对整个身体进行冷冻保存，后者完全可以使用各种技术重建。

人体冷冻研究所只进行全身冷冻保存，而阿尔科则同时进行神经冷冻保存和全身冷冻保存。到目前为止，人体冷冻研究所已经拥有超过 200 名冷冻保存的病人和超过 1000 名成员，而阿尔科也有类似数量的病人（其中大约 3/4 是神经冷冻病人）和成员。这两个美国主要的冷冻保存中心每个月都有新的病人和成员加入，他们还提供 DNA 和组织样本的冷冻服务，甚至有宠物和其他动物的冷冻保存服务。人体冷冻研究所对用于全身冷冻保存服务收取 2.8 万美元至 3.5 万美元之间的费用 [不包含 SST，即待命（Standby）、稳定（Stablization）、传输（Transport）的高昂成本]。阿尔科对神经冷冻保存服务收取 8 万美元，对全身冷冻保存服务收取 20 万美元（包含了 SST 的高昂成本）。

鉴于病人和成员的数量仍然相对较少，在 2005 年克里奥鲁斯于莫斯科郊外成立之前，人体冷冻研究所和阿尔科实际上是世界上仅有的两个冷冻保存组织。今天，在阿根廷、澳大利亚、加拿大、中国、德国以及美国加利福尼亚州、佛罗里达州和俄勒冈州，也有一些小机构计划建立或已经建立了人类冷冻保存的新设施。

冷冻技术是如何运作的?

到目前为止，还没有人在冷冻保存后复苏，但这也正是因为我们仍然不知道如何治愈导致这些病人在冷冻前受到末期疾病折磨的病症。然而，由于技术的指数级进步，我们很有可能在未来的几十年里恢复病人的生命。美国未来学家雷·库兹韦尔谈到了 21 世纪 40 年代前后对冷冻保存的病人进行第一批复苏的前景：他们将在时间上逆序地从最晚接受这项技术的病人开始，因为后者将是被更先进的冷冻技术所保存的，然后直至最早的冷冻保存病人。

这一构想的概念验证（Proof of concept，POC）是，冷冻技术已经在不同的活细胞、组织和小生物上实现了。缓步动物水熊是一种微小的多细胞生物，如果它们体内的大部分水分被海藻糖取代，那么它们就能因海藻糖会阻止细胞膜结晶而存活下来。几种脊椎动物也能忍受冷冻，一些生物通过固体冷冻和停止其生命机能来度过冬天。一些种类的青蛙、海龟、蝾螈、蛇和蜥蜴可以在冻结的情况下生存，在寒冷气候中越冬后再彻底苏醒。生活在两极附近的一些细菌、真菌、植物、鱼类、昆虫和两栖动物种类已经进化出能使它们在冷冻条件下生存的冷冻保护剂。

以提出有关地球生命的盖亚假说而闻名的英国科学家詹姆斯·拉伍洛克（James Lovelock）也许是第一个试图冷冻动物并使其复苏的人。在1955年，拉伍洛克在0℃环境下冷冻了一些大鼠，然后用微波透热法成功地复苏了它们。最近，美国国防高级研究计划局（DARPA）已经开始资助对"暂停生命"的研究。暂停生命本质上就是"关闭"心脏和大脑，以便以后可以为某些病人提供适当的治疗，这可以被认为是人类冷冻保存的一个步骤。如今，卵子、精子甚至胚胎都被冷冻保存，以便在将来被复苏。冷冻卵子和精子已经被用于动物繁殖，无数人类胚胎也被冷冻保存，随后在没有先天性问题或任何其他问题的情况下发育。此外，血液、脐带、骨髓、植物种子和各种组织样本现在也正在不断按照惯例被冷冻和解冻。冷冻技术最近取得的巨大成功之一是，2017年，一个冷冻了近25年的胚胎成功诞生为人。

我们相信，通过使用先进的技术，今天被冷冻保存的人们在未来可以复苏。有越来越多的科学文献论证了冷冻技术的可行性。一些知名科学家共同签署了一封支持人体冷冻的公开信，其中包括奥布里·德格雷和被认为是人工智能之父之一的美国科学家马文·明斯基，明斯基在2016年去世时接受了冷冻保存：

人体冷冻技术是一项合法的基于科学的努力，它寻求通过现有的最佳技术来保存人类，特别是人类的大脑。可以预想到的未来复苏技术包括纳米医学的分子修复、高度先进的计算、细胞生长的详细控制，以及组织再生。

鉴于这些发展，一种可信的可能性已经展露出来，即在目前可实现的最佳条件下进行的人体冷冻可以保存足够的神经信息，从而使一个人最终恢复到完全健康。

选择冷冻是重要的人权，应该得到尊重。

2015 年，来自利物浦大学、剑桥大学和牛津大学的一批科学家在英国建立了一个人体冷冻研究网络，以鼓励和促进人体冷冻研究及其应用，包括人类冷冻保存实践。得益于这些进步，世界上越来越多的人开始意识到人体冷冻保存是可能的，特别是在已经有了概念验证的情况下。

俄罗斯的冷冻保存：访问克里奥鲁斯

熟悉冷冻学的人都听说过美国的两个主要冷冻保存组织：密歇根底特律附近的人体冷冻研究所和亚利桑那州斯科茨代尔的阿尔科。不过，没有多少人知道，2005 年，在俄罗斯未来学家丹尼拉·梅德韦杰夫（Danila Medvedev）的领导下，莫斯科郊外也成立了一家冷冻保存机构。

在 2015 年与梅德韦杰夫的会晤中，我们参观了位于莫斯科东北约 70 公里处的美丽古城谢尔吉耶夫镇的克里奥鲁斯（KrioRus）公司。谢尔吉耶夫镇是一个著名的宗教和旅游胜地，拥有俄罗斯最大的修道院之一——由圣谢尔盖·拉多涅日斯基（St. Sergius of Radonezh）于 14 世纪创立的谢尔盖圣三一修道院。谢尔吉耶夫镇看上去是一个非常适合冷冻保存的地方，因为它曾经是俄罗斯圣徒和君主的传统安息之地。克里奥鲁斯发展迅速，并正在考虑扩大其规模或搬到莫斯科附近的另一个地点，在那里，他们还可以为临终病人建立一个带有辅助设施的临终医院，以及一个具有更强研究能力的冷冻保存设施。

与阿尔科和人体冷冻研究所相比，克里奥鲁斯的发展速度堪称惊人。在短短 10 多年的时间里，克里奥鲁斯成功地冷冻了超过 50 个人和几十只宠物，包括许多狗、猫、鸟类，以及一只栗鼠。克里奥鲁斯的第一位病人是 2005 年的利季娅·费多伦科（Lidiya Fedorenko），她先在干冰上被冷冻了几个月，直到第一个容器——"低温恒温器"准备就绪。梅德韦杰夫的祖母是另一位目前处于神经冷冻保存之下的病人。克里奥鲁斯与人体冷冻研究所一样使用低温恒温器——由玻璃纤维和树脂制成的充满液氮的大型容器，而不是像阿尔科那样使用的更昂贵的单个杜瓦瓶。所有在克里奥鲁斯冷冻保存的病人、宠物和组织都被储存在克里奥鲁斯专门设计的两个大型冷冻箱中。克里奥鲁斯从中已经获得了足够的经验来为其新设施建造新的冷冻箱，此外他们还计划在瑞士开设一个新的中心。

克里奥鲁斯公司对神经冷冻保存服务收取 1.2 万欧元的费用，对全身冷冻保存服务收取 3.6 万欧元，不包括 SST 的高昂成本，且这些费用因病人的起运地点不同而有很大差异。动物和组织的冷冻保存比较便宜，具体价格视体积大小和其他特殊条件而定。在过去的 10 年中，克里奥鲁斯不仅成功地吸引了来自俄罗斯的病人，而且还吸引了来自其他欧洲国家的病人，如意大利、荷兰和瑞士，以及来自更远的澳大利亚、日本和美国的病人。与阿尔科的情况一样，超过一半的患者是选择神经冷冻保存的。克里奥鲁斯的相对快速发展表明，有效的和可负担的服务有助于推广冷冻保存技术。

我们再次强调，生命是为了活着而产生的，而不是为了死亡。我们期望到本世纪中叶能找到治愈衰老的方法，但要实现这一点，就必须向衰老宣战。同时，人体冷冻是 B 计划。概念验证已经显示无限寿命是可能的（A 计划），人体冷冻也是可能的（B 计划）。现在，我们需要更多的科学进步来解决技术问题，因为我们已经知道这是可能的，我们越早做到，对人类就越好。失去每一个生命无疑都是一场悲剧，不仅是个人的悲剧，也是整个社会的损失，但我们可以阻止它的发生。随着死亡之终结——永生的到来，我们将迈向无限延长的人类寿命！

一辆驶向未来的救护车

救护车的发明可以说是医学史上最重要的创新之一。如果有人受伤或突然发病，救护车能否及时到达可以说是决定生死的关键。这样的人是"错误的地点"的受害者，他们需要医疗帮助，但当时他们所在的地点不能立即得到医疗救助。然而，救护车意味着他们可以被运送到一个拥有充分医疗资源——设备、药品和训练有素的医疗专业人员——的地点进行治疗。

观察家们可能对任何特定救护车服务的费用提出质疑。一些批评者可能会说，救护车服务可以以更低的成本提供，同时仍然能够满足病人对它的大多数需求。然而，很少有人抱怨救护车服务的理念。你不会听到任何人说，如果有人在医院之外突然发病，不管情况多糟糕，他们都应该坚忍地接受自己的命运。同样，也没有任何人会说那些为他们受伤的父母、孩子或兄弟姐妹要求救护车服务的家庭成员是自私或不成熟的。相反，社会认同这样一种观点，即要求将病人从最初的危险地带迅速、安全地运送到能够妥善处理医疗紧急情况的地方是理所应当的。这样，伤者就有机会接受治疗，并继续活下去，可能还能活上几十年。

然而，想想我们对那些在"错误的时间"遭受紧急医疗情况的人的态度吧。他们碰巧得了一种疾病，这种疾病将要夺去他们的生命，但是医学科学很可能在，比如说 30 年后，治愈这种疾病。为这样的人提供一辆可能的"驶向未来的救护车"，这种理念我们应该如何看待？为了便于讨论，假设这样一辆"救护车"至少有 5% 的可能会起作用。确切地说，我们现在讨论的机制是人的低温冷冻保存，在这种方式下，他们进入某种类似于深度昏迷的状态，所有正常的生理过程都暂停了。我们应该接受这种"救护车"的可能性吗？还是应该敦促紧急医疗危机的受害者放弃思考这种可能性？换言之，我们应该劝他们坚忍地接受自己的命运（即将到来的死亡）吗？如果他们的任何家庭成员希望在将来能够与垂死的亲人交谈和互动，因此要求提供这种"救护车"服务，我们应该指责这些家庭成员自私或不成熟吗？

当然，这个类比远不完美。用救护车载着病人完成跨越空间距离的旅程，将他们送进医院，我们已经有过太多成功的例子，但是使用人体冷冻技术，让病人的身体在低温下"生命悬停"，完成跨越几十年时间距离的旅程，的确直至目前都没有完成过。我们可以看到保存人体冷冻病人的储存箱的照片，可是，谁也不能担保医疗技术就一定会进步到确保这些病人能够成功复苏的地步。

反对人体冷冻的观点一定程度上可以说与反对恢复年轻态的观点异曲同工。一些批评人士说，人体冷冻技术不可能成功：将人从如此低温状态唤醒的技术挑战是极其困难的。尽管我们小心地使用了防冻剂、冷冻保护剂和其他复杂的化学药物，但将身体降至超低温的过程可能会对身体造成无可挽回的损害。毕竟，这些化学物质本身就是有毒的，而且冷却大型器官的过程还可能会导致碎裂。其他评论家说，人体冷冻甚至从一开始就不应该被考虑，因为它在道德上是错误的。他们声称这是对宝贵资源的滥用，是一个邪恶的妄想，是一个金融骗局，甚至更糟。

我们对这些批评的回答和我们对恢复年轻态所受批评的回答一样，都是完全不能同意。这两种批评其实都一样，其中大多数都是要么是因为信息不足，要么是基于错误的推理，又或者是其他（通常被压抑的）晦暗不明的潜在动机的产物。我们承认，无论是恢复年轻态还是人体冷冻，工程任务都是困难重重。但是即便如此，我们也找不到任何说明这任务无法完成的理由。随着时间的推移，我们完全可以创造出高质量的解决方案。在这两个领域，我们都已经看到一系列早期进展和证据，为最终全面的工程解决方案指明了方向。

低温治疗就是人体冷冻技术取得早期进展的领域之一。1999 年，实习医生安娜·巴根霍尔姆（Anna Bågenholm）在挪威北部一个偏远地区的陡峭山坡上滑雪时，掉进了一条冰冻的山涧。当救援直升机到达时，她已经在冰冷的水中浸泡了 80 分钟，血液循环已经停止了 40 分钟，正如随后《柳叶刀》的一篇文章所报道的那样，她"从 13.7℃ 的意外低温症和血液循环停止中复苏"。大卫·考克斯（David Cox）在《卫报》发表了题为《在生与死之间——低温治疗的力量》（*Between Life and Death – the Power of Therapeutic Hypothermia*）一文，提供了更多的细节：

当巴根霍尔姆被带到特罗姆瑟的北挪威大学医院时，她的心脏已经停止跳动超过两个小时了，她的体温骤降到 13.7℃。从任何意义上说，她在临床上都可以被判定为死亡。

然而，在挪威，有句老话在过去的 30 年里一直流传着，"死亡时不温暖就不算真死"。麦德斯·吉尔伯特（Mads Gilbert）是北挪威大学医院的急诊部主任。根据过往经验，他知道正因为是在极寒之下，巴根霍尔姆可能反而会有一线生机。

"在过去的 28 年里，有 34 名因意外体温过低导致心脏骤停的患者通过体外循环恢复体温，其中 30% 的患者存活了下来。"他说："关键的问题是：你是在心跳骤停之前就被冷却了，还是你的血液循环先停止然后你才被冷却？"

考克斯接着解释了其中的一些关键的生物学原理：

虽然降低体温会让心脏停止跳动，但它也降低了身体的氧气需求量，特别是脑细胞的氧气需求量。如果在心脏骤停发生之前，重要器官就已经被充分冷却，那么由于血液循环不足而不可避免的细胞死亡将被推迟，这为急救服务提供了一个额外的时间窗口，以挽救患者的生命。

"体温过低是如此迷人，因为它是一把双刃剑。"吉尔伯特说，"一方面，它可以保护你，但另一方面，它又会杀死你。不过，一切其实都在于降温过程是否有序。安娜很可能是被缓慢但高效地冷却了，所以当她的心脏停止跳动时，她的大脑已经温度很低了，脑细胞的氧气需求量降到了零。良好的 CPR（心肺复苏术）可以为大脑提供高达30%—40%的血液循环，在类似她的这种情况下，患者有时候可以持续存活七个小时，等待我们帮助其心脏重新跳动。"

谢天谢地，巴根霍尔姆最终几乎完全康复了。10 年后，她在这家挽救了自己生命的医院里担任放射科医生。巴根霍尔姆遭遇低温症当然纯属意外，但是现在，越来越多的医生正在主动让病人进入低温状态，以争取时间展开复杂的医疗程序。在《极限医学》（*Extreme Medicin*）一书中，作者方凯文（Kevin Fong）讲述了 2010 年埃斯梅尔·戴兹博德（Esmail Dezhbod）的治疗故事：

埃斯梅尔·戴兹博德开始为自己的症状感到担心。他的胸部有压迫感，有时还伴随剧痛。全身扫描显示埃斯梅尔遇到了麻烦。他的胸主动脉有一个动脉瘤，即从心脏出发不远处的主动脉上长出了一个肿块，血管的尺寸因此增大了一倍，有一罐可乐那么宽。

埃斯梅尔胸口有颗"炸弹"随时可能爆炸。其他地方的动脉瘤通常可以相对容易地修复，但在这个位置，如此靠近心脏，就没有轻松的选项了。胸主动脉将血液从心脏输送到上半身，为大脑和其他器官提供氧气。为了修复动脉瘤，必须通过停止心脏跳动来中断血液流动。在正常的体温下，这种治疗以及随之而来的缺氧会损害大脑，三四分钟就可能导致永久性残疾或死亡。

埃斯梅尔的主刀医生，心脏专家、医学博士约翰·埃列福泰利亚兹（John Elefteriades）决定在深度低温停搏的情况下实施这个手术。他使用了一台心肺机，将埃斯梅尔的身体冷却到仅18℃，然后让心脏完全停止跳动。当心脏和血液循环处于停滞状态时，埃列福泰利亚兹博士进行了复杂的修复手术，当他的病人躺在手术台上奄奄一息时，他在与时间赛跑……

这是一个精妙的操作：

虽然埃列福泰利亚兹博士是一位低温停搏手术的老手，但他说每一次都感觉像是信仰的飞跃。一旦血液循环停止，在病人的大脑遭受不可逆转的损伤前，他只有不超过45分钟的治疗时间。如果没有引入低温治疗，他则只有4分钟的时间。

医生巧妙而高效地安排每一个环节，使每一个动作都有意义。他必须切除主动脉的病变部分，长度约为6英寸，然后用人工移植物代替。此时，埃斯梅尔大脑中的脑电波活动是无法检测到的。他没有呼吸，没有脉搏。从生理和生物化学的角度来看，他和一个死人是没有区别的。

这句话值得强调："从生理和生物化学的角度来看，他和一个死人是没有区别的。"然而，他仍然有能力复苏。方凯文继续写道：

32分钟后，手术修复完成。医疗团队加热了埃斯梅尔冰冷的身体，很快他的心脏又恢复了活力，跳动得很有力量，时隔半个多小时后第一次给他的大脑输送了新鲜的氧气。

方凯文随后记录了自己在手术第二天前往重症监护病房看望病人的情形:"他醒着,状况良好。他的妻子站在床边,为他从死亡线上归来而欣喜若狂。"

谁会拒绝埃斯梅尔的妻子,剥夺她与丈夫愉快重聚的机会?然而,对人体冷冻法的批评其实就是在剥夺许多人的机会,让他们失去在深爱的朋友和家人们结束"人体冷冻悬停"后与其愉快重聚的可能性。批评者们可能会说,低温治疗和人体冷冻之间存在着不可逾越的鸿沟。人体冷冻所涉及的温度要低得多——那是液氮的温度,并且生命悬停的时间也要长得多。对此,我们有充分理由相信这一鸿沟完全是可以化天堑为通途的。

不冻结

另外一个为冷冻技术的成功指明方向的早期证据则在于一个简单的事实,即一些生物能够在各种零度以下的冬眠中存活下来。例如,北极的松鼠每年冬眠长达 8 个月,在此期间,其体中心温度从 36℃ 降至 -3℃,而外部环境温度可低至 -30℃。《新科学家》(*The New Scientist*)期刊报道说:

> 为了防止它们的血液冻结,松鼠会清除血液中任何可以让水分子围绕其形成冰晶的微小颗粒。这使松鼠的血液在零度以下仍能保持液状,这种现象被称为过冷。

极地地区的各种鱼类可以在低于淡水冰点的咸水中生存。它们的血液之所以不会冻结,似乎应该归功于所谓的抗冻蛋白(AFPs)。AFPs 抑制冰晶的生长。昆虫、细菌和植物也会利用 AFPs 的这一特性。值得注意的是,阿拉斯加甲虫的幼虫,据报道可以通过进入玻璃化的状态,在低

至 –150℃ 的温度下存活。

在超低温下生存的冠军物种是缓步动物，代表种如水熊。它实际上很小：长度不到 2 毫米。这个物种非常古老，早在 5 亿年前的寒武纪就已经存在了。英国广播公司地球频道（BBC Earth）的一篇文章描述了它们对比冷冻级液氮（–196℃）还低的温度的耐受性。文章提到了 20 世纪 20 年代由本笃会修士吉尔伯特·弗朗兹·拉赫姆（Gilbert Franz Rahm）进行的实验：

> 拉赫姆……将水熊在 –200℃ 的液体空气中浸泡了 21 个月，在 –253℃ 的液氮中浸泡了 26 小时，在 –272℃ 的液氦中浸泡了 8 小时。之后，当水熊一接触到水时马上就恢复了活力。

> 我们现在知道，一些水熊可以忍受 –272.8℃ 的低温，比起绝对零度也只是高出一点点……水熊所面对的这一极端低温在自然界是不可能存在的，只有在实验室中才能创造出来，实际上，在这个温度下，原子运动亦会处于停顿状态。

> 水熊在寒冷中面临的最大危险是结冰。如果冰晶在它们的细胞内形成，就可能使 DNA 等关键分子碎裂。

> 一些动物，包括某些鱼类，会制造抗冻蛋白质来降低细胞的冰点，以确保不会结冰。但水熊身上没有发现过这些蛋白质。

> 相反，它们似乎可以忍受冰在细胞内形成。这就意味着，它们要么可以保护自己免受冰晶造成的伤害，要么可以修复伤害。

> 水熊可能会产生一种名为冰成核剂的化学物质。这些物质促使冰晶在细胞外而不是细胞内形成，从而保护了重要的分子。海藻糖也可以保护那些产生海藻糖的物种，因为它可以防止形成穿透细胞膜的大冰晶。

秀丽隐杆线虫在本书前几章所提及的许多实验中都展现了其与众不同

的寿命特点，在本章也是一个重要的角色。这一次，秀丽隐杆线虫值得一提的是，其个体在被冷冻悬停（到液氮温度）再复苏的过程中能实现记忆的保存。这项实验是由亚利桑那坦佩先进技术大学的娜塔莎·维塔-莫尔（Natasha Vita More）和西班牙塞维利亚大学的丹尼尔·巴兰科（Daniel Barranco）进行的。以下是他们 2015 年 10 月发表在《恢复年轻态研究》期刊上的题为《长期记忆在玻璃化和复苏的线虫中获得维持》（*Persistence of Long-Term Memory in Vitrified and Revived Caenorhabditis elegans*）的文章摘要中对实验的描述：

> 冷冻保存后能保留记忆吗？我们的研究试图通过使用秀丽隐杆线虫来回答这个长期存在的问题。秀丽隐杆线虫是一种著名的生物研究模式物种，在它的身上已经产生了许多革命性的发现，但还没有在冷冻保存后进行记忆保留的相关测试。我们的研究目标是测试秀丽隐杆线虫在玻璃化和复苏后的记忆恢复。通过在年幼的秀丽隐杆线虫身上使用感知印记法，我们证实，通过嗅觉线索获得的习得塑造了这种动物的行为，而且这种习得可以在玻璃化后的成年阶段保留下来。我们的研究方法包括在 L1 阶段用化学苯甲醛进行感知嗅觉印迹，在 L2 阶段用快速冷却的安全速度法进行该阶段的玻璃化和复苏，以及在成体阶段使用趋化性试验测试习得的记忆保留。我们在对冷冻保存后记忆保留的测试结果表明，调节秀丽隐杆线虫气味印迹（一种长期记忆形式）的机制并没有被玻璃化或缓慢冷冻的过程改变。

在一篇由维塔-莫尔与他人合著并发表于《麻省理工科技评论》的文章《冷冻技术周边科学》（*The Science Surrounding Cryonics*）中，介绍了这个线虫实验结果的重要意义。学界正在讨论的问题是，人类的记忆和意识是否有可能在低温悬停中存活。维塔-莫尔和她的同事写道：

目前还不知道大脑中意识是如何通过精准的分子机制和电化学特征来构建的。然而，至少从现有的证据来看，编码记忆和确定行为的大脑功能在冷冻保存期间和之后可以保存的可能性确实是存在的。

冷冻保存在世界各地的实验室中用于保存动物细胞、人类胚胎和一些有序组织已经长达 30 年。当生物样品被冷冻保存时，会加入诸如 DMSO 或丙二醇等冷冻保护化学剂，并将组织的温度降至玻璃化转变温度（通常约为 −120℃）以下。在这样的温度下，分子活动减慢了超过 13 个数量级，有效地停止了生物学时间。

虽然没有人了解任一细胞生理机能的每个细节，但几乎所有可以想到的细胞都能被成功地冷冻保存。同样地，虽然人类记忆、行为和个体身份的其他特征的神经基础可能惊人地复杂，但能否理解这种复杂性和它能否保存，完全是两个问题。

接着维塔–莫尔和她的同事强调了秀丽隐杆线虫的实验结果，即记忆可以在冷冻保存中存活：

几十年来，秀丽隐杆线虫通常被冷冻保存在液氮温度下，而后再被复苏。今年，通过采用一种测定长期气味印记关联记忆的方法进行研究，我们中的一位发表了一项研究结果，即秀丽隐杆线虫保留了在冷冻保存之前习得的行为。同样，研究表明，冷冻保存后的兔子脑组织中神经元的长期增强（一种记忆机制）仍保持完整。

可逆冷冻保存大型人体器官，如心脏或肾脏，比保存细胞要困难得多，但它是一个具有重要公共卫生意义的热点研究领域，因为它将大大增加移植器官的供应。研究人员在这方面取得了进展，成功地将绵羊卵巢和大鼠四肢进行了冷冻保存和移植，并在将兔子肾脏冷却到 −45℃ 后常规恢复成功。提升这些技术的努力间接支持了这样一种观点，即大脑和任何其他器官一样，可以通过现有的或正在开发的方法进行充分的冷冻保存。

值得注意的是，冷冻学家非常清楚，他们使用的保存方法应该被描述为"玻璃化"而不是"冷冻"。冷冻服务的行业领先者阿尔科在其网站上用易于理解的图形直接解释了两者的区别。以下是关键结论：

由于没有形成冰，玻璃化可以凝固组织而不会造成结构损伤。

鉴于这一点，各种高调的冷冻批评者试图通过戏剧性地展示水果和蔬菜（如草莓和胡萝卜）在冷冻后再解冻时所造成的结构破坏来诋毁整个概念的行为就更值得注意了。评论家们几乎是在嘲笑：冷冻学家怎么会这么蠢？我们想以冷笑回应：这些批评者怎么会让他们的基本事实错得如此离谱？这些批评者是真的不知道人类胚胎的成功冷冻保存（试管婴儿的关键）吗？他们难道没有听说过，早在 2002 年，格雷格·费伊（Greg Fahy）和他的同事们就对兔子的肾脏进行了成功的玻璃化处理吗？这个实验中，他们将一枚兔子肾脏降温到 -122℃，然后再解冻，最终成功地将其作为可正常运转器官移植到了另一只兔子体内。

正如我们所看到的，这里发生的感性抨击比理性辩论要多得多。这是两种范式之间鸿沟的另一个例子，逆反心理的压力使得一些批评家很难认真对待人体冷冻的可能性。人体冷冻技术或许可行，这样一种可能性对许多人原有的观念框架构成了强烈的威胁——他们早已给自己戴上了思维的枷锁，认定"好人应该接受衰老和死亡的必然性"。如果人们满意于这一观念，当然也就有了强烈的动机去对人体冷冻学的世界观吹毛求疵。这可以解释为什么他们会从技术面到经济面再到社会面，几乎所有地方都轻率而机械地提出根本经不起推敲的反对。正如英国哲学家马克斯·莫尔所解释的那样：

50—100 年后，当我们回首往事时，我们会摇头说："当时的人们在想什么？他们把这些其实只是功能失调，几乎可以都生存下去的人送进了火化场或埋到了地下，而这些人本可以被放入冷冻保存设备中的。"

冷冻技术和其他技术即将突飞猛进

从多个不同角度切入，关于人体冷冻学值得讨论的还有很多。想要真正系统梳理围绕人体冷冻法产生的各种反对意见和误解，还需要相当长的时间。如果有读者希望深入了解，我们建议大家阅读蒂姆·厄本（Tim Urban）于 2016 年 3 月在 "Wait But Why" 博客网站上发表的《为什么人体冷冻大有意义》（*Why Cryonics Makes Sense*），该文可谓是一篇引人入胜的介绍。

与此同时，这篇文章还包含了大量的其他内容。2015 年出版的《保存头脑，拯救生命》（*Preserving Minds, Saving Lives*）一书中包含了丰富的观点，也颇有价值。该书在阿尔科的网站上也有售卖。如果有读者对更细致的技术评介感兴趣，我们建议阅读一部 2022 年出版的详尽著作，纳米技术专家罗伯特·弗雷塔斯（Robert Freitas）的《冷冻复兴——利用纳米技术复苏冷冻病人》（*Cryostasis Revival: The Recovery of Cryonics Patients through Nanomedicine*）。

全球冷冻学界组织日益成熟的另外一个迹象是明日生物（Tomorrow Biostasis）的兴起，这家公司由德国医生埃米尔·肯齐奥拉（Emil Kendziorra）2019 年创建于柏林，后者在投身于冷冻前，曾经是企业家和癌症研究人员。该公司已经拥有两支医疗待命团队，分别在柏林和阿姆斯特丹（通过合作伙伴），很快将在苏黎世建立第三支。他们的伙伴组织在瑞士拉夫兹的病人储存设施已经开始运作。2016 年以来，本书作者几乎每年都参加相关研讨会，亲眼目睹了各种巨大进步的证据。

我们下面将就人体冷冻学，以及为什么我们认为它不仅可行，而且在未来几年内就会获得重大进展，来做一些最后的评论：

冷冻保存、长期储存（假设一切顺利）和最终复苏的经济成本，目前可以通过人寿保险形式来支付。

如果病人数量显著增加，单个冷冻病人的经济成本可能下降几个数量级；这是大家耳熟能详的"规模经济"原理带来的好处。

只要"接受衰老"的思维范式依然在社会中普遍存在，大多数人就会因感到强烈的社会和心理压力，拒绝详细了解人体冷冻学，更不必说签署人体冷冻的相关合同了。然而，伴随恢复年轻态技术的突破获得越来越多的关注，这一思维范式必然走向凋敝（我们相信将会发生），更多的人面对人体冷冻的可能性时，态度也将变得更加开放。

人们对这一主题兴趣的增大，也将推动更多的人参与进来，致力于推动人体冷冻技术进步的研究，使其在技术、工程、支持网络、商业模式、组织框架，以及向更广泛人群进行传播等多方向取得全面进展。反过来，这些创新又将使得人体冷冻选项的吸引力加速提升。

随着来自娱乐、商业、学术和艺术等领域的重量级人士越来越多地支持这一理念，大门正在徐徐开启，公众最终将得以安心地宣布，其实自己也是一个人体冷冻主义者。

不过，人体冷冻技术并不是唯一一个可以把人们从现在的 BR 时代（Before-Rejuvenation，前恢复年轻态时代）引入到 AR 时代（After-Rejuvenation，后恢复年轻态时代）的方法。人体冷冻学很可能还将继续在世界各地推广，尤其是在我们如此接近逆转衰老的今天。我们面对的是最后一代凡人和第一代永生人。当人们知道确实存在其他选项可以让自己在未来复苏，哪怕可能性再低，他们也不会再愿意就此死去，就此被火化或者埋葬。

这里讨论的主要"激进的替代方案"是冷冻保存，但它并不是未来提供给我们的唯一可能性。冷冻保存的核心动机就在于一种可能性：在未来的某个时间点，医学将取得极大的进步，让人们获得极具效力的恢复年轻态疗法。无论病人在冷冻悬停之前是患上了多么可怕的致命疾病，这些未来的疗法都足以将他们治愈。原则上，使用这些疗法将使病人恢复极佳的健康状态。与此同时，我们认为将他们无限期地保存在液氮中，在经济上也是相对负担得起的。此外，除了冷冻保存，一些科学家还在研究其他可能性，如化学保存和不同类型的塑化。这些方法都有其各自的问题和挑战，但是也都拥有强大的支持力量。

科学家们还在进行实验，尝试用其他方式保存大脑。我们认为，最重要的事情是保存人在濒死那刻的突触结构。甚至在人死之前，我们也有可能用其他方法和技术来连接、阅读和解析人类大脑。现有的设备已经能同时从500多个单个神经元获取信息，而这个数字将继续以指数级速度增长。从计算的角度来看，我们才刚刚开始了解人类大脑的复杂性。我们的大脑包含近千亿个神经元，是迄今为止已知宇宙中最复杂的结构。然而，科学家正在致力于创造人工大脑。他们估计，在二三十年内就能够创造比人脑更复杂的结构。库兹韦尔的"加速回报定律"（摩尔定律的一个更全面性的版本）已经解释了电脑能力的指数级增长，而这种增长下，人们预测人工智能将在2029年通过图灵测试，并在2045年达到"技术奇点"。届时，人们将无法区分人工智能和人类智能，人类所有的知识、记忆、经验和感觉都有可能上传到电脑或互联网（"云"），后者甚至将拥有比人类更强大的、可扩展的记忆。

人工记忆会提高和增长，人工智能的能力和处理速度也是如此。由于技术不断地进步，这一切都将成为人类智能加速发展进程的一部分。人类刚刚开始踏上从生物进化到技术进化的迷人道路，这是一种全新的、有意为之的智能进化。根据库兹韦尔的说法，1千克的计算素（Computronium，计算能力的最大假设单位）理论上每秒可以处理 $5×10^{50}$ 次运算，如果我们将其与一个运算能力在每秒可处理 10^{17}—10^{19} 次运算（根据不同的估计）的人脑进行比较，就会对计算素的真实体积有一定的概念。因此，人类和将来的后人类的智能，在从传统的生物大脑向着增强的后生物大脑发展的进程当中，依然有着提升几个数量级的巨大潜力。所有这些都是生命延长和扩展思想的一部分。库兹韦尔在他的著作《人工智能的未来：揭示人类思维的奥秘》中这样总结道：

我们注定要通过唤醒宇宙，将人类的智能注入宇宙的大脑中，进而决定宇宙的命运。

第九章　未来取决于我们

现代科学突飞猛进，有时我会后悔我这么快就出生了。无法想象在1000年后人类改变世界的力量会达到怎样的高度。所有的疾病可能都通过某种有效的途径被预防或治愈了，甚至连衰老也不例外，我们的生命想怎样延长就怎样延长，甚至让上古耆宿也相形见绌。

本杰明·富兰克林（Benjamin Franklin），1780年

现在这不是结束，甚至这也并非结束的序幕已然到来，但或许，这是序幕已经结束。

温斯顿·丘吉尔（Winston Churchill），1942年

我们想永远活下去，我们就快实现那一步了。

比尔·克林顿（Bill Clinton），1999年

是的，我是被神拣选出来去死的；不，我并不是真的打算去死。

谷歌联合创始人，谢尔盖·布林（Sergey Brin），2017年

在过去的30年里，恢复年轻态事业取得了很大的进展。如今人们对衰老的理解比以往任何时代都要透彻。更重要的是，正如前几章所述，许多领域在未来二三十年间预计都将加速进步。在这一轮进步当中，我们不断扩张的理论知识将推动切实可行的生物工程疗法被创造出来。关于未来的一个可信设想是，最晚至 2040 年前后，和衰老相关的可怕疾病就已经变得像今天的小儿麻痹症和天花一样罕见了。

尽管如此，前方仍有许多不确定性存在。这些不仅仅是细节上的不确定性，例如，哪种药物将被证明对健康寿命有最大的短期影响，或者哪种人工智能算法将对基因通路的修改拥有更透彻的洞察力。恰恰相反，也有不少不确定性是存在于基本面的——这些问题可能危及整个恢复年轻态事业。

现在是时候更仔细地研究消灭衰老的道路上潜在的最大障碍了。人们讨论恢复年轻态的前景时提出的所有问题中，这些是最难回答的。

特殊工程的复杂性？

有时，问题比人们预期的要更难解决。想想核聚变。几十年来，研究者们总是重复着同一句话：我们离实用的聚变反应堆还有 30 年。纳撒尼尔·沙平（Nathaniel Scharping）最近在《发现》（*Discover*）杂志上发表了一篇题为《为什么核聚变总在 30 年后》（*Why Nuclear Fusion Is Always 30 Years Away*）的文章，总结了核聚变产业的经验：

> 长久以来，核聚变一直被视为能源研究的"圣杯"。它代表了一种几乎无限的能量来源，清洁、安全而自持。自从 20 世纪 20 年代英国物理学家亚瑟·爱丁顿（Arthur Eddington）奠定理论基础以来，核聚变已经激起了众多科学家和科幻作家的无数遐想。

> 从本质上来说，核聚变是个很简单的概念：聚拢两个氢同位素原

子，以极大的力量让它们相撞；两个原子核就会克服天然的排斥力而融合，发生释放出巨大能量的反应。

然而，回报越大，所需要的投入也就越大，数十年来，我们一直与一个难题缠斗不休：如何为氢燃料提供能量并保持它不逃逸，直到它升温到 8000 万摄氏度以上……

最近的成功进展来自德国和中国：德国的文德尔施泰因 7-X 反应堆于近期上线，进行了一次成功的实验，达到了接近 1 亿摄氏度的高温；中国的 EAST 反应堆则成功地实现了 102 秒的超高温长脉冲等离子体放电，只是反应温度更低一些。

不过，尽管有了这些进步，几十年来，研究者们还是在说着同一句话：我们离实用的聚变反应堆还有 30 年。事实就是，科学家们追寻"圣杯"的脚步走得越远，我们就越清楚地看到——我们仍然不知道还有多少是我们所不知道的。

这里的困难就在于，每前进一步似乎都会产生新的问题，与以前的一样难以解决，换言之，每一个答案都会带来更多的问题：

德国文德尔施泰因 7-X 反应堆和中国 EAST 反应堆的实验被誉为"突破性进展"，但在核聚变实验中，这其实是一个很常见的形容。虽然这些案例或许十分激动人心，但考虑到我们所面临的问题的规模，它们只能算是极小的进步。很显然，要真正实现核聚变，我们还需要达成几个，或者十几个这样的"突破性进展"。

"我不认为我们已经达到了知道要做什么才能跨越那道决定性门槛的阶段。"加州国家点火设施的负责人马克·赫尔曼（Mark Herrmann）说："我们仍然在学习这门科学究竟是什么。我们也许已经排除了一些干扰项，但就算排除了它们，后面就不会有别的问题吗？我们几乎可以确信会有，只是不知道有多棘手。"

在恢复年轻态事业前进的道路上，是否也会有类似的一系列更难解决的问题出现？也许，人类生物学上每一次能在某些方面强化健康长寿的新调整，都将伴随着副作用。例如，我们可能会加强免疫系统，但这种增强可能导致免疫系统攻击机体维持正常健康功能所需的细胞，类似于Ⅰ型糖尿病的可能成因之一，就是免疫系统过于积极，破坏了胰腺中本可以产生胰岛素的胰岛细胞。接下来，进行二次工程干预以消除副作用，又可能会带来新一轮的并发症。比如，端粒的延长可能会增加癌症的发病率。这样的可能性虽然不大，但确实是存在的。

我们之所以认为今后出现类似重大工程僵局的可能性不大，原因之一就在于，我们已经可以看到其他动物——包括一些衰老可忽略不计的动物——比人类的寿命长得多。尽管如此，从原则上讲，我们独特的人类属性可能会在某种程度上阻碍改造工程实现可忽略不计的衰老。以我们尚不了解的方式，恢复年轻态将遭受与核聚变同样的命运，其到来将被一再推迟。

毕竟，有时一个问题虽然表述起来相对容易，但是解决却需要漫长的过程。被称为费马最后定理的数学问题就是一个例子。1637年，皮埃尔·德·费马（Pierre de Fermat）在一本教科书的空白处陈述了这个定理，它非常简短：对于方程 $a^n + b^n = c^n$，如果 n 是大于 2 的整数，则该方程没有正整数解。然而，这个定理花费了整个数学界总共 358 年的时间才最终证明它。这一证明由安德鲁·威尔斯（Andrew Wiles）1995 年在《数学年鉴》上发表的两篇文章中提出，两篇文章共占据了 120 多页的篇幅，其中有近 10 页是引用之前的数学论文的清单。如果费马能预见到的话，这长达几个世纪的研究史肯定会让他感到震惊；事实上，费马确信自己已经证明了这个定理，只是证明太长，教科书的空白处写不下而已。

尽管恢复年轻态步核聚变和费马最后定理后尘的可能性是存在的，但我们认为，恢复年轻态的道路上不太可能有无法解决的工程障碍存在。恢复年轻态并非只有一种工厂技术可以采用，恰恰相反，许多不同类型的干预方案都可以考虑。

此外，核聚变的发展速度之所以迟缓，原因并不仅仅在于纯粹的技术困难。沙平在他的文章中指出，核聚变项目缺乏足够的资金，并且国际合作也受阻于政治困难：

这不仅仅是一个科学问题。

归根结底，问题可能还是在于资金。许多信息源都表示，他们确信，如果得到了更多的支持，他们的进展速度就能快得多。科学研究遭遇资金挑战并不新鲜，但对于核聚变来说，由于其超过一代人的超长时间跨度，资金成了一个尤为困难的问题。

虽然潜在的好处显而易见，尤其有助于解决世界当下面临的能源短缺和气候变化问题，但我们能从核聚变研究中得到回报的那一天仍在遥远的未来。

国际热核聚变实验堆（ITER）项目宣传部门负责人拉班·科布伦茨（Laban Coblentz）指出，我们总是渴望从投资中得到立竿见影的回报，这种想法削弱了人们对核聚变研究的热情。

他说："我们希望我们的橄榄球教练能在两年内提升比赛成绩，不行就走人；政治家们只有两年、四年或者六年的任期，然后走人——投资回报的周期总是很短的。因此，当有人告诉你要在 10 年后才能出结果时，这种说法很难让人买账。"

在美国，核聚变的研究经费，包括对 ITER 项目的投资在内，一年还不到 6 亿美元。美国能源部 2013 年申请的能源研究预算是 30 亿美元，与之相比，核聚变的研究经费是相当少的，而总体上说，能源类项目的研究经费又只占美国当年所有研究经费总额的 8%。

马克斯·普朗克等离子体物理学研究所部门负责人托马斯·佩德森（Thomas Pedersen）表示："如果你对照比较一下能源预算，或是军备研发上的花费，用于核聚变研究的钱真的不算很多。如果把核聚变研究与其他研究项目对比，看起来似乎花费巨大，但如果把它与石油生产和风电的投入，或者与可再生能源补贴相比，那就少得太多了。"

沙平的结论是，核聚变的进展可以归结为一个政治意愿问题：

核聚变总在 30 年以后……

虽然如此，现在，那条终点线，那个似乎我们每前进一步它就后退一步的山顶，已经遥遥在望。这是一条若隐若现的坎坷之路，绊脚石不仅来自技术面，也同样来自于政治面和经济面。科布伦茨、哈奇·尼尔森（Hutch Neilson）和杜阿尔特·波巴（Duarte Borba）认为，可控核聚变无疑是一个可以达成的目标，然而，我们何时才能到达，或许在很大程度上取决于我们到底有多想要它。

"托卡马克之父"、前苏联物理学家列夫·阿齐莫维奇（Lev Artsimovich）可能早已做出了最好的总结："核聚变会在社会需要它的时候准备就绪。"

从这个角度来看，将恢复年轻态与核聚变相提并论，确实是有道理的：

两者在工程技术方面的挑战都非常艰巨，但绝非无法解决。解决这些挑战的进展将取决于大规模的国际合作，以及我们将在本章后面讨论的那种政治支持。建立和支持这种大型国际合作的速度，又取决于公众对解决方案的需求程度。

这两者都可能受到人工智能的飞跃推动，加速发展而更快获得成果。

暂且不说别的，我们怀疑，如果人类的生存明显依赖于有人找到费马最后定理的证明，那么找到这种证明的速度就将比实际发生的要快得多。战时的围城心态可以创造奇迹——只要仍然有足够的基础设施来支持聪明头脑的相互合作。

市场失灵？

许多观察结果都凸显出，就技术进步而言，明智的监管，或者更广泛地说，明智的国家政策指导是不可或缺的。这些观察都发现，如果听之任之，经济自由市场有时可能产生的结果远非最优——实际上，完全可能是灾难性的。

一个例子是，制药企业通常最后才会考虑开发那些仅影响低收入人群的疾病的药物。为解决这一问题，2003 年"被忽视疾病药物研发倡议"（Drugs for Neglected Diseases initiative，DNDi）成立了。DNDi 官网给出了一些"被忽视疾病"的令人触目惊心的细节：

疟疾——在撒哈拉以南非洲每分钟杀死一名儿童（每天约 1300 名儿童）；

儿童艾滋病——全球有 260 万 15 岁以下儿童感染艾滋病病毒，主要是在撒哈拉以南非洲），每天有 410 人死亡；

丝虫病——1.2 亿人罹患象皮肿，2500 万人罹患河盲症；

昏睡病——在 36 个非洲国家流行，有 2100 万人处于危险之中；

利什曼病——在 98 个国家发生，全球有 3.5 亿人面临风险；

恰加斯病——在拉丁美洲 21 个国家流行，该地区因此病死亡的人多于疟疾。

综上：

"被忽视疾病"持续在发展中国家造成严重的发病率和死亡率。然而，在2000年至2011年期间批准的850种新的治疗产品中，只有4%（在创新药中的占比更低至1%）是为"被忽视疾病"开发的，尽管这些疾病占全球疾病负担的11%。

考虑到股东对制药企业经营的限制，这种局面并不令人意外。2014年初，格林·穆迪（Glyn Moody）在一篇文章中描述了制药巨头拜耳的基本政策，就提供了一个很好的例子。这篇文章的标题是《拜耳首席执行官：我们为富有的西方人开发药品，而不是贫穷的印度人》（*Bayer's CEO: We Develop Drugs For Rich Westerners, Not Poor Indians*）。拜耳首席执行官马尔金·戴克斯（Marijn Dekkers）在文章中亲口表述了他们的原则：

> "我们开发这种药并不是为了印度人，而是为了买得起的西方病人。"

该政策符合公司追求盈利的动机，服务于股东回报最大化的需求。正是出于这个原因，DNDi倡导一种"替代模式"，并将其组织愿景表述如下：

> 通过采用替代模式开发药物，以及确保新的、具有地域相关性医疗保健工具的公平分配，改善"被忽视疾病"患者的生活质量和健康。

> 在这种由公共部门推动的非营利模式中，各种参与者开展合作，提高人们对研究和开发那些不属于市场驱动研发范围的"被忽视疾病"药物的必要性的认识。他们还建立了公共责任和领导机制，来解决这些病人的需求。

在记录了拜耳首席执行官戴克斯的刺耳言论后，格林·穆迪在文章中指出，其实制药企业过去反而曾经表现过更广泛的动机。他引用了乔治·默克（George Merck）1950年的这段话（并在字体上作了强调）：

> "我们必须努力记得，药品是服务于人，而不是服务于利润的。

只要我们记得这一点，利润总会随之而来，从来不曾爽约。我们记得越牢靠，利润也就来得越大……

　　我们不能袖手旁观，只是说我们已经发明了一种新药或一种新方法来治疗目前的不治之症，发明了一种新方法来帮助那些营养不良的人，或者是在全世界范围内创造了理想的均衡饮食，所以我们已经实现了我们的目标。我们必须沿着业已开辟的道路大步前进，向每个人伸出援手，将我们的最高成就奉献于他们面前。"

那些拥有能够使得人类健康大大改善的技术（可能还是独一无二的技术）的企业，是只能在狭隘的利润动机之下做出完全市场驱动的行为，还是能够有所超越？这里的关键就在于，其他因素也需要发挥作用——不仅仅是经济动机。

哪怕只以自由市场本身的各种指标，比如最优交易和财富积累等来衡量，市场有时也会失灵。《纽约客》记者约翰·卡西迪（John Cassidy）在2009年出版的《市场是怎么失败的》（*How Markets Fail: The Logic of Economic Calamities*）一书中充分阐述了市场需要明智的监督和监管的论点。

该书对卡西迪挪揄为"乌托邦经济学"的概念进行了地毯式的引人瞩目的调查，并对这一概念进行了抽丝剥茧般的决定性批判。因此，这本书为经济思想史提供了一个有用的指南，覆盖了亚当·斯密（Adam Smith）、弗里德里希·哈耶克（Friedrich Hayek）、米尔顿·弗里德曼（Milton Friedman）、约翰·梅纳德·凯恩斯（John Maynard Keynes）、阿瑟·庇古（Arthur Pigou）、海曼·明斯基（Hyman Minsky）等人的经济学思想。

该书的关键主题是，市场确实会时不时地失灵，而且可能会是灾难性的，而政府的一些监督和干预对于避免灾难是至关重要和必要的。这个主题并不新鲜，但许多人对此持反对态度，卡西迪的这本书的优点在于全面地整理了这些论点。

正如卡西迪所描述的，"乌托邦经济学"是一种普遍的观点，认为个人和机构的自我利益，如果被允许通过自由市场经济得以表达，将必然产生对整个经济有益的结果。该书开篇就以八章的篇幅悲悯地概述了关于"乌托邦经济学"的思想史。在此过程中，他不断举出一些自由市场的拥护者其实也不时声称政府干预和控制的必要性的例子。接下来，卡西迪又用八章篇幅回顾了乌托邦经济学的批评史。该书的这一部分题为"基于现实的经济学"，涵盖的主题包括：

1. 博弈论（"囚徒困境"）；

2. 行为经济学；

3. 银行风险管理政策的缺陷（严重低估了偏离"一切照旧"的后果）；

4. 不对称的奖金结构问题；

5. 投资泡沫的反常心理。

这些因素都阻碍了市场找到最优的解决方案。在书中，卡西迪还列出了乌托邦经济学的四个"幻觉"：

1. 和谐幻觉：自由市场总是产生好的结果；

2. 稳定幻觉：自由市场经济是坚不可摧的；

3. 预测幻觉：收益的分布是可以预见的；

4. 理性经济人幻觉：个人是理性的，并在充分获取正确信息的基础上行动。

这些幻觉在当代经济思想的许多方面仍然普遍存在，这些幻觉也存在于科技自由主义者的乐观的背后，他们认为，在没有政府干预的情况下，技术将能够解决社会和气候问题，如恐怖主义、监视、环境破坏、天气的极端波动、新病原体的威胁以及老年疾病日益增加的成本。

的确，自由市场和创新技术共同成为了近期历史上推动进步的巨大力量。然而，如果它们要充分发挥全部潜力，就需要明智的监督和监管。事实上，如果没有这种监督和监管，它们可能会导致社会进入一个新的黑暗时代，而不是可持续富足和健康长寿的时代。

好心没用到好地方？

如果有读者觉得前面几节中对政治的讨论已经开始让他们感到不适，他们的好消息在于，在本节的内容中，叙述将从政治过渡到一个或许最好称之为"哲学"的领域。

恢复年轻态事业面临的最大的威胁之一就在于，在公众心目中，对于到底什么样的行为令人钦佩的认知，其实依然是一片混乱。人们希望以令人钦佩的方式行事，却可能误入歧途，被那些其实是恶多过善的理念误导。作为社会和心理压力的受害者，他们有意识或无意识地陷入了"接受衰老"的思维范式中。他们的个人哲学将导致他们采取实际上对他们自己和他们的同胞都会造成损害的行动。

具体来说，如果人们相信，被持续的衰老不断逼近的死亡作为某种"自然规律"接受下来是值得称赞的，那么他们就将倾向于反对那些能够从根本上延长健康寿命的措施。无论是有意识的还是无意识的，他们会（错误地）认为这样的措施不公平，或不均等，或贪婪，或自负，或幼稚。

陷入这种思维范式的人会更愿意社会把可自由支配的时间和精力投入到把衰老作为宿命接受下来的项目中。例如，他们可能会支持一些旨在帮助老年人的项目，比如向他们提供亲密接触、低价格交通服务，或改进的"辅助生活"设施等。他们可能乐于支持的其他项目，也大多都是确保更多的人可以活到老年，而不是在他们的青年或中年遭遇意外或者疾病。他们或许也会支持扩大教育范围，覆盖所有年龄段的人群。他们会把所有这些项目都视为是令人钦佩的、可接受的做好事的方法。然而，对于好上加好的方法，他们却视而不见。

《好上加好》是威廉·麦卡斯基尔（William MacAskill）在 2015 年写的一本书，当时他 28 岁，是牛津大学最年轻的教授之一。这本书的副标题是"利他主义的更好实践"。在他的网站上，麦卡斯基尔对这本书的介绍如下：

你关心让世界变得更美好吗？也许你会购买道德产品，进行慈善捐赠，或者做志愿者去行善。可是，你多长时间才能知道自己到底产生了怎样的影响？

在我的书中，我指出了许多改变世界的方法都收效甚微，但如果我们把努力集中在最有效的事业上，我们每个人就都可以拥有让世界变得更美好的巨大力量。

有些人觉得这种冷冰冰的计算令人不安。它看起来有点不够人性化。然而，"有效利他主义"倡导者提出了一个强有力的理由，即如果不考虑这些因素，我们就无法发挥自己改善人类状况的潜力。如果我们的目标真的是改善人类状况——而不仅仅是做出想要改善人类状况的姿态，其实只为了让自己感觉良好，那么我们就需要重新考虑我们的优先事项。

任何这样的反思都应该权衡一种可能性，即通过消灭衰老来延长健康的寿命可能会成为一种更具经济效益的干预措施，因为我们认识到，成功的恢复年轻态疗法带来的 DALYs（伤残调整生命年）的增加，确实是非常可观的。

奥布里·德格雷 2012 年在牛津大学的一次题为《抗衰老研究的成本效益》（*The cost-effectiveness of Anti-aging Research*）的演讲中也提出了类似的观点：

　　如果我们真正关心防止死亡，我们就应该密切关注造成全世界约2/3死亡的因素，即衰老（请注意，这一数字包括所有与衰老相关的疾病的死亡人数，如果没有了衰老，这些死亡就不会发生）。

　　如此高的比例（在工业化国家上升到90%以上）使得老龄化"毫无疑问是世界上最严重的问题"。

　　当我们再考虑到衰老还会让人在死亡之前经历多年的身体功能降低，以及失能概率的增大，消灭衰老的重要性就进一步增加了。

　　延缓衰老的治疗将有助于延缓衰老导致的衰弱和疾病的发作；此外，修复衰老引起的身体和细胞损伤的治疗有可能无限期地预防衰弱和老年病，从而进一步增加预期的指标。

　　在恢复年轻态治疗方面取得重大进展所需的成本未必就一定特别高；5—10年内，每年投入大约5000万美元的预算，很可能就足以让SENS提出的恢复年轻态疗法发展到应用于中年小鼠，并产生显著效果的水平。

　　一旦之前没有接受过任何特殊治疗的中年老鼠，在使用恢复年轻态疗法后，其剩余健康寿命增加了50%以上，大量其他资金就会迅速跟进：到那时，政府、企业和慈善家都将理解并承认这些疗法对人类的巨大潜力。

德格雷认为，当务之急是在短期内为所需的研究预算进行明智的宣传——直到"强健老鼠恢复年轻态"这种显而易见的证据出现，进而导致公众心态的全面改变。一旦更多的人花时间冷静地思考问题，并可能采用"有效的利他主义"的概念方法，这种短期的明智的宣传就将造就一股强大的推动力。然而，想要改变公众根深蒂固的"接受衰老"的思维范式，还必须付出大量的努力——以及做大量聪明的营销。

公众的漠不关心？

从广义上讲，有两种方法能克服公众的漠不关心从而改变世界。要么你直接改变世界，要么你改变人们对改变世界重要性的看法（这样他们中的某个人就会改变世界）。换言之，你要么参与实际的行动，要么告诉人们，他们的改变将带来怎样的好处。

第一种方法涉及行动，第二种则涉及观念。第一种方法可以被工程师、企业家、设计师等采用，第二种方法原则上适用于所有人——所有能大声说出一种理念的重要性的人。

我们同时支持这两种方法，但我们发现，第二种方法受到了很多批评。在这个即时通信的时代，很多人都身穿睡衣，或者是倒在沙发上点击网上的"点赞"按钮，于是乎，谴责所谓的"懒人行动主义"（也被称为"扶手椅行动主义"）已经成为一种时尚。评论家叶夫根尼·莫洛佐夫（Evgeny Morozov）在美国国家公共广播电台网站发表的文章《懒人行动主义的美丽新世界》（*Brave New World Of Slacktivism*）中，尖锐地表达了他对这种行为的鄙视：

> "懒人行动主义"是一个恰当的术语，用来描述自我感觉良好，却没有任何政治或社会影响的线上行动主义。那些参与"懒人行动主义"运动的人产生了一种错觉，以为只要加入一个脸书群组，其他的什么都不做，就能对世界产生重大影响。还记得你签署并转发给所有联系人的线上请愿书吗？这可能就是一种懒人行动主义的表现。
>
> 对于懒惰一代而言，"懒人行动主义"堪称是他们最理想的行动主义：如果一个人能够在虚拟空间中大搞口头运动，又何必去现场静坐，让自己暴露在被捕、警察暴力或刑讯的风险之下呢？考虑到媒体

对所有数字事物的关注——从博客到社交网络到推特——你鼠标的每一次点击只要是出于崇高的动机，几乎都肯定能立即得到媒体的关注。媒体的关注并不总是能转化为运动面的有效性，懒人们就不那么在乎了……

这里真正的问题是，"懒人行动主义"选项的出现，是否会促使那些过去可能通过示威、发传单和劳工组织亲自与政府对抗的人接受脸书选项并加入无数的线上话题群组。如果是这样的话，那么备受追捧的数字解放工具只会使我们进一步偏离民主化和建设全球公民社会的目标。

与这一消极的评估相反，我们看到线上宣传对提高公众在认知恢复年轻态的巨大机遇，以及对相同基础技术的潜在滥用风险方面发挥了相当重要的作用。事实上，过去 10 年中，社交网络对中东和世界其他国家和地区的很多政府变革都产生了重大影响。

除了社交网络之外，出版、广播和电视等传统媒体仍然很重要，电影、音乐、书籍、讲座、诗歌和美术作品都发挥重要的作用。即使是"油管"（Youtube）视频也可以帮助动员人们，比如《为什么衰老？我们应该永远结束衰老吗？》（*Why Age? Should We End Aging Forever?*），在上线的最初四个月里，就有超过 400 万人观看。

同样重要的是，要把抗衰老和恢复年轻态的想法，包括延长和扩展人类生命，转化为"病毒式理念"来广泛传播。理想情况下，应该创造"模因"（Meme，又称"梗"）来帮助"病毒化"这一理念——永葆青春免于病患的新范式会一视同仁地让所有人都获得难以估量的好处。

还有一种有效的传播方式也值得一提，例如瑞典哲学家、牛津大学教授尼克·博斯特罗姆的一篇精彩的短篇小说，也就是我们在前文曾提及并称赞的《恶龙暴政传说》。这则寓言将"接受衰老"的思维范式类比为一个虚构国家的公民在长达几个世纪的时间里对巨龙索求无度行为的默许：

　　它向人类要求一种令人毛骨悚然的贡品：为了满足它巨大的食欲，每天傍晚黑暗来临时，必须把一万名男女送到恶龙居住的山脚下。有时恶龙会在这些不幸的灵魂到来时立刻吞噬他们；有时它会把他们锁在山上几个月或几年，在那里他们会逐渐衰弱凋零，最终被吃掉……

这一寓言 2018 年又被 CGP·格雷做成了一段引人入胜的短视频内容，迄今浏览量已经超过了 900 万次。

马克斯·莫尔是另一位富有想象力的哲学家。他 1999 年创作的《给大自然母亲的信》（*Letter to Mother Nature*）中所表现出来的深思熟虑让我们印象深刻，至今难忘。信的开头如下：

亲爱的大自然母亲：

　　很抱歉打扰您，但是我们人类——您的后代——有些话想跟您说（也许您还可以将这些话转达给我们的父亲，毕竟我们似乎从未见到过他）。我们要感谢您用您缓慢但庞大的分布式智慧赋予我们许多美好的品质。您把我们从简单的自我复制的化学物质养育为拥有万亿细胞的哺乳动物。您给了我们主宰这个星球的自由。您给了我们比几乎所有其他动物都长的寿命。您赋予了我们一颗复杂的大脑，让我们获得了语言、理性、远见、好奇心和创造力。您给了我们理解自我和同情他人的能力。

　　大自然母亲，我们真的很感激您为我们所做的一切。毫无疑问，您已经尽力了。然而，恕我直言，我们必须说，您在制定人体宪法时表现得很差。您使我们容易受到疾病和伤害。您强迫我们衰老和死亡——就在我们开始获得智慧的时候。您让我们在深度了解自己的肉体、认知和情感过程方面很吝啬。您给予其他动物最敏锐的感官，却将我们排除在外。您让我们的身体只能在局促的环境下正常运转。您给了我们有限的记忆，糟糕的冲动控制，还有宗族的、排外的冲动。还有，您忘了给我们——我们自己的操作手册！

您所创造的我们是值得称道的，但也有严重的缺陷。您似乎在10万年前就对我们的进化失去了兴趣。或者，您也许一直在等待，等待我们自己迈出下一步。不管怎样，我们已经到了童年的尽头。

我们确定现在是时候修订人体宪法了。我们这样做不是轻率的、漫不经心的或无礼的，而是谨慎的、明智的和追求卓越的。我们要让您为我们骄傲。在未来的几十年里，我们将对人体宪法进行一系列改革，以批判性和创造性思维指导下的生物技术工具为开端。特别是，我们宣布对人类宪法作出以下七项修订：

第一修正案：我们将不再容忍衰老和死亡的暴政。通过基因改造、细胞工程、人造器官和任何必要的手段，我们将赋予自己持久的生命力，并消除过期期限。我们每个人都将自己决定我们应该活多久……

我们保留集体和个人作出进一步修订的权利。我们并不是要寻求极致的完美，而是要根据自己的价值观，在技术允许的情况下，继续追求新的卓越形态。

您雄心勃勃的人类后代

指数增长？

如果我们做得足够好，以下所有这些都可能有助于推动公众的心态发生翻天覆地的变化——从陷入"接受衰老"到开始接受，然后完全支持

"恢复年轻态"：短视频、强大的线上博客、深情的诗歌、吸引眼球的动画片、机智的打油诗、聪明的笑话、戏剧表演、概念艺术、小说、高昂的颂歌、吟唱、口号，以及图片和名言构成的富有感染力的模因……所有这些都有助于消除公众的漠不关心，帮助加速恢复年轻态技术在全球范围内的成长。

如果懒人行动主义者对上述创造当中最优秀的部分给予了认可和点赞，那么这些部分就会得到更多的关注，进而加速推翻"接受衰老"思维范式的进程，这当然是我们会由衷鼓掌庆祝的事情。一旦思想改变了，行动就会随之而来。一旦奠定了基础，新的理念就将迅速传播。

当然，最困难的是认清什么时候是一个特定理念广泛传播的合适时机。如果有人过早地喊狼来了，他们就失去信誉，失去他们的听众。可是，我们认为现在有充分的理由判定时机已经成熟，是时候高唱我们可以，而且也应该消灭衰老的理念了。这一理念得到了大量观察结果的支持：

1. 动物中存在拥有"可忽略不计的衰老"物种的例子；

2. 遗传工程可以显著延长寿命（和健康寿命）；

3. 干细胞疗法的惊人可能性；

4. CRISPR 基因编辑改变"游戏规则"的可能性；

5. 纳米干预的可行性不断提高，如纳米手术和纳米机器人；

6. 早期迹象表明人造器官可以被创造出来；

7. 针对已确定的七个衰老潜在原因的研究项目治疗癌症和其他衰老疾病的新理念取得的令人鼓舞的进展；

8. 日益强大的人工智能在大数据分析方面带来了令人期待的结果：显示长寿红利巨大的经济效益的金融模型；

9. 来自其他技术领域的出乎意料的迅速进步的例子；

10. 对于其他激进项目，社会心态迅速转变的例子。

这些观察结果提供了一个环境，在其中，消灭衰老的理念可以蓬勃发展，但重点任务仍然是获得更多实际的支持：

1. 针对不同的受众寻找更好、更有效的方式来传达这一理念；

2. 分析人们对这个理念提出的反对意见，并找出好的回应方式；

3. 了解人们想要反对这个理念（甚至只是忽视它）的根本现实，并在可能的情况下采取措施予以改变。

如果这些任务没有完成，这个理念就可能会被搁置，依旧只有少数人感兴趣。在这种情况下，"接受衰老"的思维范式将仍然占主导地位。无论是公共资金还是私人投资，都将流向恢复年轻态以外的领域。监管障碍将持续存在，这会阻碍创新者开发和部署恢复年轻态治疗的努力。每天都会有超过 10 万人死于实际上可以避免的衰老疾病。这便是公众对消灭衰老的可能性持续漠不关心的可怕代价。

从过去的废除奴隶制到未来的废除衰老

奴隶制的废除是人类历史上最重要的事件之一。根据耶鲁大学资深历史学家大卫·布里昂·戴维斯（David Brion Davis）所著的权威著作《不人道的奴役：新世界奴隶制的兴衰》（*Inhuman Bondage: The Rise and Fall of Slavery in the New World*）一书中的材料，波士顿大学的唐纳德·耶克萨（Donald Yerxa）给出了这样的评价：

在收到数百份反奴隶制请愿书并就此问题进行了多年辩论之后，英国议会于 1807 年 3 月通过了《废除奴隶贸易法案》。从 1807 年 5 月 1 日开始，任何奴隶贩卖船都不能从英国港口合法起航。拿破仑战争之后，英国废奴主义者的情绪高涨，公众对议会施加了巨大的压力，要求逐渐解放所有英国奴隶。1833 年 8 月，议会通过了《大解放法案》，为在整个大英帝国范围内逐步解放奴隶做好了准备。大西洋两岸的废奴主义者都称赞它是历史上伟大的人道主义成就之一。事实上，声誉卓著的爱尔兰历史学家威廉·爱德华·哈特波尔·莱基（William Edward Hartpole Lecky）在 1869 年提出了一个著名的论断："英格兰对奴隶制的毫不放松、毫不掩饰却名声欠佳的讨伐，很可能算得上是各国历史上记载的三四种最完美的道德行为之一。"

然而，正如杰出的历史学家大卫·布里昂·戴维斯在他对新大陆奴隶制的精彩综述中所观察到的，英国的废奴主义是"争议不断的、复杂的，甚至令人困惑的"。这引发了一场长达 60 多年的重大历史争论。关键问题是如何解释废奴主义者的动机和公众对反奴隶制事业的支持。

戴维斯认为，历史学家很难接受，像奴隶贸易这样具有经济意义的事情居然可以只因为宗教和人道主义层面的原因被废除。毕竟，到 1805 年，"殖民地种植园经济占英国贸易总额的几乎 1/5"。著名的废奴主义者，如威廉·威尔伯福斯（William Wilberforce）、托马斯·克拉克森（Thomas Clarkson）和托马斯·福威尔·巴克斯顿（Thomas Fowell Buxton）都用基督教的论点来反对"不人道的奴役"，但肯定还有其他物质因素在起作用。在书中，有大量的笔墨都用来评估反奴隶制与资本主义和自由市场意识形态之间的关系。研究的结果是，无论在感觉还是现实的层面，反奴隶制的冲动都违背了英国的经济利益。

那么，这场倡导可能引发经济灾难的改革的人道主义运动居然获得了成功，我们到底该如何解释？戴维斯的结论是，理解经济、政治和意识形态因素之间复杂的相互作用固然重要，但与此同时，我们也必须认识到"可以超越狭隘的自我利益并实现真正的改革"的道德愿景的重要性。

戴维斯的分析清楚地表明：废除奴隶制绝不是必然的或者注定的。

在废除奴隶制的问题上，美国和英国的聪明、虔诚的人们都提出了强有力的论点，这些论点涉及到经济福祉，以及许多其他因素。

废奴主义者的论点植根于一种"更好的做人方式"的概念：一种避免奴隶贸易的残酷束缚和奴役，并在适当的时候使数以百万计的人能够发挥更大的潜力的方式。

废除奴隶制的事业从包括书籍、演讲、请愿和市政会议在内的公共行动主义得到了显著的推动。

废除奴隶制的理念萌芽于 18 世纪，在 19 世纪逐渐发展壮大，最终迎来了属于自己的时代——而这，要归功于具有坚定信念的人们勇敢、聪明、坚持不懈的行动。美国内战也与奴隶制有着莫大的关系，最终，亚伯拉罕·林肯（Abraham Lincoln）总统于 1865 年在美国所有州革除了奴隶制。此后，奴隶制在世界各地逐渐消失，并在 20 世纪 60 年代一些阿拉伯酋长国最终废除奴隶制后彻底成为历史，而这时距离英国禁止奴隶制已经有一个半多世纪了。

消灭衰老的理念则萌芽于 20 世纪末，并在 21 世纪逐渐发展壮大，而最终也将迎来属于自己的时代。这是一个关于人类更美好未来的构想——一个将让数十亿人发挥更大潜力的未来。然而，除了创造可靠的、可实现的恢复年轻态疗法这一卓越的工程进展，这个项目还需要勇敢、聪明、坚持不懈的行动主义者来改变公共态度，使其从敌对（或冷漠）转变为全力支持。

噪音淹没信号?

当我们为支持恢复年轻态的行动主义鼓掌时，我们并不是要完全赞同所有可以在网上或书籍中找到的支持这个项目的表述。事实上，很多支持恢复年轻态的言论可能会适得其反：

1. 轻率地、无根据地宣称某种特定补药或疗法；

2. 有效扭曲特定实验的研究结果以影响市场对商业开发中的产品的态度；

3. 对复杂的原理进行误导性的过度简化，并令人厌烦地一再重复；

4. 对严格遵循既定科学过程的关键研究人员的能力或动机进行伤感情的指控；

5. 对那些本是善意只是被误导的人们横加指责，说他们是因为幼稚或者粗心而重复尽人皆知的错误；

6. 主张怂恿人们接受事实上危险的治疗。

这类失实陈述会引起各种各样的反作用：

1. 为了保护病人不被误导和伤害，立法者可能会实施更严格的监管，导致真正的创新者和骗局制造者一起受到打压；

2. 有能力的学者可能希望与整个领域切割，以避免声誉受到损害；

3. 研究人员可能会浪费大量时间重复已经完成的工作，这些工作的结果本应事先知晓（但被低质量信息的噪音淹没了）；

4. 公众可能对即将到来的恢复年轻态疗法感到厌倦，并认定这个领域高度可疑，充满了炒作；

5. 潜在的资金可能会从该领域转移到完全不同的项目中。

由于这些原因，恢复年轻态事业的参与者们需要努力提高自己的知识管理能力。热情的新成员应该受到欢迎但随后要被尽快培养，以迅速跟上当前最新的知识水平。他们应该能够获得以下方面的知识：

1. 恢复年轻态参与者群体最认可的未来几年进展的路线图；

2. 各种衰老理论的优缺点；

3. 正在开发或提出的药物和疗法一旦被采用，最有可能保持个人的生存和健康；

4. 直到"第二座桥梁"疗法成功实现的生活方式的改变；

5. 整个领域的历史（避免不必要地重复以前的错误）在恢复年轻态方面的更广泛维度的思考，如政治、社会、心理和哲学等；

6. 正在积极寻求援助的项目，以及本领域认为哪些值得支持；

7. 在每一特定时候，各种各样的模因当中的哪一种才是赢得新支持者和回应批评最有效的方式；

8. 本领域最紧缺的技能，以及各种技能用于支持恢复年轻态目标的最佳方式存在严肃意见分歧的方面，以及本领域提出了哪些解决这些分歧的方法；

9. 本领域正在跟踪的风险，以及针对这些风险的拟议缓解措施。

显然，本书就是要涵盖上述许多主题。然而，恢复年轻态是一个瞬息万变的领域。书中的部分内容可能在您阅读时已经过时或显得片面了。如果想要了解更及时、更全面的信息，请利用各种线上资源，如 Lifespan.io（"众筹治疗衰老"）、Forever Healthy（一项私营部门的人道主义动议，旨在让人类得以大幅度延长健康寿命），还有德国政党生物医学恢复年轻态研究党（他们的口号是"勠力同心战胜衰老相关疾病"）。

需要明确的是，我们并不是说任何恢复年轻态的支持者获准在任何公共场合开口之前，都必须消化大量的信息。社区关于恢复年轻态的最佳知识是需要分层的、容易搜索的、有吸引力的。这样，当有人受到启发公开谈论某一特定话题时，他们应该能够迅速发现社区关于该话题的最佳建议。他们也应该能够找到支持他们的、知识渊博的、友好的人，与他们讨论任何问题。无论从这些对话中产生什么新的见解，都应该可以线上捕捉，以便知识库得到改进。这样，恢复年轻态事业就可以持续向前推进。

让世界真正变得不同？

在这一章中，我们评估了恢复年轻态事业面临的一些重大风险。事业可能会因为遭遇比参与者预期更严重的巨大技术挑战而陷于停滞，也可能会因为言行不当而疏远了潜在的重要支持者，因此丧失了急需的建议和资金来源。

公众普遍的冷漠，以及"接受衰老"仍然占主导地位，也可能使得其他潜在的支持无法落实。还有，部分支持者可能因为放大了混乱，而不是提供实际的帮助，被证明其实是事业的障碍。

持技术保守主义立场的政客们可能会在恢复年轻态疗法的部署和配置不可或缺的领域设置巨大的障碍。技术自由主义者可能会由于错误地废除公共政策而在无意中促成经济崩溃。此外，气候变化失控、高度致命性病原体或恐怖分子获得可怕的大规模杀伤性武器等生存风险，也都可能预示着一个可怕的新黑暗时代的到来。

不过，在这一章中，我们也指出了恢复年轻态支持者可以采取怎样的行动以应对这些风险，并增强能与这些负面风险并存的积极力量。我们希望每位读者思考哪些行为最能发挥自己的个人优势。

答案因人而异。但我们预计以下六种类型的行动将是最主要的：

首先，我们需要加强自己与那些至少在一定程度上参与到恢复年轻态事业当中的人群的联系。我们应该找出哪些群体可以培养和激励我们，以及我们又可以在哪些地方帮助培养和激励他人。由此产生的网络联系将使我们大家有更大的力量来面对未来的挑战。

其次，我们需要提升我们个人对恢复年轻态的理解，包括科学、路线图、历史、哲学等方面，通过学术理论、名人、平台、开放式问题等多种方式。通过更好的理解，我们可以更清楚地看到我们能作出什么贡献，我们也可以帮助其他人为自己作出类似的决定。在某些情况下，我们可以通过创建或编辑知识库或维基百科来帮助更好地理解特定主题。

第三，我们中的许多人可以参与到各种各样的宣传推广中。我们可以致力于创造和分发各种宣传推广信息、演示文稿、视频、网站、文章、书籍等等。我们可以确定特定的受众，并加深事业参与者对这些特定受众所持疑问或所关心议题的理解。我们需要花更多的时间与关键的意见领袖（潜在的恢复年轻态支持者）建立更好的联系。我们甚至可以发展我们的政治技能，提高我们影响他人的能力，建立和帮助别人建立联盟，并以政治家更乐于接受的方式制定立法草案。

第四，我们中的一些人可以对恢复年轻态相关的任何未知领域进行开创性的研究。它可以是正规教育课程的一部分，也可以是商业研发活动，还可以是以"公众科学"（Citizen Science）形式存在的分散研究的一部分。

第五，我们中的许多人可以为我们认为特别值得的项目提供资金。我们可以参与具体的筹款活动，或者捐赠一些个人财富。我们也可以决定为了赚更多的钱而改变我们的工作，由此可以对我们最关心的项目作出更大的捐赠。

最后，我们可以努力提高个人效率，即我们做事的能力。当我们意识到了当下这一时期的历史重要性——在这个时期，人类社会可以向好的方向做出显著转变，也可以向坏的方向做出显著转变——我们应该想办法摆脱日复一日"平凡生活"的干扰和惰性。

当人类最古老的探索之旅正走向高潮章节的时刻，我们不能只是站在边线之外，做一个偶尔喊一句"加油"的饶有兴致的看客，我们完全可以改变自己，成为这一探索的积极参与者。如果我们把自己的生活安排得井然有序，大家就能够让世界真正变得不同。

结　语

新时代已来临

世界上有一种东西比所有的军队都更强大，那就是恰逢其时的一种理想。

> 维克多·雨果（Victor Hugo），1877 年

无论你认为你行，还是你认为你不行——你都是对的。

> 亨利·福特，1946 年

我们是否能够消灭癌症、心脏病和老年痴呆，这已经不再是问题，问题是何时消灭。

> 迈克尔·格雷夫，2021 年

我们生活在迷人的时代，指数级变化的时代，彻底颠覆的时代，也许是整个人类历史上不可比拟的时代。我们介于最后一代必死的凡人和第一代永生人之间。现在是公开宣布终结死亡的时候了，因为如果我们不消灭死亡，死亡就会消灭我们。

这是对历史上最重要的一场革命的呼唤，是一场反对衰老和死亡的革命，是我们所有祖先的伟大梦想。衰老一直是，而且至今仍然是全人类最大的敌人，我们必须共同战胜的敌人。

不幸的是，到目前为止，我们还没有克服衰老的科学和技术。可是，从数十亿年前我们卑微地起源于小型单细胞生物开始，在漫长而缓慢的生物进化道路上，现在我们终于得以第一次在这场生命竞赛中看到隧道尽头的光亮。我们正在进行一场与死亡的战争，一场为生命而战的战争，我们的武器是科学和技术。

19世纪的欧洲战争不断，1861年，法国作家古斯塔夫·艾玛德（Gustave Aimard）在他的小说《冒险家》（*The Freebooters*）中表达了以下思想：

> 有一种东西比残忍的刺刀更有力：它是一种思想，即它的时代已经到来，它的钟声即将敲响。

这种思想本身已经演变了多年，通常归因于与艾玛德同时代的著名作家维克多·雨果，1877年，他在《罪恶史》（*The History of a Crime*）一书中写下了类似的文字：

> 人能抵抗军队的入侵，但人不能抵抗思想的入侵。

或者，以其现在经常引用的释义形式：

> 世界上有一种东西比所有的军队都更强大，那就是恰逢其时的一种理想。

抗衰老和支持恢复年轻态的斗争现在是从理论走向实践的时候了。结束造成世界苦难的主要原因是我们的道德责任。宣告死亡的终结可谓恰逢其时。

在世界各地，越来越多的群体都开始意识到这个期盼已久的时刻已经到来。我们有了技术，我们也就有了道德义务。在德国、美国和俄罗斯等地，甚至有一些新兴的政党，其明确目标是与衰老作斗争。行动主义不应被低估，行动主义者也不应被低估，即使他们只是一小群人。正如美国人类学家玛格丽特·米德（Margaret Mead）所说，正是那些清醒的、有坚定信念的个人改变了人类：

> 永远不要怀疑一小群有思想、有决心的公民能改变世界：事实上，这是唯一亘古不变的事。

我们想起了另一个重要的历史参照——1961 年，美国总统约翰·菲茨杰拉德·肯尼迪宣布了一个惊人的目标，要在短短 10 年内将人类送上月球。这诚然是个巨大的挑战，最初看上去几乎是不可能的，但目标在 1969 年就实现了，比最理想的预期还提前了两年。我们不妨再引用另一句肯尼迪的经典名言，只是需要把"美国"和"美国人"改为"永生"和"永生主义者"：

> 我的永生主义者同道们，不要问"永生"能为你做什么，要问你能为"永生"做些什么。

虽然我们一再重复过，从专业角度来说，"无限期寿命"和"无限期寿命延长"的术语其实更精确，但作为一个理念，"永生"（或者至少"长生"）才是每个人都能在第一时间把握住的。现在，我们必须仔细考虑这些理念，以此为起点来发起一项全球性的伟大事业，击败全人类的共同敌人。为什么不把整个地球团结在一个无限青春计划中呢？

基于过往的成功经验，我们需要有一个全面的计划来将全人类团结起来，例如曼哈顿计划、马歇尔计划、阿波罗计划、人类基因组计划、国际空间站、人类大脑计划、国际热核实验反应堆、欧洲核子研究中心项目，以及许多其他百万、亿万美元量级的伟大项目，这些项目已经并将继续改变世界。

我们正见证着科学家、投资者、大公司和小型初创企业在人类衰老和恢复年轻态问题上的直接合作。我们有科学，我们有资金，我们也有道德责任来终结造成人类痛苦的罪魁祸首。在人类历史上，这是我们第一次有能力做到这一点，而且我们也必须做到。实现全人类的第一个也是最伟大的梦想，正是我们的历史使命。

我们必须不厌其烦地再次强调，我们决不能忘记，在世界各地，每天都有大约 10 万无辜的人死于与衰老有关的疾病，日复一日。下一个就可能是你，或者你所爱的人。我们可以避免它，我们必须避免它，越早越好。可是，我们需要你的帮助，因为与死亡的斗争每个人都责无旁贷。一个人很难有所作为，但当我们团结为一体，我们就有了取胜的机会。

英国进化生物学家约翰·伯顿·桑德森·霍尔丹（John Burdon Sanderson Haldane）描述了变革和伟大革命的典型演变是如何从我们的头脑中开始的：

> 我认为，接受的过程通常要经历这四个阶段：
>
> 1. 这是毫无价值的废话；
>
> 2. 这是一个有趣但有悖常理的观点；
>
> 3. 这是真的，但不重要；
>
> 4. 我早就这么说过。

这是一场关乎你我的革命，关乎我们每一个人的生命。摆在我们面前的是一种独特的可能性和一项伟大的历史使命。鉴于这一重大项目的规模，我们可能犯下的最严重的错误，就是在比赛开始之前就选择弃赛。获得长期和富有成效的年轻生活的机会远远大于风险。

未来从今天开始，未来从这里开始，未来从我们开始。未来从你的今天开始，如果不是你，又会是谁呢？如果不是现在，又会是何时呢？如果不在这里，又会在哪里呢？加入抗衰老抗死亡的革命吧！终结死亡！

附录　地球生命的编年史

我们人类要么孤独地存在于宇宙中，要么并不孤独，两种可能性同样令人不寒而栗。

英国科幻小说家，亚瑟·查尔斯·克拉克（Arthur C. Clarke），1962 年

健康长寿，繁荣昌盛。

《星际迷航》中联邦星舰"进取号"的斯波克中校（Commander Spock），2260 年

为了高屋建瓴地通观我们这个微小行星上生命的历史和演化，我们总结了从遥远的过去到即将到来的未来的相关信息，以帮助大家更好地了解生命的长期演变，特别是指数级变化的特质。

"大历史"是一门新兴学科，它使我们能够跨学科分析不同事件在整个历史演进过程中的联系。从遥远的过去到现在，我们可以看到，在这个巨大的时间跨度之中，变化的速度越来越快，由于技术的指数级发展，这种加速还将继续下去。伟大的未来主义者雷·库兹韦尔在他的畅销书《奇点临近》中很好地解释了这些变化的加速，这也是我们将他的一些预测应

用至 21 世纪末的原因。

欢迎有兴趣的读者直接与我们联系，让未来的编年史变得更加美好。我们欢迎各种类型的评论，敬请联系作者。

亿万年前

138 亿年前	大爆炸和现在宇宙形成
125 亿年前	银河系形成
46 亿年前	太阳系形成
45 亿年前	地球形成
43 亿年前	地球上的第一滴水形成
40 亿年前	第一个单细胞生命（无细胞核的原核生物）出现
40 亿年前	最后共同祖先（LUCA）诞生
35 亿年前	地球大气中的氧气浓度上升
30 亿年前	首次光合作用由简单单细胞生物完成
20 亿年前	单细胞原核生物（无核）进化为真核生物（有核）
15 亿年前	第一批多细胞真核生物出现
12 亿年前	首次有性生殖完成（生殖细胞和体细胞出现）
6 亿年前	第一批海洋无脊椎动物出现
5.4 亿年前	寒武纪爆发和多种物种出现
5.2 亿年前	第一批海洋脊椎动物出现
4.4 亿年前	海洋生物进化为陆地生物（第一批陆生植物出现）
3.6 亿年前	第一批陆生种子植物和第一批蟹类出现
3.0 亿年前	第一批爬行动物出现
2.5 亿年前	第一批恐龙出现
2.0 亿年前	第一批哺乳动物和鸟类出现
1.3 亿年前	第一批被子植物（有花）出现
6500 万年前	恐龙灭绝和灵长类动物兴起
1500 万年前	人科（大灵长类动物）出现
350 万年前	石器工具出现

250 万年前	人属出现
150 万年前	第一次使用火
80 万年前	第一次烹饪
50 万年前	第一次使用衣服
20 万年前	智人出现
10 万年前	智人从非洲出发，开始殖民地球

万千年前

公元前 4 万年	出现岩画——神灵、生育力和死亡的象征
公元前 2 万年	由于迁移到日光照射较少的区域人类肤色变浅
公元前 5000 年	出现新石器时代的原始文字
公元前 4000 年	可能在美索不达米亚地区发明了轮子
公元前 3500 年	埃及人发明了象形文字，苏美尔人发明了楔形文字
公元前 3300 年	有记载在中国和埃及使用草药学和物理疗法
公元前 3000 年	埃及发明纸莎草纸，美索不达米亚发明泥版
公元前 2800 年	中国神农氏编纂《神农本草经》
公元前 2600 年	身兼祭司和医生的伊姆霍特普（Imhotep）被神化为埃及的医学之神
公元前 2500 年	有记载在印度使用阿育吠陀医疗方法（Ayurveda medicine）
公元前 2000 年	《汉谟拉比法典》（*The Code of Hammurabi*）确立了在巴比伦行医的规则
公元前 650 年	在尼尼微（Nineveh）图书馆中，亚述帝国最后一个伟大的君主亚述巴尼拔（Assurbanipal）编写了 800 片关于医学的泥版
公元前 450 年	色诺芬尼（Xenophanes）研究化石并推测生命的演变

公元前 420 年	希波克拉底（Hippocrates）撰写《希波克拉底文集》并创造《希波克拉底誓言》
公元前 350 年	亚里士多德（Aristotle）撰写有关进化生物学的文章，并尝试对动物进行分类
公元前 300 年	赫洛菲洛斯（Herophilos）对人体进行医学解剖
公元前 100 年	阿斯克莱皮亚德斯（Asclepiades）将希腊医学引入罗马并为建立 Methodic 医学院筹措资金

第一个千年

180 年	希腊医生盖伦（Galen）研究了瘫痪与脊髓之间的关系
210 年	张仲景在中国出版《伤寒论》
250 年	墨西哥蒙特阿尔班建立一所部落医学院
390 年	奥里巴修斯（Oribasius）在君士坦丁堡汇编医学文献集
400 年	圣法比奥拉（Saint Fabiola）在罗马建立第一家基督教医院
630 年	伊西多尔（Isidore）编纂不朽之作《词源》（*The Etymologies*）
870 年	波斯医生塔巴里（Tabari）撰写阿拉伯医学百科全书
910 年	波斯医生拉西斯（Rasis）识别天花和麻疹之间的区别

公元 1000—1799 年

1030 年	波斯博学家阿维森纳（Avicenna）撰写了到 18 世纪都在使用的《医典》（*Cannon of Medicine*）

1204 年	教皇英诺森三世（Pope Innocent III）在罗马建立了第一家圣灵医院
1403 年	在欧洲已经有数百万人死亡之后，在威尼斯对"黑死病"大流行实施隔离
1541 年	瑞士医生巴拉赛尔苏斯（Paracelsus）在医学（外科和毒理学）方面取得了长足进步
1553 年	西班牙医生弥贵尔·塞尔维特（Miguel Servet）研究肺循环后来因异端罪名而被处以火刑
1590 年	荷兰人发明了显微镜，促进医学向前发展
1665 年	英国科学家罗伯特·胡克（Robert Hooke）使用显微镜识别细胞并推广了该名称
1675 年	荷兰科学家安东·范·列文虎克（Anton van Leeuwenhoek）依靠显微镜创建微生物学
1774 年	英国科学家约瑟夫·普里斯特利（Joseph Priestley）发现了氧气并开启了现代化学研究
1780 年	美国博学家本杰明·富兰克林（Benjamin Franklin）撰写有关治愈衰老和人类保存的文章
1796 年	英国医生爱德华·詹纳（Edward Jenner）开发了第一种有效的抗天花疫苗
1798 年	英国学者托马斯·马尔萨斯（Thomas Malthus）提出粮食生产和人口过剩的观点

公元 1800—1899 年

1804 年	全球人口达到 10 亿
1804 年	法国医生何内·雷奈克（René Laennec）发明了听诊器
1809 年	法国科学家让-巴蒂斯特·拉马克（Jean Baptiste Lamarck）首次提出了进化论
1818 年	英国医生詹姆斯·布伦德尔（James Blundell）首次成功输血

1828 年	德国科学家克里斯蒂安·埃伦伯格（Christian Ehrenberg）创造了"细菌"一词
1842 年	美国医生克劳福德·朗（Crawford Long）完成了首例麻醉手术
1858 年	德国医生鲁道夫·菲尔绍（Rudolf Virchow）发表了细胞理论
1859 年	英国科学家查尔斯·达尔文在伦敦出版《物种起源》（*The origin of species*）
1865 年	奥地利修道士格雷戈尔·孟德尔（Gregor Mendel）发现遗传定律
1869 年	瑞士医生弗雷德里希·米歇尔（Friedrich Miescher）首次发现 DNA
1870 年	科学家路易斯·巴斯德（Louis Pasteur）和罗伯特·科赫（Robert Koch）发表了微生物传染理论
1882 年	法国科学家路易斯·巴斯德（Louis Pasteur）研制出一种抗狂犬病的疫苗
1890 年	德国生物学家华尔瑟·弗莱明（Walter Flemming）等人描述了细胞分裂过程中的染色体分布
1892 年	德国生物学家奥古斯特·魏斯曼（August Weismann）提出生殖细胞"永生"
1895 年	德国物理学家威廉·康拉德·伦琴（Wilhelm Conrad Röntgen）发现了 X 射线及其医学用途
1896 年	法国物理学家安托万·亨利·贝克奎勒（Antoine Henri Becquerel）发现放射性
1898 年	荷兰科学家马克努斯·拜耶林克（Martinus Beijerinck）发现第一种病毒并开始病毒学研究

公元 1900—1959 年

1905 年	英国生物学家威廉·贝特森（William Bateson）创造了"遗传学"一词
1906 年	英国科学家弗雷德里克·霍普金斯（Frederick Hopkins）研究维生素和相关疾病
1906 年	德国医生爱罗斯·阿尔茨海默（Alois Alzheimer）发现了后来被以他名字命名的疾病——阿尔茨海默病
1906 年	西班牙神经学家圣地亚哥·拉蒙·卡哈尔（Santiago Ramóny Cajal）因研究神经系统而获得诺贝尔奖
1911 年	美国生物学家托马斯·亨特·摩根（Thomas Hunt Morgan）证明基因存在于染色体中
1922 年	苏联科学家亚历山大·奥巴林（Aleksandr Oparin）提出了有关地球生命起源的理论
1925 年	法国生物学家爱德华·查顿（Edouard Chatton）创造了"原核生物"和"真核生物"这两个词
1927 年	全球人口达到 20 亿
1927 年	第一批破伤风和肺结核疫苗问世
1928 年	英国科学家亚历山大·弗莱明（Alexander Fleming）发现青霉素（第一种抗生素）
1933 年	波兰科学家塔德乌什·赖希施泰因（Tadeus Reichstein）首次合成维生素（维生素 C，又名抗坏血酸）
1934 年	康奈尔大学的科学家发现了热量限制延长小鼠的寿命
1938 年	在非洲南部捕捞到了腔棘鱼（被视为"活化石"）
1950 年	第一种人工合成抗生素研发成功
1951 年	对牛进行首次使用人工授精

1951 年	海拉癌细胞被发现是"生物学上永生的"
1952 年	美国医生乔纳斯·索尔克（Jonas Salk）成功研发脊髓灰质炎疫苗
1952 年	美国化学家斯坦利·米勒（Stanley Miller）进行了关于生命起源的实验
1952 年	青蛙卵的首次克隆实验
1953 年	科学家詹姆斯·D. 沃森（James D. Watson）和弗朗西斯·克里克（Francis Crick）证明了DNA 的双螺旋结构
1954 年	美国医生约瑟夫·默里（Joseph Murray）移植了第一个人类肾脏
1958 年	美国医生杰克·斯蒂尔（Jack Steele）创造了"仿生"一词
1959 年	全球人口达到 30 亿
1959 年	西班牙科学家塞韦罗·奥乔亚（Severo Ochoa）因其有关 DNA 和 RNA 的研究而获得诺贝尔奖

公元 1960—1999 年

1961 年	西班牙生物化学家琼·奥罗（Joan Oró）提出了有关生命起源的理论
1961 年	美国科学家伦纳德·海弗利克（Leonard Hayflick）发现了细胞分裂的极限
1967 年	美国学者詹姆斯·贝德福德（James Bedford）成为冷冻保存的第一位患者
1967 年	南非医生克里斯蒂安·巴纳德（Christiaan Barnard）进行了第一例人类心脏移植
1972 年	发现人类和大猩猩的 DNA 组成相似度几乎达到 99%
1974 年	全球人口达到 40 亿

1975 年	多位科学家终于发现染色体端粒的结构（假说于 1933 年提出）
1978 年	第一位试管婴儿出生——英国的路易丝·布朗（Louise Brown）
1978 年	在脐带血中发现了干细胞
1980 年	世界卫生组织宣布在全世界范围内彻底根除天花
1981 年	第一批干细胞（来自小鼠的）"体外"培养成功
1982 年	糖尿病药物优泌林成为第一种被美国食品药品监督管理局（FDA）批准的生物技术产品
1985 年	澳大利亚裔美国生物学家伊丽莎白·布莱克本（Elizabeth Blackburn）证实了端粒酶的存在
1986 年	HIV（人类免疫缺陷病毒）被确定为艾滋病的来源
1987 年	全球人口达到 50 亿
1990 年	多国政府大力推动的人类基因组计划启动
1990 年	首个基因疗法被批准用于治疗免疫系统疾病
1990 年	美国食品药品监督管理局批准了第一种转基因生物 Flavr Savr 番茄
1993 年	美国生物学家辛西娅·肯扬（Cynthia Kenyon）将秀丽隐杆线虫的寿命延长了数倍
1995 年	美国科学家凯莱布·芬奇（Caleb Finch）发现了某些动物几乎不会衰老
1996 年	苏格兰科学家伊恩·维尔穆特（Ian Wilmut）克隆了第一只哺乳动物绵羊多莉（Dolly）
1998 年	第一批胚胎干细胞被从早期人类胚胎中分离出来
1999 年	全球人口达到 60 亿

公元 2000—2022 年

2001 年	美国科学家克莱格·文特尔（Craig Venter）发布了自己版本的人类基因组序列（基于自己的DNA）
2002 年	科学家合成第一种人工病毒（脊髓灰质炎病毒）
2003 年	人类基因组计划的公共及私营部门项目全部正式结束
2003 年	英国科学家奥布里·德格雷（Aubrey de Grey）和他的同事创建了玛士撒拉基金会
2004 年	"非典"流行病持续一年后得到了控制（开始几个月内便完成了基因组测序）
2006 年	日本科学家山中伸弥在京都培养了诱导性多能干细胞
2008 年	西班牙生物学家玛丽亚·布拉斯科（María Blasco）在马德里的西班牙国立癌症中心宣布延长了小鼠的寿命
2009 年	英国科学家奥布里·德格雷和他的同事创造了SENS 研究基金会
2009 年	端粒和端粒酶研究获得诺贝尔生理学或医学奖
2010 年代	利用当前技术搭建通往永生的第一座桥梁（雷·库兹韦尔）（Ray Kurzweil）
2010 年	美国科学家克莱格·文特尔宣布创建第一个人工细菌"辛西娅"（Synthia）
2010 年	体外人工受孕技术获得诺贝尔生理学或医学奖
2011 年	全球人口达到 70 亿
2011 年	法国的研究实现了"体外"人类细胞的恢复年轻态
2012 年	克隆和细胞重编程（多能细胞）技术获得诺贝尔生理学或医学奖

2013 年	美国首次实现大鼠肾脏"体外"生产
2013 年	日本首次用干细胞生产人类肝脏
2013 年	谷歌宣布创立加州生命公司（Calico）以治疗衰老
2014 年	IBM 扩展了其名为"沃森医生"（Doctor Watson）的智能医疗系统的使用
2014 年	美籍韩裔医生尹俊（音译）创立了帕洛阿尔托长寿奖
2015 年	第一种抗埃博拉出血热病毒的疫苗诞生
2016 年	Meta 董事长马克·扎克伯格（Mark Zuckerberg）宣布，将有可能治愈"所有疾病"
2016 年	微软科学家宣布他们应该能够在 10 年内治愈癌症
2016 年	德国企业家迈克尔·格雷夫（Michael Greve）创建永远健康基金会
2017 年	西班牙科学家胡安·卡洛斯·伊兹皮萨（Juan Carlos Izpisúa）宣布，他能够使老鼠恢复年轻态 40%
2018 年	首次商业使用基因治疗（CRISPR）技术
2018 年	中国最先使用 CRISPR 技术生产避免艾滋病毒感染的婴儿
2019 年	FDA 批准首批延长寿命的去衰老细胞疗法
2019 年	《自然》关于格雷格·费伊团队的报道首次暗示人体的"'生物年龄'可以逆转"
2020 年	2019 新型冠状病毒基因组测序若干周内就宣告完成，mRNA 疫苗若干天内就开发出来
2020 年	谷歌 DeepMind 开发的人工智能 AlphaFold 解决了生物学领域的蛋白质折叠问题
2020 年	诺贝尔化学奖授予 CRISPR 研究

2020 年	哈佛大学澳大利亚生物学家大卫·辛克莱（David Sinclair）通过 CRISPR 技术让失明的小鼠重见光明、返老还童
2021 年	杰夫·贝佐斯、尤里·米尔纳等亿万富翁创建阿尔托斯实验室（Altos Labs），以逆转人类衰老进程
2021 年	史上首例将猪肾脏移植到脑死亡人类体内的手术完成，显示了异种器官移植的可行性
2021 年	一年内生产疫苗超过 90 亿支，进行了史上最大规模的疫苗接种运动
2022 年	史上首例将猪心脏移植到人类体内的手术完成，显示了异种器官移植的可行性
2022 年	FDA 首次批准血友病的试验性疗法，首次批准阿尔茨海默病的试验性疗法
2022 年	沙特阿拉伯宣布建立"健康进化"基金会（Hevolution Foundation），每年向衰老研究投入 10 亿美元
2022 年	英国科学家奥布里·德格雷和同事创建长寿逃逸速度基金会[Longevity Escape Velocity (LEV) Foundation]
2022 年	全球人口达到 80 亿
2022 年	首次疟疾 mRNA 疫苗临床试验，首次艾滋病 mRNA 疫苗临床试验

公元 2023—2029 年（可能）

2023 年	首次 mRNA 癌症疫苗临床试验
2025 年	在长寿逃逸速度基金会的资金支持下，"强健老鼠恢复年轻态"进入临床阶段
2025 年	分子组装机（纳米技术）成为可能（库兹韦尔）

2020 年代	使用生物技术搭建通往永生的第二座桥梁（库兹韦尔）
2020 年代	以二甲双胍和雷帕霉素延长寿命的人类临床试验
2020 年代	全球消灭脊髓灰质炎
2020 年代	全球消灭麻疹
2020 年代	成功预防疟疾和艾滋病的疫苗获得批准
2020 年代	治愈大多数癌症
2020 年代	治愈帕金森氏病
2020 年代	简单人体器官的 3D 生物打印
2020 年代	用患者自身细胞克隆人体器官商业化
2020 年代	使用干细胞和端粒酶的恢复年轻态疗法商业化
2020 年代	人工智能和机器人医生协助人类医生
2020 年代	远程医疗扩展至全球范围
2020 年代	埃隆·马斯克（Elon Musk）首次载人火星旅行
2029 年	达到"长寿逃逸速度"或"玛士撒拉点"（库兹韦尔）
2029 年	强人工智能最终通过图灵测试（库兹韦尔）

公元 2030 年之后（更多可能性）

2030 年代	使用纳米技术搭建通往永生的第三座桥梁（库兹韦尔）
2030 年代	治愈阿尔茨海默病
2030 年代	全球消灭疟疾
2030 年代	全球消灭艾滋病病毒
2030 年代	埃隆·马斯克巩固火星上的第一个人类殖民地
2037 年	全球人口达到 90 亿
2039 年	从大脑到大脑的智力传递成为可能（库兹韦尔）

2040 年代	使用人工智能技术搭建通往永生的最后一座桥梁（库兹韦尔）
2040 年代	星际互联网连接地球、月球、火星和宇宙飞船
2045 年	衰老可以治愈，死亡或成为可选而非必然（库兹韦尔）
2045 年	奇点到来，人工智能超越了所有人类的智慧（库兹韦尔）
2049 年	现实与虚拟现实之间的区别消失（库兹韦尔）
2050 年	人形机器人击败英格兰足球代表队（英国电信）
2050 年代	冷冻患者首次复苏（库兹韦尔）
2072 年	"皮米技术"研究开始（"皮米"为"纳米"的 1/1000）（库兹韦尔）
2099 年	"费米技术"研究开始（"费米"为"皮米"的 1/1000）（库兹韦尔）
2099 年	在不知衰老为何物的世界中，寿命概念变得全无意义

后　记

所有的真理都要经过三个阶段：首先，受到嘲笑；然后，遭到激烈的反对；最后，被理所当然地接受。

叔本华（Arthur Schopenhauer），1819 年

我与何塞·科尔代罗相识已经十多年了，与大卫·伍德交往的时间也只是略短而已，结识的起点则是共同参加许多关于衰老和所谓"指数技术"(exponential technologies) 相关研讨会的经历。我自己创建的"衰老研究和药物发现"（Aging Research and Drug Discovery，ARDD）已经发展为全球最大的长寿生物技术论坛，何塞与大卫是这里的常客。随着时间的推移，我对这个领域的看法已经发生了改变。我曾经相信我们能够在不久的将来战胜衰老，但是现在，我对长寿技术的现实进展逐渐开始怀疑，变得更加务实。曾经在各种超人类主义研讨会上发表乐观预期的我，现在已经转向更加保守的立场，并且公开批评那些在我看来不切实际的豪言壮语。我现在主张将更大的研究力度转向低温生物学和其他领域，因为这可能会挽救数以百万计的生命——因为未来几十年间，我们都未必能够找到可以在临床层面被确认有效的恢复年轻态干预方法，而这些人已经无法等

待更长的时间。

正因为如此，当何塞邀请我为他和大卫合作的《从长寿到永生》，为这部集结了多种非常可信的论据，并且号召我们采取行动的著作撰写后记时，我颇感吃惊。我想要明确的是，足以帮助我们战胜死亡的技术变革尚未到来，而且未来短期之内恐怕也不会到来。我这么说并不是为了打击读者，让他们失掉支持长寿研究的动力，相反，我希望他们都能够积极参与到这个领域当中，还希望鼓励其他人也参与进来。只是，那种夸大其词，甚至一厢情愿地认为衰老问题会在不久后被神奇解决的想法，确实是不切实际的。

事实就是，迄今为止，长寿医学界领先的专家们所能够提供的最贴近我们每个人的长寿干预方法，主要也只限于疾病早期诊断和优化生活方式，即通过饮食、睡眠、营养补充剂，以及一些基础药物等来改善我们的新陈代谢而已。那些最广为人知的潜在抗衰老药物，不管是二甲双胍还是雷帕霉素，其在长寿方面的功效都还没有经过人体临床试验的证实，而且我相信，哪怕它们被证明可以延长那些健康的、有运动习惯的人的寿命，也只是能延寿若干年而已。我更加相信，那些认为在雷帕霉素之外还有大量更好的、可以通过临床试验的延寿药物的观点，其实远没那么容易自圆其说。

一般而言，要发现和开发出一种新药物，都需要投入超过 20 亿美元的成本，以及超过 10 年的时间，而且 90% 的情况下，研发过程还会以失败告终。虽然我们可以利用人工智能来加快进程和增大成功概率，但即便是针对一种我们已经充分了解的疾病，新药的人体临床试验一般也需要至少 5 年。哪怕在一种药物得到批准之后，要切实证明它的确能够延缓衰老，或者的确能够修复某些与衰老相关的损害，很可能还需要若干年。此外，同样需要明确的是，诸如基因疗法、细胞疗法，以及其他许多非药物干预方法虽然也很值得期待，但是也都需要更大力度和更长时间的研发，才可能走到临床验证的那一步。我们必须大力支持，乃至亲身致力于这些领域的研究，这无疑是非常重要的，但同样重要的是，我们面对业已取得的进展和未来将面对的挑战，必须时刻保持现实和冷静的头脑。

由于人口迅速老龄化和过剩支出的问题，一些国家现在已经背负上了沉重的，而且是极难偿还的债务负担。通货膨胀不仅仅在侵蚀人们的储蓄，而且已经成为了经济增长实实在在的拖累。超级富豪和工薪阶层之间的关系正变得日益紧张，也将持续分散我们的精力。各国本该将大部分资源投入衰老研究，但现实当中，一些国家却将其投入了经济战，甚至是真枪实弹的热战。当国家为了生存而战斗时，生物技术研究显然已经不可能被置于优先地位。如果这样的趋势持续下去，许多原本大有前途的研究机构也只能被迫将焦点从研究转移到生存上来。

当然，无论如何，我们依然有许多理由对未来感到乐观。越来越多来自其他领域的科学家都开始转向长寿领域，许多年轻人更是从高中时代就开始将长寿生物技术作为自己职业生涯的首选方向。尚未退休的人们，大多数都应该放弃惯例的提早退休的规划，代之以终身学习和终身职业规划。拜人工智能和许多其他不断涌现的新工具所赐，许多全新的替代职业可能性已经被呈现于他们面前。你彻底改变了你的人生规划，也就意味着你将彻底规避因为活到100岁而耗尽积蓄的风险。社保也许帮不了你，但是你可以自己帮助自己，通过持续获取新技能和做有用工作的能力来生存下来，并且过上舒适的生活。

关键在于，我们必须持续专注于长寿，尽量避免被浮云遮蔽了双眼。许多成功的政客和其他公众人物都熟练掌握了引导公众视线的"艺术"，能够轻易将我们的关注转移到那些看似迫在眉睫，实则不那么重要的威胁上，甚至让我们陷入彼此指责的怪罪游戏。因为自己的过错而迁怒其他人是人之常情，而给自己洗脑终归要比说服别人容易得多。这也便是所谓"策略性的自我欺骗"了。比如，伴随中国经济不断崛起，在全球经济当中占据越来越大的份额，一众工业化国家的统治地位岌岌可危，一些国家的领导人便选择了煽惑选民的仇华情绪，掀起破坏性的贸易战，尽管抓住 10 亿人告别贫困、步入繁荣的巨大商机才是正道。生存权本是人权最根本的一条，而在 2021 年，中国人的平均预期寿命比起美国人还要长出两年。同样在这一年，香港人的平均预期寿命更是要比美国人长出足足九年。遗憾的是，在这样的背景之下，长寿却依然无法在大多数美国政客的政治议程当中获得一个优先的位置。

下一次，当你听到一名政客宣称自己面临的问题应该归咎于他人，并且要理直气壮地据此挑起冲突时，千万要三思再三思，而不要盲从他们的思路。这么做真的值得吗？为此而浪费掉延长你自己，以及地球上其他人生命的机会，真的值得吗？要达到长寿的目标，我们首先必须真正向往这个目标，要求这个目标，乃至为这个目标而战。考虑一些我们需要战胜的技术挑战，以及发现新药物和疗法的成本与失败几率，我们就会明白，这一事业离开大规模的全球协作和整合是很难成功的。

《从长寿到永生》一书让我们清楚地看到了生命的重要性，以及让我们得以窥见了在科学和技术进步之下获得比以往长得多的寿命的希望——当然，一切叙述都是站在乐观的立场上。诚然，我自己在评价长寿生物技术所取得的进步方面要保守得多，这也是因为我所创建的那些企业现在都是这个领域的领先者，站在最前沿的我可以更清楚地看到技术进步的局限性，然而，这绝不意味着我已经要放弃大幅度延长全体人类寿命的梦想了。恰恰相反，在我看来，这个梦想正是最重要、最意义深远的，值得我投入我的全部余生。

这部全球畅销的书籍将延长寿命的梦想淋漓尽致地展现在了各位读者

面前，如果你也喜欢这个梦想，那么你就必须意识到，你必须在自己的一生当中不断努力，才能帮助它变成现实。你不能指望依靠其他人的努力坐享其成，相反，你必须贡献自己的聪明才智，深度投入这一领域，参与到寻找延寿新方法的努力之中。如果你的才智和学识做不到这些，你也应该考虑为长寿生物技术寻找更多的资源，以及鼓励他人投身这个事业。哪怕这一点依然超出你的能力范围，你依然可以从其他角度帮助这个事业。比如，你可以致力于重建世界和平，阻止注定事与愿违的贸易战，推动国家与组织之间的协作，帮助避免可能的经济崩溃，这些都可以让研究者更加心无旁骛地投入挽救你自己和其他千千万万人类寿命，使其免于衰老和死亡威胁的战斗。

何塞和大卫相信，我们有很大的机会在有生之年就能够看到人类寿命大幅度延长的那一幕，对此，我无法苟同。我认为，事情远没有到板上钉钉的地步，这项工作很可能还将经历更长的时间，需要我们投入更大的努力。正因为如此，我们已经没有什么虚度光阴的余地了。正如那句名言：

我们不做，更待谁人？

现在不做，更待何时？

亚历克斯·扎沃洛科夫（Alex Zhavoronkov）博士

英矽智能（Insilico Medicine）创始人、首席执行官，

《跨越衰老》（*The Ageless Generation*）作者

参考资料

看一眼书，你就会听到另一个人的声音，这声音或许来自 1000 年前。阅读就是穿越时空……书籍打破了时间的束缚——证明人类可以施展魔法。

卡尔·萨根，1980 年

有多少人是因为阅读一本书而开启了自己生命的全新时代。

亨利·戴维·梭罗（Henry David Thoreau），1854 年

中文版致辞

https://www.visualcapitalist.com/history-of-pandemics-deadliest/

https://www.fightaging.org/archives/2020/08/the-reasons-to-study- aging/

https://www.thelancet.com/infographics/population-forecast

https://www.statista.com/chart/22378/estimated-cost-of-containing- future-
pandemic/

https://www.sjayolshansky.com/sjo/Longevity_Dividend_Initative.html

开 篇

Steven Cave（2017）. Immortality: The Quest to Live Forever and How
It Drives Civilization.

James Wasserman（2015）. The Egyptian Book of the Dead: The Book
of Going Forth by Day: The Papyrus of Ani.

Jonathan Clements（2015）. The First Emperor of China.

Samuel Eliot Morison（1971）. The European Discovery of America: The
Northern Voyages, A.D.500-1600,& The Southern Voyages, A.D.1492-1616.

Yuval Noah Harari（Sep 8, 2016）. The Last Days of Death.

Richard P. Feynman（2005）. The Pleasure of Finding Things Out: The
Best Short Works of Richard P. Feynman.

Mikhail V. Blagosklonny, Judith Campisi, and David A. Sinclair（Jan,
2009）. Aging: past, present and future.

Nick Bostrom. The Fable of the Dragon-Tyrant. Journal of Medical Eth-
ics,2005, Vol.31, No.5, pp 273-277.

Gennady Stolyarov II（2013）. Death is Wrong.

第一章

Molecular Biology of the Cell,6th Edition.

Miguel Coelho, AygulDereli, AnettHaese, Sebastian Kuhn, Liliana Ma-linovska, Morgan E. DeSantis, James Shorter, Simon Alberti, Thilo Gross, and Iva M. Tolic-N?rrelykke. Fission Yeast Does Not Age under Favorable Conditions, but Does So after Stress. Current Biology 23,1844-1852, October 7, 2013.

Daniel Martinez. Mortality Patterns Suggest Lack of Senescence in Hydra. Experimental Gerontology, Volume 33, Issue 3, May 1998, Pages 217-225.

https://www.ncbi.nlm.nih.gov/pubmed/26690755

Thomas C. J. Tan, Ruman Rahman, Farah Jaber-Hijazi, Daniel A. Felix, Chen Chen, Edward J. Louis, and Aziz Aboobaker. Telomere maintenance and telomerase activity are differentially regulated in asexual and sexual worms.

Proc Natl Acad Sci U S A.2012 Mar 13;109（11）:4209–4214.

Wolfram Klapper, Karen Kühne, Kumud K Singh, Klaus Heidorn, Reza Parwaresch, and Guido Krupp（Dec 3, 1998）. Longevity of lobsters is linked to ubiquitous telomerase expression.

https://www.ncbi.nlm.nih.gov/books/NBK100401/

https://www.nps.gov/brca/learn/nature/quakingaspen.htm

https://phys.org/news/2013-08-soil-beneath-ocean-harbor-bacteria.html 10.

https://elpais.com/elpais/2017/08/16/ciencia/1502878116_747823.html

数据来源：AnAge Database of Animal Ageing and Longevity.

Rebecca Skloot（Mar 8, 2011）. The Immortal Life of Henrietta Lacks.

Immortality Institute. The scientific conquest of death: essays on infi- nite lifespans.– 1a. ed.– Buenos Aires: LibrosEnRed,2004.

第二章

https://www.ndhealthfacts.org/wiki/Aging

University of Florida（Jul 2, 2009）. Salamanders, Regenerative Wonders, Heal Like Mammals, People. https://www.sciencedaily.com/releases/2009/07/090701131314.htm

Benjamin Radford（April 4, 2011）. Does the Human Body Really Replace Itself Every 7 Years? https://www.livescience.com/33179-does-human- body-replace-cells-seven-years.html.

Anca Iovi（2017）. La Brecha del Envejecimiento Entre las Especies.

August Weismann（1892）. The Germ-Plasm: A Theory of Heredity.

Elena Milova（May 12, 2017）. Commemorating the Work of Dr. Elie Metchnikoff.

Ilia Stambler（2014）. A History of Life-Extensionism in the Twentieth Century.

https://mcb.berkeley.edu/courses/mcb135k/BrianOutline.html

https://www.senescence.info/aging_theories.html

https://www.ncbi.nlm.nih.gov/pmc/articles/PMC4410392/

https://www.ncbi.nlm.nih.gov/pmc/articles/PMC2995895/

Dr De Grey Aubr（2019）. El fin del envejecimiento.

Jason Pontin（July 28, 2005）. The SENS Challenge.

https://www.sens.org/research/introduction-to-sens-research

Steve Hill（June 1, 2017）. SENS: Where are we now?

Carlos López-Otin, Maria A. Blasco, Linda Partridge, Manuel Ser- rano, and Guido Kroemer（June 6, 2013）. The Hallmarks of Aging. Cell 153.

The Scientific Conquest of Death: Essays on Infinite Lifespans（2004）

Edited by Immortality Institute.

Nicolas Musi（Editor）, Peter Hornsby（Editor）. Handbook of the Biology of Aging（Handbooks of Aging）.

Alex Zhavoronkov, Bhupinder Bhullar. Front. Genet.,04 November 2015. Classifying aging as a disease in the context of ICD-11.

第三章

https://www.rejuvenatebio.com/

J. Craig Venter. Life at the Speed of Light From the Double Helix to the Dawn of Digital Life.

https://www.senescence.info/

https://longevity.vc/

https://www.longevity.international/

第四章

https://www.diamandis.com/

PETER H. DIAMANDIS（19 July, 2013）. Why We Love Bad News: Understanding Negativity Bias

Population data from Department of Economic and Social Affairs, the United Nations. World Population Prospects 2019

Max Roser（2014）. Future Population Growth. https://ourworldin-data. org/future-population-growth

https://www.rayandterry.com/

Ray Kurzweil, Terry Grossman（2005）. Fantastic Voyage: Live Long Enough to Live Forever https://www.mathscareers.org.uk/article/escape-velocities/

Max Roser, Esteban Ortiz-Ospina and Hannah Ritchie（2013）. Life Expectancy

Peter H. Diamandis, MD（Nov 10, 2017）.3 Dangerous Ideas From Ray Kurzweil. From SingularityHub.

https://www.singularity2050.com/2008/03/actuarial-escap.html

Hplusmagazine（2010）. Aubrey de Grey on "The Singularity" and "The Methuselarity".

http://hplusmagazine.com/2009/09/28/aubrey-de-grey- singularity-and-methuselarity/

Ray Kurzweil（15 April, 2014）. How to Create a Mind:The Secret of Human Thought Revealed

Azeem Azhar（05 Jan, 2018）.18 technology predictions for 2018. https://www.weforum.org

https://www.ibm.com/watson/ca-en/health/

Lauren Goode（Jan, 2018）. Google CEO Sundar Pichai compares impact of AI to electricity and fire. From www.theverge.com

Steven Levy（Oct, 2014）."We're Hoping to Build the Tricorder". From medium.com

https://www.cbinsights.com/research/artificial-intelligence-startups-healthcare/

https://allofus.nih.gov/

https://dkv.global/

第五章

https://www.theguardian.com/world/2008/nov/27/Japan

https://www.theguardian.com/world/2013/jan/22/elderly-hurry-up-die-Japanese

Ezekiel J. Emanuel（Oct, 2014）. Why I Hope to Die at 75. From The Altantic

Francis Fukuyama, Ron Bailey, Morton Kondracke.（February 12,2003）. What are the Possibilities and the Pitfalls in Aging Research in the Future?

National Center for Health Statistics（February 24, 2020）. Estimates of Funding for Various Research, Condition, and Disease Categories（RCDC）

Matthew Bartlett（Mar 10, 2017）. How does water affect the humanbody? From waterwaysproducts.com.au

John Emsley（Aug, 2011）. Nature's Building Blocks: An A-Z Guide to the Elements

https://www.youtube.com/watchv=NV3sBlRgzTI&feature=youtu.be

https://edition.cnn.com/2006/TECH/science/06/12/introduction/

https://sensproject21.org/

Ariel VA Feinerman（Dec 24, 2017）. Wake up people, it's time to aim high! Long interview with Dr Aubrey de Grey. From medium.com

第六章

The Happiness Hypothesis

The Righteous Mind

Ernest Becker. The Denial of Death

Sheldon Solomon, Jeff Greenberg, Tom Pyszczynski（2015）. The Worm

at the Core: On the Role of Death in Life

William James（2013）. The Varieties of Religious Experience

https://ernestbecker.org/page_id=60

Understanding the opposition to long-term extension of the human lifespan: fear of death, cultural worldviews, and the illusion of objectivity（Thomas Pyszczynski, University of Colorado）

Aubrey de Grey, Michael Rae（2007）. Ending Aging: The Rejuvenation Breakthroughs That Could Reverse Human Aging in Our Lifetime

https://www.fightaging.org

Geoffrey A. Moore. Crossing the Chasm: Marketing and Selling Dis- ruptive Products to Mainstream Customers Everett M. Rogers. Diffusion of Innovations

What reassurances do the community need regarding life extension?-Mair Underwood

第七章

https://mathworld.wolfram.com/Rabbit-DuckIllusion.html

https://www.moillusions.com/vase-face-optical-illusion/

https://well.blogs.nytimes.com/2008/04/28/the-truth-about-the-spin-ning-dancer/?_r=0

https://www.e-education.psu.edu/earth520/content/l2_p12.html

Allan Krill（Professor of Geology, NTNU, Norway）. Not Getting the Drift-A Hard Look at the Early History of Plate-Tectonic Ideas Naomi Oreskes（University of California, San Diego）. Continental

Drift Paleomagnetism and the Proof of Continental Drift. From geologylearn. blogspot.com

https://semmelweis.org

Gordon Guyatt, MD, MSc; John Cairns, MD; David Churchill, MD, MSc; et al（November 4, 1992）. Evidence-Based Medicine-A New Approach to Teaching the Practice of Medicine

A.L. Cochrane（1972）. Effectiveness And Efficiency: Random Reflections on Health Services

Archie Cochrane（26 February, 2004）. Effectiveness and Efficiency: Random Reflections on Health Services

Druin Burch（2009）. Taking the Medicine: A Short History of Medicine's Beautiful Idea, and Our Difficulty Swallowing It

https://www.cochrane.org

D.P. Thomas. The demise of bloodletting

Gerry Greenstone, Md, The History of Bloodletting. Issue: Bcmj, vol.52, No.1, January February 2010, Pages 12-14 Premise

"I would not live forever, because we should not live forever, because if we were supposed to live forever, then we would live forever, but we cannot live forever, which is why I would not live forever." —Caitlin Upton, Miss Teen USA South Carolina 2007.

第八章

Robert C.W.Ettinger. The Prospect of Immortality

Rose Eveleth（22nd August, 2014）. Cryopreservation:"I freeze people to cheat death". From BBC.

https://www.longecity.org/forum/page/index.html/_/articles/cryonics

https://www.kurzweilai.net/playboy-reinvent-yourself-the-playboy- inter-view

https://www.biostasis.com

https://cryonics-research.org.uk

Resuscitation from accidental hypothermia of 13.7 ℃ with circulatory ar-rest

Kevin Fong M.D. Extreme Medicine: How Exploration Transformed Med-icine in the Twentieth Century Lauren Fisher（Apr.14, 2016）. Frozen Back to Life: How Hypother- mia Can Help Cheat Death

Sara Reardon（25 January, 2013）. Zoologger: Supercool squirrels go into the deep freeze

How antifreeze proteins bind to surface of ice crystals: Finding may end 30-year debate. From ScienceDaily

T. Sformo, K. Walters, K. Jeannet, B. Wowk, G. M. Fahy, B. M. Barnes, J. G. Duman. Journal of Experimental Biology 2010213:502-509; doi:10.1242/jeb.035758. Deep supercooling, vitrification and limited survival to–100 ℃ in the Alaskan beetle Cucujusclavipespuniceus（Coleoptera: Cucujidae）larvae

Jasmin Fox-Skelly（13 March, 2015）. Boil them, deep-freeze them, crush them, dry them out or blast them into space: tardigrades will survive it all and come back for more. From BBC Earth.

Natasha Vita-Morecorresponding author, Daniel Barranco. Persistence of Long-Term Memory in Vitrified and Revived Caenorhabditis elegans. Reju- ve-nation Res.2015 Oct 1;18（5）:458–463.

David W. Crippen, Robert J. Shmookler Reis, Ramon Risco, and Nata- sha Vita-More.（October 19, 2015）. The Science Surrounding Cryonics

https://www.alcor.org

https://www.bbc.com/future/story/20140224-can-we-ever-freeze-our- organs

Amara D. Angelica（January 13, 2011）. Alcor update from Max More, new CEO

Tim Urban（March 24, 2016）. Why Cryonics Makes Sense

Alcor Book: Preserving Minds, Saving Lives

Ray Kurzweil（2014）. How to Create a Mind: The Secret of Human Thought Revealed

第九章

Glyn Moody（2014）. Bayer's CEO: We Develop Drugs for Rich Westerners. Not Poor Indians.

John Cassidy（2009）. How Markets Fail: The Logic of Economic Calamities

https://www.williammacaskill.com

The Cost-Effectiveness of Anti-Ageing Research - Aubrey De Grey for 80000 Hours

EVGENY MOROZOV（2009）. Foreign Policy: Brave New World of Slacktivism

A Letter to Mother Nature: Amendments to the Human Constitution

David Brion Davis. Inhuman Bondage:The Rise and Fall of Slavery in the New World

https://www.bu.edu/historic/london/conf.html

结　语

Gustave Aimard（1861）. The freebooters: a story of the Texan war Victor Hugo（1877）. The History of a Crime

https://longevityalliance.org

"Never doubt that a small group of thoughtful, committed citizens can change the world: indeed, it's the only thing that ever has." —Margaret Mead

https://quoteinvestigator.com/tag/j-b-s-haldane/

中文版致谢

首先，我想对所有帮助《从长寿到永生》中文版图书出版的人们所付出的努力表示衷心的感谢。

我非常感谢人民出版社通识分社龚勋社长的帮助。感谢她在我的书籍翻译和出版过程中的耐心、勤奋和专业的指导。另外，我还要感谢伍刚教授，他为我的书在中国市场提供了非常专业的战略建议。

我衷心感谢专注于创新思维领域的硅谷风险投资人刁孝力，正是由他的引荐，才使得我能与该领域的中国专业团队合作翻译、出版和推广本书。另外，我要对功能性饮食领域创业者徐尉良的翻译、校对以及对《从长寿到永生》的热情表示最深切的感谢。此外，我要感谢格拉斯哥大学金融学专业的罗迪斯琦和北京师范大学环境学院的学生郝嘉元对书籍的仔细校对。

最后，我还要感谢加州大学伯克利分校计算机和心理学专业的学生Aaron Li，他一直在协助和支持我的书籍在中国和硅谷的推广。

何塞·科尔代罗（工商管理硕士、博士）

2024 年 10 月 11 日

致 谢

感恩是高尚灵魂的标志。

伊索（Aesop），公元前 5 世纪

如果说我比别人看得更远的话，那是因为我站在巨人的肩膀上。

艾萨克·牛顿（Isaac Newton），1676 年

胜利有 100 个父亲，但失败却是个孤儿。

约翰·菲茨杰拉德·肯尼迪，1961 年

这是一本关于生命、为了生命和向往生命的书。首先要感谢的是我们的家人，是他们让我们走到了今天。不过，比起我们的"直系亲属"，我们更感谢数百万年前我们在非洲的第一个原始人类祖先，以及在那更久之前的，我们这个小星球上的所有生命的起源——地球上的第一个单细胞生物。

以下非常感谢：

我们在马德里自治大学、巴塞罗那大学、伯明翰大学、加州大学伯克利分校、剑桥大学、伦敦大学学院、马德里康普鲁滕塞大学、乔治城大学、哈佛大学、俄罗斯高等经济学院、欧洲工商管理学院、伦敦国王学院、京都大学、利物浦大学、莫斯科物理技术学院、麻省理工学院、牛津大学、马德里政治学院、奇点大学、首尔大学、新加坡大学、索菲亚大学、斯坦福大学、蒙特雷科技大学、东京大学、早稻田大学、威斯敏斯特大学、延世大学等大学和机构的同事和朋友。我们还要感谢分别来自AfroLongevity、阿尔科生命延续基金会、长寿倡议联盟、美国抗衰老医学科学院、罗马俱乐部、激进生命延长联盟、人体冷冻研究所、European Biostasis Foundation、健康科技峰会、永远健康基金会、国际长寿联盟、克里奥鲁斯、长寿逃逸速度基金会、生命延续基金会、救生艇基金会、London Futurists、Madrid Singularity、玛士撒拉基金会、世界超人类主义协会、SENS 研究基金会、SingularityNET、Southern Cryonics、千年项目、TechCast Global、Tomorrow Biostasis、TransHumanCoin、美国超人类主义党、VitaDAO、世界艺术与科学学会、世界未来研究联盟等其他前瞻性组织的朋友们。

就个人而言，我们要向各位积极致力于彻底延长寿命的科学家、研究人员、投资者、倡议者、经济学家和政治学家们致以高度感激之情，以姓氏英文字母排序，分别是：约翰尼·亚当斯（Johnny Adams）、马克·艾伦（Mark Allen）、布鲁斯·艾姆斯（Bruce Ames）、奥姆里·阿米拉夫-德罗利 (Omri Amirav-Drory)、比尔·安德鲁斯（Bill Andrews）、克里斯蒂安·安格迈尔（Christian Angermayer）、索尼娅·阿里森（Sonia Arrison）、约翰·阿什（John Asher）、安东尼·阿塔拉（Anthony Atala）、雅克·阿塔利（Jacques Attali）、彼得·阿提亚 (Peter Attia)、史蒂文·奥斯塔德（Steven Austad）、查尔斯·阿武奇（Charles Awuzie）、穆斯塔法·艾库特（Mustafa Aykut）、拉斐尔·巴齐亚（Rafael Badziag）、罗纳德贝利 (Ronald Bailey)、本·巴尔韦格（Ben Ballweg）、乔·巴丁（Joe Bardin）、哈尔·巴伦（Hal Barron）、尼尔·巴兹莱 (Nir Barzilai)、凯特·巴茨（Kate Batz）、鲍里斯·鲍克（Boris Bauke）、亚历山德拉·鲍斯（Alexandra Bause）、安德莉亚·鲍尔（Andrea Bauer）、艾克哈特·比蒂（Eckhart Beatty）、海纳·班金（Heiner Benking）、乔安娜·本斯（Joanna Bensz）、阿德里安·伯格（Adriane Berg）、马克·贝尔尼格（Marc Bernegger）、本·贝斯特（Ben Best）、杰夫·贝佐斯（Jeff Bezos）、圣地亚哥·比林奇斯（Santiago Bilinkis）、伊芙琳·比肖夫（Evelyne Bischof）、汉斯·比肖夫（Hans Bishop）、马尔科·比滕茨（Marko Bitenc）、维克托·比约克（Victor Bjork）、希利亚·布莱克（Celia Black）、吉尔·布兰德（Gil Blander）、玛丽亚·布拉斯科（Maria Blasco）、冈特·博登（Gunter Boden）、菲利克斯·波普（Felix Bopp）、尼克·博斯特罗姆（Nick Bostrom）、阿隆·布劳恩（Alon Braun）、尼可拉斯·布兰德伯格（Nicklas Brendborg）、查尔斯·布伦纳（Charles Brenner）、谢尔盖·布林（Sergey Brin）、扬·布鲁赫（Jan Bruch）、塞巴斯蒂安·布伦内梅尔（Sebastian Brunemeier）、玛莎·布卡拉姆（Martha Bucaram）、斯文·布特里斯（Sven Bulterijs）、帕特里克·伯格梅斯特（Patrick Burgermeister）、伯尔·拜伦德（Per Bylund）、伊斯梅尔·卡拉（Ismael Cala）、朱迪斯·坎皮西（Judith Campisi）、赫克托尔·卡萨努瓦（Hector Casanueva）、苏菲·夏布洛茨（Sophie Chabloz）、卡鲁姆·蔡斯（Calum Chace）、阿尔·沙拉比（Al Chalabi）、普鲁埃希·乔杜里（Puruesh Chaudhary）、内森·郑（Nathan Cheng）、尼古拉斯·切尔纳夫斯基（Nicolas Chernavsky）、佩德罗·康农莱兹（Pedro Chomnalez）、埃皮阿门德斯·克里斯托菲洛波罗斯（Epaminondas Christophilopoulos）、乔治·丘奇（George Church）、吉娜·辛克尔（Zina Cinker）、冈特·克拉尔（Günter Clar）、维托·克劳特（Vitto Claut）、斯温·克莱曼（Sven Clemann）、詹姆斯·克莱门特（James Clement）、迪迪埃·考尔奈尔（Didier Coeurnelle）、玛格丽塔·科兰杰洛（Margaretta Colangelo）、克莉丝

汀·科梅拉(Kristin Comella)、基思·科米托(Keith Comito)、伊琳娜·孔博伊（Irina Conboy）、尼古拉·康伦（Nichola Conlon）、弗朗哥·柯蒂斯(Franco Cortese)、凯特·科特尔（Kat Cotter）、格伦·克里普（Glenn Cripe）、沃尔特·克朗普顿(Walter Crompton)、谢尔蒙·克鲁兹（Shermon Cruz）、阿蒂拉·索达斯（Attila Csordas）、阿德里安·卡尔（Adrian Cull）、科妮丽娅·达海姆（Cornelia Daheim）、斯蒂芬尼·戴诺（Stephanie Dainow）、尼古拉·达内洛夫（Nikola Danaylov）、斯坦利·陶（Stanley Dao）、拉斐尔·德·卡博(Rafael de Cabo)、若昂·佩德罗·德·马加良斯（João Pedro de Magalhães）、彼得·德·凯撒（Peter de Keizer）、海特尔·古尔古里诺·德·索萨(Heitor Gurgulino de Souza)、尤里·戴金(Yuri Deigin)、布莱恩·德莱尼（Brian Delaney）、迪诺拉·德尔芬（Dinorah Delfin）、马可·德马利亚（Marco Demaria）、劳拉·戴明（Lanra Deming）、乔迪·德马库瓦尔（Jyothi Devakumar）、鲍比·达德瓦（Bobby Dhadwar）、彼得·戴曼迪斯（Peter Diamandis）、马拉·迪·贝拉尔多（Mara di Berardo）、埃里克·德雷克斯勒（Eric Drexler）、艾莉森·迪特曼（Allison Duettmann）、大卫·尤因·邓肯（David Ewing Duncan）、乔治·德沃尔斯基（George Dvorsky）、曹文凯、阿纳斯塔西娅·叶戈洛娃（Anastasia Egorova）、丹·埃尔顿（Dan Elton）、尼克·昂热雷（Nick En-gerer）、玛利亚·昂特莱格斯-亚伯拉森(Maria Entraigues-Abramson)、科林·爱德华（Collin Ewald）、莉莎·法比尼 - 基瑟（Lisa Fabiny-Kiser）、格利高里·法伊（Gregory Fahy）、比尔·法隆（Bill Faloon）、彼得·费迪切夫(Peter Fedichev)、鲁本·菲格雷斯（Ruben Figueres）、赞·弗莱明(Zan Fleming)、克里斯汀·福特尼（Kristen Fortney）、迈克尔·福塞尔（Michael Fossel）、托马斯·弗雷（Thomas Frey）、罗伯特·弗雷塔斯(Robert Freitas)、彼得·弗雷德里希（Petr Fridrich）、帕特里·弗里德曼

（Patri Friedman）、加里·雅各布斯（Garry Jacobs）、史蒂文·加兰（Steven Garan）、伊兰诺·加斯（Eleanor Garth）、马克西米连·高布（Maximilian Gaub）、提图斯·格贝尔（Titus Gebel）、迈克尔·吉尔（Michael Geer）、阿伦·格里奇（Alan Gehrich）、安娜斯塔西亚·贾莱塔（Anastasiya Giarletta）、塞巴斯蒂安·吉瓦（Sebastian Giwa）、瓦迪姆·格拉迪谢夫（Vadim Gladyshev）、杰罗姆·格伦（Jerome Glenn）、大卫·戈贝尔（David Gobel）、本·戈策尔（Ben Goertzel）、泰勒·高拉图（Tyler Golato）、罗伯特·高曼（Robert Goldman）、泰德·戈登（Ted Gordon）、罗多尔福·戈雅（Rodolfo Goya）、迈克尔·格雷夫（Michael Greve）、伊凡娜·格雷古里奇（Ivana Greguric）、亚当·格里斯（Adam Gries）、格雷格·格林伯格（Greg Grinberg）、玛格达莱娜·格罗塞尔（Magdalena Groselj）、丹·格罗斯曼（Dan Grossman）、特里·格罗斯曼（Terry Grossman）、莱昂纳德·瓜伦特（Leonard Guarente）、比尔·哈拉尔（Bill Halal）、伊安·黑尔（Ian Hale）、马克·哈马莱宁（Mark Hamalainen）、大卫·汉森（David Hanson）、威廉·哈塞尔廷（William Haseltine）、佩特拉·豪瑟（Petra Hauser）、洛·霍桑（Lou Hawthorne）、肯尼斯·海沃斯（Kenneth Hayworth）、何为无、让·赫伯特（Jean Hébert）、安德鲁·哈塞尔（Andrew Hessel）、史蒂夫·希尔（Steve Hill）、鲁迪·霍夫曼（Rudi Hoffman）、史蒂夫·霍瓦斯（Steve Horvath）、马西亚斯·霍恩伯格（Matthias Hornberger）、泰德·霍华德（Ted Howard）、爱德华·哈金斯（Edward Hudgins）、加里·哈德森（Gary Hudson）、巴里·休斯（Barry Hughes）、雷伊汗·胡赛诺娃（Reyhan Huseynova）、保罗·海尼克、杰内罗索·扬尼切洛（Generoso Ianniciello）、凯琳·艾顿（Cairn Idun）、汤姆·英格利亚（Tom Ingoglia）、尼科洛·英维迪亚（Niccolò Invidia）、劳伦斯·艾恩（Laurence Ion）、安卡·伊奥维塔（Anca Iovita）、哈维尔·伊利扎里（Javier Irizarry）、萨利

姆·伊斯梅尔（Salim Ismail）、佐尔坦·伊斯特凡（Zoltan Istvan）、胡安·卡洛斯·伊斯皮苏亚·贝尔蒙特（Juan Carlos Izpisúa Belmonte）、加里·雅各布斯（Garry Jacobs）、纳威恩·贾因（Naveen Jain）、拉维·贾因（Ravi Jain）、萨米特·贾穆尔（Sumit Jamuar）、安娜·耶尔科维奇（Ana Jerkovic）、布莱恩·约翰逊（Bryan Johnson）、坦尼娅·琼斯（Tanya Jones）、马特·卡伯尔雷恩（Matt Kaeberlein）、加来道雄、奥斯内卡奇·阿库玛·卡卢（Osinakachi Akuma Kalu）、查理·凯姆（Charlie Kam）、德米特里·卡明斯基、比尔·卡普（Bill Kapp）、娜塔莉亚·卡巴索瓦（Natalia Karbasova）、大卫·卡罗（David Karow）、亚历山大·卡伦（Alexander Karran）、史蒂夫·凯茨（Steve Katz）、桑德拉·考夫曼（Sandra Kaufmann）、彼得·卡兹纳切耶夫（Peter Kaznacheev）、埃米尔·肯齐奥拉（Emil Kendziorra）、布赖恩·肯尼迪（Brian Kennedy）、马戈梅德·卡埃迪科夫（Magomed Khaidakov）、达利亚·哈尔图瑞娜（Daria Khaltouri-na）、法拉兹·可汗（Faraz Khan）、马哈茂德·可汗（Mehmood Khan）、阿隆·金（Aaron King）、詹姆斯·科克兰（James Kirkland）、罗纳德·克拉茨（Ronald Klatz）、理查德·克劳斯纳（Richard Klausner）、埃里克·克莱恩（Eric Klien）、兰德尔·科内（Randal Koene）、迈克尔·科普（Michael Kope）、丹尼尔·克拉夫特（Daniel Kraft）、吉多·克勒默（Guido Kro-emer）、安东·库拉加（Anton Kulaga）、雷·库兹韦尔（Ray Kurzweil）、马里奥斯·凯拉扎伊（Marios Kyriazis）、尤西·拉哈德（Yosi Lahad）、詹姆斯·拉克（James Lark）、亚利山德罗·拉图尔达（Alessandro Lattua-da）、戈尔丹·劳克（Gordan Lauc）、尼科莉娜·劳克（Nikolina Lauc）、牛顿·李（Newton Lee）、尤金·莱特尔（Eugen Leitl）、让 - 马克·勒梅特（Jean-Marc Lemaitre）、克里斯汀·莱姆斯特拉（Christine Lemstra）、戈尔德·莱昂哈德（Gerd Leonhard）、凯特·莱夫丘克（Kate Levchuk）、

迈克尔·莱文(Michael Levin)、摩根·莱文(Morgan Levine)、凯特琳·刘易斯（Caitlin Lewis）、约翰·刘易斯（John Lewis）、马丁·理波夫赛克(Martin Lipovek)、迪伦·利文斯顿（Dylan Livingston）、斯科特·利文斯顿（Scott Livingston）、布鲁斯·罗伊德（Bruce Lloyd）、瓦尔特·隆戈(Valter Longo)、卡洛斯·洛佩兹–奥丁（Carlos Lópoz-Otin）、米格尔·洛佩兹·德·斯兰尼斯（Miguel López de Silanes）、埃皮·路德维克（Epi Ludvik）、迈克尔·鲁斯特加滕（Michael Lustgarten）、罗伯特·康拉德·马切耶夫斯基（Robert Konrad Maciejewski）、迪普·马哈拉吉（Dip Maharaj）、安德莉亚·迈尔（Andrea B. Maier）、波利娜·马莫申娜(Polina Mamoshina)、凯斯·曼斯菲尔德（Keith Mansfield）、达纳·马杜克（Dana Marduk）、米兰·马里克（Milan Maric）、胡安·马丁内斯–巴里亚（Juan Martínez-Barea）、埃里克·马丁诺特(Eric Martinot)、努诺·马丁斯(Nuno Martins)、麦克斯·马蒂（Max Marty）、罗伯特·卢克·梅森（Robert Luke Mason）、斯蒂芬·马特林（Stephen Matlin）、约翰·毛尔丁（John Mauldin）、雷蒙德·麦考利（Raymond McCauley）、达尼拉·梅德韦杰夫(Danila Medvedev)、奥利弗·梅德韦迪克（Oliver Medvedik）、吉姆·梅隆（Jim Mellon）、杰森·莫库利奥（Jason Mercurio）、拉尔夫·默克尔(Ralph Merkle)、贝塔兰·迈什科（Bertalan Meskó）、杰米·梅茨（Jamie Metzl）、菲尔·米肯斯（Phil Micans）、菲奥娜·米勒（Fiona Miller）、凯·米卡·米尔斯（Kai Micah Mills）、埃琳娜·米洛娃（Elena Milova）、克里斯·米拉比尔(Chris Mirabile)、巴伦·米特拉（Barun Mitra）、艾利·穆罕默德（Eli Mohamad）、凯尔西·穆迪（Kelsey Moody）、麦克斯·摩尔（Max More）、亚历克谢·莫斯卡列夫（Alexey Moskalev）、沃尔夫冈·穆勒（Wolfgang Müller）、埃隆·马斯克、罗恩·纳格（Ronjon Nag）、托尔斯滕·纳姆（Torsten Nahm）、布伦特·纳利（Brent Nally）、

何塞·纳瓦罗 - 贝坦科尔特（José Navarro-Betancourt）、菲尔·纽曼（Phil Newman）、帕特·尼克林（Pat Nicklin）、贾斯敏·尼罗迪（Jasmine Niro-dy）、帕特里克·诺亚克（Patrick Noack）、圭多·努涅兹 - 穆什卡（Guido Núñez-Mujica）、马修·奥康纳（Matthew O'Connor）、马丁·奥迪亚（Martin O'Dea）、伊内斯·奥多诺万（Ines O'Donovan）、莱恩·奥希亚（Ryan O'Shea）、亚历杭德罗·奥坎波（Alejandro Ocampo）、赛普西昂·奥拉瓦里塔（Concepción Olavarrieta）、杰伊·奥尔尚斯基（Jay Olshansky）、大卫·奥本（David Orban）、迪恩·奥尼什（Dean Ornish）、埃里克·费迪南德·奥弗兰德（Erik Ferdinand Øverland）、拉里·佩奇（Larry Page）、塞萨尔·派瓦（Cesar Paiva）、弗朗西斯科·帕劳（Francisco Palao）、莉兹·帕里什（Liz Parrish）、琳达·帕特里奇、艾拉·帕斯特（Ira Pastor）、大卫·皮尔斯（David Pearce）、凯文·佩罗特（Kevin Perrott）、迈克尔·佩里（Michael Perry）、史蒂夫·佩里（Steve Perry）、莱昂·佩什金（Leon Peshkin）、克莉丝汀·彼得森（Christine Peterson）、詹姆斯·佩尔（James Peyer）、马格西穆斯·佩托（Maximus Peto）、米莉·波拉切克（Miri Po-lachek）、米拉·波波维奇（Mila Popovich）、弗朗西斯·波尔德斯（Frances Pordes）、亚历山德拉·波塔波夫（Alexander Potapov）、罗纳德·普里马斯（Ronald A. Primas）、朱利奥·普莱斯科（Giulio Prisco）、马可·夸尔塔（Marco Quarta）、安娜·金特罗（Ana Quintero）、迈克尔·雷（Michael Rae）、卡里·拉多姆斯基（Carrie Radomski）、布兰达·拉蒙可派瓦（Brenda Ramokopelwa）、托马斯·兰多（Thomas Rando）、阿希什·拉杰普特（Ashish Rajput）、约万·瑞森（Jovan Reason）、大卫·雷博莱多（David Rebolledo）、安东尼奥·雷加拉多（Antonio Regalado）、托比亚多·赖奇穆特（Tobias Reichmuth）、罗伯特·雷斯（Robert J.S. Reis）、丹尼斯·伦森（Denisa Rensen）、迈克尔·林格尔（Michael Ringel）、拉

蒙·里斯科（Ramón Risco）、埃里克·里瑟（Eric Risser）、托尼·罗宾斯（Tony Robbins）、帕斯卡尔·罗德(Pascal Rode)、埃德温·罗杰斯(Edwina Rogers)、迈克尔·罗斯（Michael Rose）、汤姆·罗斯（Tom Ross）、毛里齐奥·罗西（Maurizio Rossi）、加布里埃尔·罗斯布拉特（Gabriel Rothblatt）、玛蒂娜·罗斯布拉特（Martine Rothblatt）、艾维·罗伊（Avi Roy）、丹尼尔·鲁伊兹（Danielle Ruiz）、塞尔吉奥·鲁伊兹（Sergio Ruiz）、玛丽·鲁瓦特（Mary Ruwart）、马克·赛克勒（Mark Sackler）、保罗·萨佛（Paul Saffo）、罗伯托·圣马洛（Roberto Saint-Malo）、安德斯·桑伯格（Anders Sandberg）、耶琳娜·塞雷纳克（Jelena Sarenac）、莫滕·谢拜－努森（Morten Scheibye-Knudsen）、鲍里斯·施迈茨（Boris Schmalz）、马修·朔尔茨（Matthew Scholz）、肯·斯库兰德（Ken School-land）、弗兰克·舒勒（Frank Schüler）、库尔特·舒勒（Kurt Schuler）、比约恩·舒梅切尔（Björn Schumacher）、安德鲁·斯科特（Andrew J. Scott）、肯尼思·斯科特（Kenneth Scott）、托尼·塞巴（Tony Seba）、维托里奥·塞巴斯蒂亚诺（Vittorio Sebastiano）、埃琳娜·西格尔（Elena Segal）、托马斯·徐（Thomas Seoh）、马努·塞拉诺、亚伊尔·沙兰（Yair Sharan）、佘金雄、爱莲娜·希基（Eleanor Sheekey）、拉里萨·舍洛科娃（Larisa Sheloukhova）、洛里·舍梅克（Lori L. Shemek）、大卫·舒梅克（David Shumaker）、斯吉普·斯蒂奇（Skip Sidiqi）、伯纳德·谢尔盖（Bernard Siegel）、费利佩·塞拉（Felipe Sierra）、迈克尔·西维斯基（Michal Siewierski）、杰森·席尔瓦（Jason Silva）、大卫·辛克莱（David A. Sinclair）、理查德·西奥（Richard Siow）、汉斯·舍布拉德（Hannes Sjö-blad）、马克·斯考森（Mark Skousen）、约翰·斯马特（John Smart）、杰西克·斯潘德尔（Jacek Spendel）、保罗·斯皮格尔（Paul Spiegel）、彼得·什拉梅克（Petr Sramek）、伊拉·斯坦布勒（Ilia Stambler）、布拉

德·斯坦菲尔德（Brad Stanfield）、安德鲁·斯蒂尔（Andrew Steele）、克莱门斯·施特因克（Clemens Steinek）、格利高里·斯托克（Gregory Stock）、根纳季·斯托里亚罗夫二世、亚历山德拉·斯托宁（Alexandra Stolzing）、吉姆·斯特罗尔（Jim Strole）、丹尼·苏利文（Danny Sullivan）、萨巴·萨博（Csaba Szabo）、罗希特·塔尔瓦（Rohit Talwar）、乌富克·塔汉（Ufuk Tarhan）、艾玛·蒂林（Emma Teeling）、奥列格·泰特林（Oleg Teterin）、彼得·泰尔（Peter Thiel）、莫汉·蒂库（Mohan Tikku）、玛丽安娜·托多罗娃（Mariana Todorova）、彼得·索拉基迪斯、亚历克谢·图尔钦（Alexey Turchin）、罗伊·泽扎纳 (Roey Tzezana)、马克西米连·翁弗雷德（Maximilian Unfried）、艾鲁纳·乌尔鲁蒂科伊切亚（Irua Urruticoechea）、艾瑞·瓦哈尼安（Arin Vahanian）、尼尔·温德里（Neal VanDeRee）、约西·瓦尔迪（Yossi Vardi）、阿尔瓦罗·巴尔加斯 - 略萨（Álvaro Vargas-Llosa）、扎克·瓦尔卡里斯（Zack Varkaris）、哈罗德·瓦慕斯（Harold Varmus）、凯尔·瓦尔纳（Kyle Varner）、克莱格·文特尔、克里斯·弗尔博格（Kris Verburgh）、埃里克·威尔丁（Eric Verdin）、娜塔莎·维塔–摩尔（Natasha Vita-More）、莎娜·弗拉霍维奇（Sanja Vlahovic）、彼得·沃斯（Peter Voss）、奇普·沃尔特（Chip Walter）、凯文·沃尔维克（Kevin Warwick）、西蒙·瓦斯兰德（Simon Waslander）、艾米·韦伯（Amy Webb）、迈克尔·韦斯特、托德·怀特（Todd White）、克莉丝汀·威勒米尔（Kristen Willeumier）、罗伯特·沃尔科特（Robert Wolcott）、蒂娜·伍德（Tina Wood）、彼得·邢（Peter Xing）、山中伸弥、谢尔盖·杨、彼得·泽姆斯基（Peter Zemsky）、亚历克斯·扎沃洛科夫、米科拉吉·杰林斯基（Mikolaj Zielinski）、奥利弗·佐尔曼（Oliver Zolman）、伊本·祖加斯蒂（Ibon Zugasti）。

最后，我们要感谢所有对这本书感兴趣的读者，请将您的想法、建议、更正或任何其他意见通过本书提供的相应联系方式发送给我们。我们欢迎所有的反馈信息，这都将帮助我们继续改进本书，未来的版本也将在致谢部分感谢为我们提供了宝贵建议的读者。您的宝贵评论将使这本书能够接触到新的读者，并使相关观点更精确。您向朋友推荐这本书对促进科学进步同样至关重要。

这是一本渐臻完善的书，就像生活本身一样。它也是一本"永生"的书，将继续进化和改变，就像未来的"永生"生命一样。这是一项持续改进的工作，感谢所有像您这样的读者。

欢迎您的建议，永远欢迎！

图书在版编目（CIP）数据

从长寿到永生／（西）何塞·科尔代罗，（英）大卫·伍德著；刁孝力，徐尉良，冯德炜译 . -- 北京：
东方出版社，2024.10

书名原文：The Death of Death

ISBN 978 - 7 - 5207 - 2627 - 6

I.①从… II.①何… ②大… ③刁… ④徐… ⑤冯… III.①抗衰老 - 研究 IV.① Q419

中国版本图书馆 CIP 数据核字（2022）第 236070 号

THE DEATH OF DEATH BY JOSE CORDEIRO DAVID WOOD
版权登记号 01–2021–0054

Copyright © Jose Cordeiro 2018

从长寿到永生

（CONG CHANGSHOU DAO YONGSHENG）

作　　者：（西）何塞·科尔代罗，（英）大卫·伍德著；刁孝力，徐尉良，冯德炜译
责任编辑：龚　勋
责任校对：曲　静
封面设计：汪　阳
出　　版：東方出版社
发　　行：人民东方出版传媒有限公司
地　　址：北京市东城区朝阳门内大街 166 号
邮政编码：100010
印　　刷：北京中科印刷有限公司
版　　次：2024 年 10 月第 1 版
印　　次：2024 年 10 月北京第 1 次印刷
开　　本：710 毫米 ×1000 毫米　1/16
印　　张：20.75
字　　数：261 千字
书　　号：ISBN 978 - 7 - 5207 - 2627 - 6
定　　价：69.00 元
发行电话：（010）85924663　85924644　85924641